北大社普通高等教育"十三五"数字化建设规划教材

大学计算机基础

(第 3 版)

主 编 邓安远 杨焱林

本书资源使用说明

内 容 简 介

本书是根据教育部对高等学校计算机公共基础课程的教学基本要求编写的。全书分为7章,主要内容包括计算机基础知识、计算机新技术、操作系统、办公自动化、程序设计基础、计算机网络基础、信息素养。

本书内容丰富,简明易懂,注重实用性和可操作性,并配有《大学计算机基础习题与上机指导(第3版)》,以供读者选用。

本书不仅可以作为高等学校计算机公共基础课程的教材,也可以作为计算机培训教材以及计算机各类考试的参考用书。

前　　言

随着计算机科学和信息技术的飞速发展与计算机的普及教育，国内高校的计算机基础教育已踏上了新的台阶，步入了一个新的发展阶段。高校教学改革中提高了实践课程比例，各专业对学生的计算机应用能力提出了更高的要求。我们根据 2023 年教育部高等学校大学计算机课程教学指导委员会《新时代大学计算机基础课程教学基本要求》，结合 2006 年教育部高等学校计算机科学与技术教学指导委员会《关于进一步加强高等学校计算机基础教学的意见暨计算机基础课程教学基本要求(试行)》，编写了本书。

党的二十大报告对信息通信业提出新要求，本书以教育部确定的高等学校计算机基础教育三个层次教学体系为指导，侧重培养当代大学生的计算思维和实际动手能力。大学计算机基础是非计算机专业高等教育的公共必修课程，是学习其他计算机相关技术课程的前导和基础课程。本书编写的宗旨是使读者较全面、系统地了解计算机基础知识，具备计算机实际应用能力，并能在各自的专业领域自觉地应用计算机进行学习与研究。本书照顾了不同专业、不同层次学生的需要。

全书分为 7 章，第 1 章介绍了计算机的基本知识和基本概念、计算机的组成和工作原理、信息在计算机中的表示形式和编码；第 2 章介绍了广泛使用的计算机新技术，包括云计算、物联网、人工智能和大数据等内容；第 3 章介绍了操作系统基础知识；第 4 章介绍了办公自动化基本知识，以及常用办公自动化文字处理软件、电子表格软件和演示文稿软件的使用；第 5 章介绍了程序设计的概念、数据结构与算法的概念、流程图编程软件 Raptor 的使用；第 6 章介绍了计算机网络基础知识、Internet 基础知识与应用；第 7 章介绍了信息素养的内容和特征、网络信息资源检索、信息安全、计算机病毒，以及计算机职业道德。

参加本书编写的作者是多年从事一线教学的教师，具有较为丰富的教学经验。在编写时注重原理与实践紧密结合；案例选取于企业，通过校企合作打造高水平应用型教材和数字教材，注重实用性和可操作性；文字叙述上深入浅出，通俗易懂。另外，本书有配套的《大学计算机基础习题与上机指导(第 3 版)》，以供读者学习。

本书由邓安远教授、杨焱林教授担任主编，参加编写的还有邓长寿、胡慧、胡芳、何立群、丁伟等。沈辉、苏娟、朱顺春、汤烽构思并设计了全书的数字资源，在此一并表示衷心感谢。

由于本书的知识面较广，要将众多的知识很好地贯穿起来，难度较大，不足之处在所难免。为便于以后教材的修订，恳请专家、教师及其他读者多提宝贵意见。

编　者

目　　录

第 1 章　计算机基础知识 ·· 1
1.1　计算机概述 ·· 1
1.2　计算机系统 ·· 20
1.3　计算机中信息的表示和存储 ·· 29

第 2 章　计算机新技术 ·· 40
2.1　云计算 ·· 40
2.2　物联网 ·· 44
2.3　人工智能 ··· 49
2.4　大数据 ·· 56

第 3 章　操作系统 ·· 61
3.1　操作系统的基本概念 ··· 61
3.2　操作系统的发展及分类 ·· 65
3.3　操作系统的基本特性及结构 ·· 70
3.4　典型操作系统介绍 ·· 75
3.5　桌面操作系统的一般操作 ··· 78
3.6　软件资源的管理 ··· 88

第 4 章　办公自动化 ··· 96
4.1　办公自动化的概念与发展 ··· 96
4.2　办公自动化常用软件 ·· 100
4.3　文字处理 ··· 101
4.4　电子表格 ··· 117
4.5　演示文稿 ··· 137

第 5 章　程序设计基础 ·· 146
5.1　程序和程序设计 ··· 146
5.2　数据结构 ··· 147
5.3　算法 ··· 157
5.4　Raptor 程序设计 ··· 169

第 6 章 计算机网络基础 ·· 183
6.1 计算机网络基础知识 ·· 183
6.2 计算机网络的拓扑结构 ··· 190
6.3 网络的体系结构及相应的协议 ·· 191
6.4 常见的网络设备 ·· 199
6.5 Internet 的基本概念 ··· 203
6.6 Internet 接入 ··· 207
6.7 Internet 服务 ··· 209

第 7 章 信息素养 ··· 223
7.1 信息素养的内容和特征 ··· 223
7.2 网络信息资源检索 ·· 225
7.3 信息安全 ·· 239
7.4 计算机职业道德 ··· 248

参考文献 ·· 252

第1章 计算机基础知识

计算机(computer)俗称电脑,是一种能够按照预定程序运行,自动、高速处理各种信息的现代化智能电子设备。计算机可以进行数值计算及逻辑计算等数据处理,还具有存储记忆功能。计算机从1946年被研制成功到如今仅有70多年的历史,但它却对人类的生产、生活、学习和工作方式等产生了翻天覆地的影响。计算机是人类历史上最伟大的发明之一,推动了人类社会的巨大进步。如今各领域、各行业的发展都离不开计算机技术的支撑。

本章从计算机的诞生与发展开始,介绍计算机的发展历史、分类、应用、特点等,阐述了计算机系统组成及工作原理,以及计算机中的信息表示与存储。大学生学好计算机技术,提升信息素养,才能为后续的专业学习和将来的工作打下坚实的基础,才能适应"人工智能+"时代的要求。

1.1 计算机概述

1.1.1 计算机的诞生与发展

1. 计算机的诞生

在同大自然的斗争中,人类发展了自己,创造了灿烂辉煌的历史文化。同时,在科学技术方面也有着令人惊叹的成果。这期间,为了数据计算的需要,人们发明了很多计算工具,算盘便是其中之一。珠算被誉为中国的"第五大发明",中国珠算使用的算盘,被称为"世界上最古老的计算机"。相传算盘是东汉末年的数学家徐岳发明的,如图1-1所示。在徐岳的《数术记遗》中描写了珠算这一词,并说:"珠算,控带四时,经纬三才。"因为算盘的快捷灵巧,所以几千年以来一直是中国劳动人民普遍使用的计算工具,哪怕是现代的计算器也不能完全取代算盘的作用。珠算成为我国第三十个被列为人类非物质文化遗产名录。千百年来这一技术不断扩散,传播到世界各国,推进着人类文明的发展历程。

拓展资料

图 1-1 徐岳与算盘

近代,随着技术的发展和社会的进步,对计算的速度和精度要求越来越高,原有的计算工具已经不能满足这个需求。18世纪下半叶,法国政府决定在数学上统一采用十进制,因而大量数表,特别是三角函数表及有关的对数表,要重新计算,这是一项浩繁的计算工程。法国政府的这一改革虽然没有得到全面实施,但却引起了英国人巴贝奇(Babbage)的兴趣。巴贝奇认为可以使机器按照一定的程序去做一系列简单的计算,代替人去完成一些复杂、烦琐的计算工作,于是巴贝奇萌发了采用机器来编制数表的想法。巴贝奇从用差分表计算数表的做法中得到启发,经过10年的努力,设计出一种能进行加减运算并完成数表编制的自动机械计算装置,并把它称为"差分机"。1822年,巴贝奇试制出了一台样机,如图1-2所示。

图 1-2 巴贝奇与差分机

这台差分机可以保存3个5位的十进制数,并进行加减运算,还能打印结果。它是一种供制表人员使用的专用机。它的杰出之处是能按照设计者的控制自动完成一连串的运算,体现了计算机最早的程序设计。这种程序设计思想的创见,为现代计算机的发展开辟了道路。

1834年,巴贝奇又完成了一项新计算装置的构想。他考虑到,计算装置应该具有通用性,能解决数学上的各种问题。它不仅可以进行数字运算,而且还能进行逻辑运算。巴贝奇把这种装置命名为"分析机",如图1-3所示。

图 1-3 分析机

巴贝奇的分析机由三部分构成。第一部分是保存数据的齿轮式寄存器,巴贝奇把它命名为"堆栈",它与差分机相类似,但运算不在寄存器内进行,而是由新的机构来实现。第二部分是对数据进行各种运算的装置,巴贝奇把它命名为"工场"。第三部分是对操作顺序进行控制,并对所要处理的数据及输出结果加以选择的装置,相当于现代计算机的控制器。

巴贝奇在分析机的计算设备上采用"穿孔卡",这是人类计算技术史上的一次重大飞跃。巴贝奇曾在巴黎博览会上见过雅卡尔(Jacquard)穿孔卡编织机。雅卡尔穿孔卡编织机要在织物上编织出各种图案,预先把经过提升的程序在纸卡上穿孔记录下来,利用不同的穿孔卡程序织出许多复杂花纹的图案。巴贝奇受到启发,把这种新技术用到分析机上来,从而能对计算机下命令,让它按预设复杂的公式去计算。

现代计算机的设计思想,与100多年前巴贝奇的分析机几乎完全相同。巴贝奇的分析机同现代计算机一样可以编程,而且分析机所涉及的有关程序方面的概念,也与现代计算机一致。

1936年,年仅24岁的英国人图灵(Turing)发表了著名的《论数字计算在决断难题中的应用》一文,提出思考实验原理计算机概念。图灵把人类在计算时所做的工作分解成简单的动作,与人类的计算类似,机器需要:(1)存储器,用于存储计算结果;(2)一种语言,表示运算和数字;(3)扫描;(4)计算意向,即在计算过程中下一步打算做什么;(5)执行下一步计算。图灵还采用了二进制计数制。这样,图灵就把人类的工作机械化了。这种理想中的机器被称为"图灵机",如图1-4所示。图灵机是一种抽象计算模型,用来精确定义可计算函数。图灵机由一个控制器,一条可以无限延伸的带子和一个在带子上左右移动的读写头组成。这个概念如此简单的机器,理论上却可以计算任何直观可计算函数。图灵在设计了上述模型后提出,凡可计算的函数都可用这样的机器来实现,这就是著名的图灵论题。

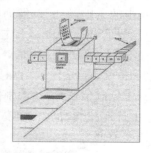

图1-4 图灵与图灵机

半个世纪以来,数学家提出的各种各样的计算模型都被证明是和图灵机等价的。1945年,图灵到英国国家物理研究所工作,并开始设计自动计算机。1950年,图灵发表了题为《计算机能思考吗?》的论文,给人工智能下了一个定义,而且论证了人工智能的可能性。

由于战争的需要,美国陆军部的弹道研究实验室(ballistic research laboratory,BRL)负责为新武器提供关于角度和轨道的数据表,为此雇用了200多名工程师用计算器进行计算,工作量是巨大而烦琐的。美国宾夕法尼亚大学的莫奇利(Mauchly)教授和他的研究生埃克特(Eckert)建议用真空电子管建立一台通用计算机,用于BRL的计算工作,这个建议被军方采用。莫奇利和埃克特在1943年开始艰难的研制工作,1946年2月15日,世界上第一台通用电子计算机"埃尼阿克"(electronic numerical integrator and computer,ENIAC)宣告研制成功,如图1-5所示。

图 1-5　世界上第一台通用电子计算机 ENIAC

这台耗电量为 150 kW·h 的计算机,运算速度为每秒可进行 5 000 次加法或 400 次乘法运算,比机械式的继电器计算机快 1 000 倍。ENIAC 最初是为了进行弹道测算而设计的专用计算机,但后来通过改变插入控制板里的接线方式来解决各种不同的问题,而成为一台通用机。它的一种改型机曾用于氢弹的研制。ENIAC 程序采用外部插入式,每当进行一项新的计算时,都要重新连接线路。它的另一个弱点是存储量太小,最多只能存 20 个 10 位的十进制数。人们把 ENIAC 的出现誉为"诞生了一个电子的大脑","电脑"的名称由此流传开来。ENIAC 在通用性、简单性和可编程方面取得的成功,使现代计算机成为现实,是计算机发展史上的一座里程碑,是人类在发展计算技术的历程中到达的一个新的起点。

用 ENIAC 计算时,专家们要根据题目的计算步骤进行预先编程,机器可按编程指令(命令)自动实现运算操作。这里的编程,实际上是人工按照指令来调节开关状态("开"或"关"),并用转插线把选定的各控制部分互连。因此,它并不具备现代计算机"存储程序"的主要特征。但是,ENIAC 在弹道测算中的应用,使原来借助机械分析机需要 7~20 h 才能计算一条弹道的工作时间缩短到 30 s,代替了 BRL 200 多名工程师的繁重计算。

1946 年 6 月,美籍匈牙利科学家冯·诺依曼(Von Neumann)(见图 1-6)发表了《电子计算机装置逻辑结构初探》的论文,他指出,ENIAC 编程中的开关状态调节和转插线连接,实质上相当于二进制形式的 0,1 控制信息,这些控制信息(指令)如同数据一样,以二进制形式预先存储于计算机中,计算时由计算机自动控制并依次运行。这就是所谓的"存储程序和程序控制"原理,也称为冯·诺依曼原理。

图 1-6　冯·诺依曼

根据"存储程序和程序控制"原理,冯·诺依曼领导的研制小组从 1946 年开始设计第一台"存储程序"式计算机离散变量自动电子计算机(electronic discrete variable automatic computer,EDVAC)。该计算机于1951年研制成功并投入使用,其运算速度是ENIAC的240倍。而第一台"存储程序"控制的实验室计算机是1949年5月在英国剑桥大学完成的电子延迟储存自动计算机(electronic delay storage automatic calculator,EDSAC),第一台"存储程序"控制的商品化计算机是1951年问世的UNIVAC-Ⅰ(universal automatic computerⅠ)。

从那时起,直到目前的各种各样的计算机,不管其外观和性能有多大差异,就其系统构成而言,基本上都是属于"存储程序和程序控制"的冯·诺依曼型计算机。

2. 计算机的发展

1)计算机的发展阶段

自1946年第一台通用电子计算机ENIAC诞生以来,计算机的发展已经历了四个阶段。

(1)使用电子管的第一代电子计算机(1946—1957)。

EDVAC是典型的第一代电子计算机。第一代电子计算机的主要特点是使用电子管作为逻辑元件。它的五个基本部分为运算器、控制器、存储器、输入器和输出器。运算器和控制器采用电子管,存储器采用电子管和延迟线。这一代计算机的一切操作,包括输入/输出在内,都由中央处理机集中控制。这种计算机主要用于科学技术方面的计算。EDVAC方案实际上在1945年就完成了,但直到1951年才制成。1949年5月,英国剑桥大学数学实验室根据冯·诺依曼的思想,制成EDSAC,这是第一台带有存储程序结构的电子计算机。随后,在1952年1月,由冯·诺依曼设计的IAS电子计算机问世,终于使冯·诺依曼的设想在这台机器上得到了圆满的体现。这台IAS电子计算机总共只采用了2 300个电子管,但运算速度却比拥有18 000个电子管的ENIAC提高了10倍。因此,IAS电子计算机被屡屡仿制,并成为冯·诺依曼型电子计算机的鼻祖。从1953年起,美国的IBM(国际商业机器公司)开始批量生产应用于科研的大型计算机系列,从此电子计算机走上了工业生产阶段。1955年,苏联科学家也研制成快速大型电子计算机,该机占用机房面积达100 m²,共用了5 000多个电子管,平均计算速度达每秒7 000~8 000次,该机包括一个能存贮1 004个代码的专用内存储器。

磁鼓被用来作为电子计算机中数据与指令的存储器,它的使用是计算机发展史上重大的技术进步。

电子管计算机的基本逻辑元器件是电子管,内存储器采用水银延迟线或磁鼓,外存储器采用磁带等。其特点是:速度慢、可靠性差、体积庞大、功耗高、价格昂贵。编程语言主要采用机器语言,稍后有了汇编语言。编程调试工作十分烦琐,其用途局限于军事研究中的科学计算。

(2)使用晶体管代替电子管的第二代电子计算机(1958—1964)。

电子管元件有许多明显的缺点,使计算机发展受到限制。于是,晶体管开始被用来作为计算机的元件。晶体管不仅能实现电子管的功能,又具有尺寸小、重量轻、寿命长、效率高、发热少、功耗低等优点。使用了晶体管以后,电子线路的结构大大改观,制造高速电子计算机的设想也就更容易实现了。

1954年,美国贝尔实验室研制成功第一台使用晶体管线路的计算机TRADIC,装有800个晶体管。1955年,美国在阿特拉斯洲际导弹上装备了以晶体管为主要元件的小型计算机。1958年,IBM制成了第一台全部使用晶体管的计算机RCA 501型。由于第二代计算机采用晶体管逻辑元件及快速磁芯存储器,因此计算速度从每秒几千次提高到几十万次,主存储器的存储量从几千提高到10万以上。1959年,IBM又生产出全部晶体管化的电子计算机IBM

7090。1958—1964年,晶体管电子计算机经历了大范围的发展过程。从印刷电路板到单元电路和随机存储器,从运算理论到程序设计语言,不断的革新使晶体管电子计算机日臻完善。1961年,世界上最大的晶体管电子计算机 ATLAS 安装完毕。IBM 7000 系列机是第二代电子计算机的典型代表。

第二代电子计算机增加了浮点运算,使数据的绝对值可达到 2 的几十次方或几百次方,使电子计算机的计算能力实现了一次飞跃。用晶体管取代电子管,使第二代电子计算机的体积大大减小,寿命延长,价格降低,为电子计算机的广泛应用创造了条件。与此同时,计算机软件技术也有了较大发展,提出了操作系统的概念,编程语言除了汇编语言外,还开发了 FORTRAN、COBOL 等高级程序设计语言,使计算机的工作效率大大提高。

(3)使用集成电路的第三代电子计算机(1964—1970)。

1958年,世界上第一个集成电路(integrated circuit,IC)诞生时,只包括一个晶体管、两个电阻和一个电阻-电容网络。后来集成电路工艺日趋完善,集成电路所包含的元件数量以每1~2年翻一番的速度增长着。发展到20世纪70年代初期,大部分电路元件都已经以集成电路的形式出现。甚至,在小拇指指甲那样大的约 1 cm^2 的芯片上,就可以集成上百万个电子元件。因为它看起来只是一块小小的硅片,所以人们常把它称为芯片。与晶体管相比,集成电路的体积更小,功耗更低,而可靠性更高,造价更低廉,因此得到迅速发展。

1964年4月7日,IBM 宣告,世界上第一个采用集成电路的通用计算机系列 IBM 360 系统研制成功,它兼顾了科学计算和事务处理两方面的应用,各种机器全都相互兼容,适用于各方面的用户,具有全方位的特点,正如罗盘有 360°刻度一样,所以取名为 360。它的研制开发经费高达 50 亿美元,是研制第一颗原子弹的曼哈顿计划的 2.5 倍。

IBM 360 系统开创了民用计算机使用集成电路的先例,计算机从此进入集成电路时代。IBM 360 成为第三代电子计算机的里程碑。随着半导体技术的发展,当时的集成电路工艺已可在几平方毫米的硅片上集成相当于数十个甚至于数百个电子元器件。用这些小规模集成电路(small scale integrated circuit,SSI)和中规模集成电路(medium scale integrated circuit,MSI)作为基本逻辑元件,半导体存储器淘汰了磁芯,用作内存储器,而外存储器大量使用高速磁盘,从而使计算机的体积、功耗进一步减小,可靠性、运行速度进一步提高,内存储器容量大大增加,价格也大幅度降低,其应用范围已扩大到各个领域。软件方面,操作系统进一步普及和发展,出现了对话式高级语言 BASIC,提出了结构化、模块化的程序设计思想,出现了结构化的程序设计语言 PASCAL。

随着半导体集成技术的快速发展,美国开始研究军用大规模集成电路计算机。1967年,美国无线电有限公司制成了领航用的机载计算机 LIMAC,其逻辑部件采用双极性大规模集成电路,缓冲存储器采用金属-氧化物-半导体(metal-oxide-semiconductor,MOS)大规模集成电路。1969年,美国自动化公司制成计算机 D-200,采用了 MOS 场效应晶体管大规模集成电路,中央处理器(central processing unit,CPU)由 24 块大规模集成电路组成;得克萨斯仪器公司也制成机载大规模集成电路计算机。军用机载大规模集成电路试验的成功,为过渡到民用大规模集成电路通用机积累了丰富的经验。

集成电路上可容纳的晶体管数目,每隔约 18 个月便会增加一倍,性能也将提升一倍,价格不变;或者说,每 1 美元所能买到的计算机性能,将每隔 18 个月翻两倍以上。这就是著名的摩尔定律。它是由英特尔(Intel)公司创始人之一戈登·摩尔(Gordon Moore)提出来的。这一定律揭示了信息技术进步的速度。

(4) 使用大规模和超大规模集成电路的第四代计算机(1971年至今)。

1971年开始,计算机的基本逻辑元器件逐渐采用大规模集成电路(large scale integrated circuit,LSI)和超大规模集成电路(very large scale integrated circuit,VLSI)。内存储器采用集成度很高的半导体存储器,外存储器使用了更为先进的科学技术制造出的大容量磁盘和光盘,计算机的速度达到每秒几百万次至上亿次。

这一时期,巨型机和工作站都以崭新的形象出现,而其中最有影响的莫过于微型计算机(microcomputer)。自1981年IBM推出采用Intel 8088 CPU的准16位IBM个人计算机(personal computer,PC)以来,计算机不再只是大单位才能拥有的设备,而是可以成为PC了。PC系列微型计算机的出现,极大地促进了计算机的飞速发展,微型计算机的核心部件——微处理器的一代研制时间已由3年缩短至1年,而性能价格比的提高速度更是惊人。自1971年Intel推出第一代微处理器芯片Intel 4004,到1999年推出的Pentium Ⅲ,其字长由4位扩展到32位,处理速度由每秒可执行5万条指令发展到每秒可执行数亿条指令。

2) 我国计算机发展史

1958年,中国科学院计算技术研究所研制成功我国第一台小型电子管通用计算机103机(八一型),标志着我国第一台电子计算机的诞生。

1964年,我国制成了第一台全晶体管电子计算机441-B型。

1965年,中国科学院计算技术研究所研制成功我国第一台大型晶体管计算机109乙机,之后推出109丙机,该机为两弹试验发挥了重要作用。

1974年,清华大学等单位联合设计、研制成功采用集成电路的DJS-130小型计算机,运算速度达每秒100万次。

1983年,国防科学技术大学研制成功运算速度每秒上亿次的银河-Ⅰ巨型计算机,这是我国高速计算机研制的一个重要里程碑。

1985年,电子工业部计算机工业管理局研制成功与IBM PC兼容的长城0520CH微型计算机。

1992年,国防科学技术大学研制出银河-Ⅱ通用并行巨型计算机,峰值速度达每秒4亿次浮点运算(相当于每秒10亿次基本运算操作),为共享主存储器的四处理机向量机,其中央处理机是采用中小规模集成电路自行设计的,总体上达到20世纪80年代中后期国际先进水平。它主要用于中期天气预报。

1993年,国家智能计算机研究开发中心(后成立北京市曙光计算机公司)研制成功曙光一号全对称共享存储多处理机,这是国内首次以基于超大规模集成电路的通用微处理器芯片和标准UNIX操作系统设计开发的并行计算机。

1995年,曙光计算机公司又推出了国内第一台具有大规模并行处理(massively parallel processing,MPP)结构的并行机曙光1000(含36个处理机),峰值速度达每秒25亿次浮点运算,实际运算速度上了每秒10亿次浮点运算这一高性能台阶。曙光1000与Intel 1990年推出的大规模并行机体系结构及实现技术相近,与国外的差距缩小到5年左右。

1997年,国防科学技术大学研制成功银河-Ⅲ百亿次并行巨型计算机,采用可扩展分布共享存储并行处理体系结构,由130多个处理结点组成,峰值速度达每秒130亿次浮点运算,系统综合技术达到 20 世纪 90 年代中期国际先进水平。

1997—1999 年,曙光计算机公司先后在市场上推出具有机群结构的曙光 1000A,曙光 2000-I,曙光 2000-Ⅱ超级服务器,峰值速度已突破每秒 1 000 亿次浮点运算,机器规模已超过 160 个处理机。

1999 年,国家并行计算机工程技术研究中心研制的神威 I 计算机通过了国家级验收,并在国家气象中心投入运行。该计算机系统有 384 个运算处理单元,峰值速度达每秒 3 840 亿次。

2000 年,曙光计算机公司推出每秒 3 000 亿次浮点运算的曙光 3000 超级服务器。

2001 年,中国科学院计算技术研究所研制成功我国第一款通用 CPU——"龙芯"芯片。

2002 年,曙光计算机公司推出完全自主知识产权的"龙腾"服务器,龙腾服务器采用了"龙芯-1"CPU,采用了曙光计算机公司和中国科学院计算技术研究所联合研发的服务器专用主板,采用了曙光 Linux 操作系统,该服务器是国内第一台完全实现自有产权的产品,在国防、安全等部门发挥了重大作用。

2003 年,百万亿次数据处理超级服务器曙光 4000L 通过国家级验收,再一次刷新国产超级服务器的历史纪录,使得国产高性能产业再上新台阶。

2010 年,以美国两院院士、"世界超级涡轮式刀片计算机之父"陈世卿博士为首的专家团队回归祖国后研发出的超级计算机为国家超级计算天津中心的天河-1A,速度达每秒 2.5 千万亿次。

2013 年,国防科学技术大学研制的天河二号以持续运算速度每秒 3.39 亿亿次的双精度浮点运算速度,成为全球最快的超级计算机。

2016 年,国家并行计算机工程技术研究中心研制的神威·太湖之光超级计算机首次荣获"戈登·贝尔"奖,实现了我国高性能计算应用成果在该奖项上零的突破。

2019 年,中国超级计算机神威·太湖之光在全球超级计算机 500 强榜单上排名第三。

3)计算机的发展趋势

目前,计算机正朝着巨型化、微型化、网络化、多媒体化和智能化的方向发展。巨型化是指研制处理速度极快、存储容量很大、功能很强的超大型计算机,以满足诸如天文、气象、核反应、国防等尖端科学的需要。微型化是指对性能优越、集成度高、体积小、价格便宜、使用方便的微型计算机的需求。

计算机的发展历经了不同时期的四代,性能上也发生了巨大的变化,但基本原理大都属于"存储程序和程序控制"的冯·诺依曼型。如何突破冯·诺依曼型(按顺序一条一条地执行指令)计算机的局限,研制出具有人脑"逻辑判断"和"直观感觉"功能的新一代计算机,是近年来计算机科学家一直奋斗的目标。未来的智能计算机将使用光集成电路和生物芯片来代替电集成电路,用多处理器代替单处理器,更进一步提高计算机的运行速度;用人工神经网络组成的网络系统来模拟人脑,使计算机具有类似人脑的智能功能。智能计算机、量子计算机、光计算机、生物计算机、神经计算机和超导计算机等已不陌生。同时,软件上也力求开发具有多媒体信息交互、自然语言理解及具有逻辑思维的智能程序设计语言,使计算机真正成为人脑智力延续的"电脑"。

1.1.2 计算机的特点与分类

1. 计算机的特点

计算机之所以能随着微电子技术的演变而不断更新换代,性能不断增强,应用越来越广泛,是因为计算机和其他运算工具相比具有如下独到的特点。

(1)运算速度快:目前世界上运算最快的计算机已达每秒数百亿亿次,即便是PC,其速度也已达到了每秒数亿次。要从上千万个数据信息中找到所需要的信息仅要 2~3 s,它能够完成许多人工无法完成的工作。

(2)计算精度高:计算机内部采用二进制记数制,其运算精度随字长位数的增加而提高。目前PC的字长已达到 128 位,再结合软件处理算法,整个计算机的运算精度可以达到预期的精度。

(3)"记忆"功能:从首台计算机诞生至今,作为计算机功能之一的存储(记忆)功能,得到了很大发展,目前PC的内存容量配置已达到 128 GB,而硬盘(外存)的容量已达到 TB 级。一套大型辞海、百科全书,甚至整个图书馆的所有书籍,均可以存储在计算机中,并按需要实现各种类型的查询和检索。

(4)逻辑判断能力:计算机不仅能进行算术运算,对所要处理的信息进行各种逻辑判断,并根据判断的结果自动决定后续要执行的命令,而且还可以进行逻辑推理和定理证明。

(5)自动执行程序的能力:从复杂的数学演算到宇宙飞船控制,人们只需事先编好程序,并将程序存储于计算机中,一旦开始执行,计算机便自动工作,直到完成任务,不需要人工干预。但在人要干预时,又可及时响应,实现人机交互。

2. 计算机的分类

计算机的种类繁多,分类可按不同的标准来划分。

(1)按所处理的信号可分为电子数字计算机、电子模拟计算机和数模混合计算机。

①电子数字计算机:它是以数字化的信息为处理对象,并采用数字电路对数字信息进行数字处理。通常所说的计算机指的就是电子数字计算机。

②电子模拟计算机:它是以模拟量(连续物理量,如电流、电压)为处理对象,处理方式也采用模拟方式。

③数模混合计算机:它是数字和模拟有机结合的计算机。

(2)按用途可分为专用计算机和通用计算机。

①专用计算机:它的功能单一,适应性差,只能完成某个专门任务,但在特定用途下,最有效、最经济也最快速。

②通用计算机:它的功能齐全,适应性强,装上不同的软件可以做不同的工作。目前所说的计算机都是指通用计算机,但其效率、速度和经济性比专用计算机相对要低一些。

(3)按运算速度等性能指标划分,主要有巨型计算机、微型计算机、工作站、服务器、嵌入式计算机等(这种分类标准不是固定不变的,只能针对某一个时期)。

①巨型计算机:它是高容量机,也称为超级计算机,处理器可以在 1 s 内完成几亿亿次的计算。就像它们的名字,巨型计算机用在那些需要处理庞大数据的任务中,比如做全国人口普查的计算、天气预报、设计飞机、构造分子模型、破译密码和模拟核弹爆炸等。现在,巨型计算机也更多地用在商业用途(如过滤人口统计上的营销信息)和制作生动的电影效果等。近年

来，我国巨型计算机的研发也取得了很大的成绩，推出了"银河""联想"和"曙光"等代表国内最高水平的巨型计算机系统，并在国民经济的关键领域得到广泛应用。

②微型计算机：又称为 PC。自 IBM 于 1981 年采用 Intel 的微处理器推出 IBM PC 以来，微型计算机因其小、巧、轻，使用方便，价格便宜等优点得到迅速发展，成为计算机的主流。目前微型计算机的应用已经遍及社会的各个领域，从政府办公到工厂生产控制，从商业数据处理到家庭的信息管理，无所不在。微型计算机种类很多，主要分为三类：台式计算机，笔记本计算机和掌上计算机。

③工作站：它是一种介于微型计算机和小型计算机之间的高档微型计算机系统。自 1980 年美国阿波罗（Apollo）公司推出世界上第一个工作站 DN100 以来，工作站迅速发展，成为专长处理某类特殊事务的一种独立的计算机类型。工作站通常配有高分辨率的大屏幕显示器和大容量的内外存储器，具有较强的数据处理能力与高性能的图形功能。早期的工作站大都采用摩托罗拉（Motorola）公司的 680X0 芯片，配置 UNIX 操作系统。现在的工作站多采用比较先进的微型计算机。

④服务器：它是一种在网络环境中为多个用户提供服务的计算机系统。从硬件上来说，一台普通的微型计算机也可以充当服务器，关键是它安装网络操作系统、网络协议和各种服务软件。服务器的管理和服务有文件、数据库、图形、图像及打印、通信、安全、保密和系统管理等服务。根据提供的服务，服务器可分为文件服务器、数据库服务器、应用服务器和通信服务器等。

⑤嵌入式计算机：它是指作为一个信息处理部件，嵌入应用之中的计算机。嵌入式计算机与通用型计算机最大的区别是运行固化的软件，用户很难或不能改变。嵌入式计算机应用最广泛，数量超过微型计算机。目前广泛应用于几乎包括了生活中的各种电器设备，如掌上计算机、计算器、电子表、电话机、收音机、录音机、手机、电话手表、平板电脑、电视机顶盒、路由器、数字电视、多媒体播放设备、汽车、火车、地铁、飞机、微波炉、烤箱、照相机、摄像机、读卡器、POS 机、洗衣机、热水器、电磁炉、家庭自动化系统、电梯、空调、安全系统、导航系统、自动售货机、蜂窝式电话、消费电子设备、工业自动化仪表、医疗仪器、互动游戏机、机器人等。

1.1.3 计算机的应用领域

随着计算机技术的迅猛发展，尤其是随着 PC 的普及，计算机几乎已经渗透到各个领域，从科研、生产、国防、文化、教育、卫生，直到家庭生活，都离不开计算机的服务。计算机促进了生产效率大幅度提高，把社会生产力提高到前所未有的水平，计算机已成为人脑的延伸，使社会信息化真正成为可能和现实。概括来讲，计算机主要应用在以下几个方面。

1. 科学计算

科学计算又称为数值计算。研制计算机的最初目的，就是为了使人们从大量烦琐且枯燥的计算工作中解脱出来，用计算机解决一些复杂或实时过程的高速性而靠人工难以解决或不可能解决的计算问题。例如，人造卫星和宇宙飞船轨道的计算、机械建筑和水电等工程设计方面的数值求解、生物医学中的人工合成蛋白质技术、天气预报等。

2. 信息处理

信息处理又称为数据处理，是计算机最广阔的应用领域，决定了计算机应用的主导方向。

其目的是对大批数据(尤其是非数值型信息)进行分析、加工、处理,并以更适合于人们阅读、理解的形式输出结果,如图书管理、情报检索、全球信息检索系统、办公自动化系统、管理信息系统、电影电视动画设计、金融自动化系统、卫星及遥感图像分析系统、医院CT及核磁共振的三维图像重建等都是计算机用于信息处理的直接领域。

3. 过程控制

过程控制也称为实时控制,就是用计算机对生产过程进行及时采集检测信息,按最佳值立即对被控制对象进行自动调节或控制。过程控制在生产过程中的应用,不但提高了生产率,降低了成本,而且提高了产品的精度和质量。过程控制所涉及的领域很广泛,如冶金、机械、石油化工、交通、国防等部门,小到家电运转过程的控制、机器零件生产过程的控制,大到火箭发射运转过程的控制、武器瞄准闭环校射系统控制、核电站核反应堆的控制等。

4. 计算机辅助系统

利用计算机辅助系统可以完成设计、制造、教学等任务,目前主要涉及以下几个方面。

(1)计算机辅助设计(computer aided design,CAD),就是用计算机帮助设计人员进行设计。随着图形设备及相关软件的发展,CAD已在电子、机械、航空、船舶、汽车、化工、服装和建筑等行业得到广泛的应用。

(2)计算机辅助制造(computer aided manufacturing,CAM),就是利用计算机直接控制产品的加工和生产,以提高产品质量、降低销售成本、缩短生产周期。

(3)计算机辅助教育(computer based education,CBE),就是指在传统教育领域的各个方面结合计算机技术产生的一种新型教育技术。具体包括计算机辅助教学(computer aided instruction,CAI)、计算机管理教学(computer managed instruction,CMI),以及微课技术、慕课技术等。

此外,还有计算机辅助测试(computer aided testing,CAT)、计算机辅助工程(computer aided engineering,CAE)等方面的应用。

5. 人工智能

人工智能是用计算机来模拟人的感应、判断、理解、学习和问题求解等人类的智能活动。人工智能是计算机应用的一个崭新领域,如机器人、医疗诊断专家系统、图像识别和推理证明等。

6. 网络应用

计算机技术与现代通信技术的结合构成了联机系统和计算机网络。计算机网络的建立不仅解决了一个单位、一个地区、一个国家中计算机与计算机之间的通信、各种软件、硬件资源的共享,也大大促进了国际间的通信、文字、图像等各类数据的传输与处理。

计算机网络技术的全面运用,互联网的快速发展,通信技术的更新换代,使地球村得以形成。简单说,地球村是说地球虽然很大,但是由于信息传递越来越方便,大家交流就像在一个小村子里面一样便利,因此就称地球这个大家庭为"地球村"了。

1.1.4 计算机在相关专业领域中的应用

1. 计算机在制造业中的应用

制造业是计算机的传统应用领域。在制造业的工厂中使用计算机可以减少员工数量、缩短生产周期、降低生产成本、提高生产效益等。计算机在制造业中的应用主要有计算机辅助设计、计算机辅助制造及计算机集成制造系统等。近年来，智能制造技术在制造业中扮演了重要角色，发挥着至关重要的作用，如智能机床、智能机器人、机器视觉、虚拟仿真、智慧工厂、无损检测、智能 CAD 等都是智能制造技术在传统制造业的典型研究和应用。

制造业是国民经济的主体，是立国之本、兴国之器、强国之基。在传统制造业领域应用蓬勃发展的智能制造技术，必将为传统制造业注入强劲动力。全球各个国家都在陆续提出自己的智能制造发展战略，力图在新一轮工业革命中掌握主导权，占领新高地。2015 年，国务院出台《中国制造 2025》规划明确指出："与世界先进水平相比，我国制造业仍然大而不强，在自主创新能力、资源利用效率、产业结构水平、信息化程度、质量效益等方面差距明显，转型升级和跨越发展的任务紧迫而艰巨。"加快传统制造业数字化转型升级任务迫在眉睫。在新一轮工业革命中，以"数字化网络化智能化技术"与"先进制造技术"为背景支持的智能制造技术具有强大的生产力，对传统制造业提供巨大的驱动力，引发生产模式、发展理念深刻变革。中国制造业抓住这一千载难逢的历史机遇，发挥制度优势，出台发展政策，鼓励创新创造，加快工业现代化建设步伐，集中优势力量打赢智能制造决战，实现民族伟大复兴的中国梦。

德国学术界和产业界认为，继蒸汽革命、电气革命、信息革命之后，人类将迎来以信息物理系统为基础，以生产高度数字化、网络化、机器自组织为标志的第四次工业革命。基于此，在德国工程院、弗劳恩霍夫协会、西门子公司等德国学术界和产业界产学研多方推动下，德国政府将"工业 4.0"项目纳入《高技术战略 2020》十大未来项目之中。

工业互联网的概念最早由美国通用电气公司发起，并由工业互联网联盟推广，旨在打造开放、智能的工业系统。德国"工业 4.0"与美国工业互联网都是由大企业引领，推动信息通信技术与生产技术融合，致力于打造智能生产和服务模式，抢占全球制造业竞争制高点。但是，"工业 4.0"侧重于生产制造环节，强调生产过程的智能化；而工业互联网则偏重于设计、服务环节，强调生产设备的智能化。

"中国制造 2025"是中国实施制造强国战略第一个十年的行动纲领。"中国制造 2025"与"工业 4.0"在发展基础、产业阶段、战略任务等方面存在差异，但是两者都致力于实现信息技术与先进制造业结合，以信息化和工业化深度融合为发展动力，带动新一轮制造业发展。

1) 计算机辅助设计

CAD 是使用计算机来辅助人们完成产品或工程设计任务的一种方法和技术。CAD 使得人与计算机均发挥各自特长，实现设计过程的自动化或半自动化。目前，建筑、机械、汽车、飞机、船舶、大规模集成电路、服装等设计领域都广泛地使用了计算机辅助设计系统，大大提高了设计质量和生产效率。应用较广泛的 CAD 软件是欧特克(Autodesk)公司开发的 AutoCAD，最新版本是 AutoCAD 2025。近几年，国产 CAD 软件得到了快速发展，并且正在向三维 CAD 方面发展，成为企业的现实生产力。CAD 所涉及的基础技术包含图形处理技术、工程分析技术、数据管理技术和软件设计与接口技术等。

2)计算机辅助制造

CAM 是使用计算机辅助人们完成工业产品的制造任务。它是一个使用计算机及数字技术来生成面向制造的数据的过程,通常可定义为能通过直接或间接地与工厂生产资源接口的计算机来完成制造系统的计划、操作工序控制和管理工作的计算机应用系统,所包括的设备和技术有数字控制设备、可编程序逻辑装置、计算机辅助编制加工计划、机器人工程学、制造质量控制技术等,可分为计算机直接与制造过程连接的应用、计算机间接与制造过程连接的应用。

3)计算机辅助制造系统

计算机技术、现代管理技术和制造技术集成到整个制造过程中所构成的系统是计算机集成制造系统(computer integrated manufacturing system,CIMS)。在 CIMS 中集成了管理科学、CAD、CAM、柔性制造、准时制造、管理信息系统、办公自动化、自动控制、数控机及机器人等先进技术。CIMS 有关技术包含以下内容。

(1)物料需求计划(material requirement planning,MRP):它是制造业的一种管理模式,强调由产品来决定零件,最终产品的需求决定了主生产计划,通过计算机可以迅速地完成对零部件需求的计算。

(2)制造资源计划(manufacturing resource planning,MRPⅡ):它是一种推进式的管理方式,进一步将经营、生产、财务和人力资源等系统结合,形成制造资源计划、材料需求计划、能源需求计划、财务管理及成本管理等子系统组成的方式,其发展方向是企业资源计划。

(3)企业资源计划(enterprise resource planning,ERP):它是企业全方位的管理解决方案,主持企业混合制造环境,可以移植到各种硬件平台,采用 DBMS、CASE 和 4GL 等软件工具,并具有 C/S 结构,GUI 和开放系统结构等特征。

(4)准时生产(just-in-time,JIT):它是及时生产系统,其基本目的是在正确的时间、地点完成正确的事,以期达到零库存、无缺陷、低成本的管理模式。

(5)敏捷制造(agile manufacturing,AM):它不仅要求响应快,而且要灵活善变,以便企业的生产能够快速地适应市场的需求。

(6)虚拟制造(virtual manufacturing,VM):它是采用虚拟现实技术提供的一种在计算机上进行生产而不直接消耗物质资源的技术。

2. 计算机在商业中的应用

商业也是计算机应用最为活跃的传统领域之一,零售业是计算机在商业中的传统应用。近几年来,在电子数据交换基础上发展起来的电子商务则是从根本上改变了企业的供销模式和人们的消费模式。

1)零售业

计算机在零售业中的应用改变了购物的环境和方式。在超市中,各类商品陈列在货架上,供客户自由地选择,收银机自动识别贴在商品上的条形码,所有的收银机均与中央处理机的数据库相连,能自动更新商品的价格,计算折扣,更新商品的库存,等等。一些商场还允许顾客使用信用卡、借记卡等购物。

2)电子数据交换

电子数据交换(electronic data interchange,EDI)是现代计算机技术与通信技术相结合的产物。EDI 技术在工商业界获得广泛应用,特别是在因特网环境下,EDI 技术已经成为电子商务的核心技术之一。

EDI 是计算机与计算机之间商业信息或行政事务处理信息的传输。EDI 应具备三个基本要素，即用统一的标准编制文件、利用电子方式传送信息，以及计算机与计算机之间的连接。

EDI 产生于 20 世纪 60 年代末，美国航运业率先使用其进行点对点的计算机与计算机间通信。随着计算机网络技术的发展，应用领域逐步扩大到银行业、零售业等，出现了许多行业性的 EDI 标准。20 世纪 90 年代，出现 Internet EDI，中小企业也进入 EDI 技术应用的行列。

我国 EDI 发展是在 20 世纪 90 年代，成立了"中国促进 EDI 应用协调小组"和"中国 EDIFACT 委员会"，促进了 EDI 在国内的发展。

3）电子商务

电子商务（electronic commerce，EC）是组织或个人用户在以通信网络为基础的计算机系统支持下的网上商务活动，是通过计算机和网络技术建立起来的一种新的经济秩序。它涉及电子、商业交易、金融、税务、教育等领域。EC 的广泛应用将彻底改变传统的商务活动模式，使企业的生产和管理、人们的生活和就业、政府的职能、法律法规，以及文化教育等方面产生深刻的变化。

电子商务不仅具有传统商务的基本特性，还具有对计算机网络的依赖性，地域的高度广泛性，成本的低廉性，商务通信的快捷性，电子商务的安全性，系统的集成性等特点。

电子商务的分类：企业与消费者之间的电子商务；企业与企业之间的电子商务；企业与政府之间的电子商务。

电子商务的系统框架：

①Internet。

②域名服务器。

③电子商务服务器。

④电子商务应用服务器。

⑤数据库服务器。

⑥支付网关。

⑦认证机构。

⑧电子商务客户机。

3. 计算机在银行与证券业中的应用

计算机和网络技术在银行与证券业中的广泛应用，为该领域带来了全新的变革和活力，从根本上改变了银行和证券机构的业务处理模式。数字金融是通过互联网及信息技术手段与传统金融服务业态相结合的新一代金融服务。根据易观智库的产业结构分类，数字金融包括互联网支付、移动支付、网上银行、金融服务外包及网上贷款、网上保险、网上基金等金融服务。在未来，智能投顾、二代支付、央行数字货币等可能会成为新的热门领域，数字化驱动普惠金融服务不断下沉、延伸的同时，科技的进步和社会的发展将会推动数字普惠金融做到可持续发展，加深数字金融在金融领域的信用基础，加强数字金融的顶层设计，让数字金融水平和数字普惠金融技术的普及率得到显著提高，数字金融的未来必将大有可为。

1）电子货币

随着人类社会经济和科学技术的发展，货币的形式从商品到金属货币和纸币，又从现金形式发展到票据、信用卡和数字人民币等。

电子货币是计算机介入货币流通领域后产生的,是现代商品经济高度发展要求资金快速流通的产物。由于电子货币是利用银行的电子存款系统和电子清算系统来记录和转移资金的,因此它具有使用方便、成本低廉、灵活性强、适合大宗资金流动等优点。目前,银行使用的电子支票、银行卡、电子现金等都是电子货币的不同表现形式。

(1)电子支票。电子支票即电子资金传输,它与纸面支票不同,是购买方从金融中介方获得的电子形式的付款证明。电子支票需要有电子支票系统或称为电子资金传输系统环境的支持。该系统目前一般采用专用的网络系统和设备,并通过相应的软件及规范化的用户识别、数据验证、数据传输等协议实现电子汇兑和清算,通过自动取款机(ATM)进行现金支付等功能。

(2)银行卡。银行卡是由银行发行的专用卡,可以提供电子支付服务。由于服务业务的不同,银行卡分为信用卡、借记卡及专用卡等多种类型,其中最常用的是借记卡。

(3)电子现金。电子现金又称为数字现金,是纸币现金的电子化。使用电子现金不仅具有纸币现金的方便性、匿名性和交易的保密性,而且又具有电子货币的灵活方便、节省交易费用、防伪造等优点。它有多种表现形式,如预付卡和纯电子系统等。

2)网上银行与移动支付

网上银行的建立和银行卡的广泛使用显示出了计算机网络给银行业带来的变革。随着移动数据通信技术的发展而产生的移动支付服务方式,又为移动用户进行电子支付带来了极大的便利。

(1)网上银行。网上银行是指通过因特网或其他公用信息网,将客户的计算机终端连接至银行,实现将银行服务直接送到企业办公室或客户家中的信息系统,是一个包括了网上企业银行、网上个人银行及提供网上支付、网上证券和电子商务等相关服务的银行业务综合服务体系。它的主要业务是网上支付,并逐步实现电子货币、电子钱包、网上证券和电子商务等应用。

(2)移动银行与移动支付。在银行业中,无线数据通信技术被成功地应用于移动银行和移动商务,其中核心功能是移动支付。移动银行可以向移动用户提供的服务包括移动银行账户业务、移动支付业务、移动经纪业务及现金管理、财务管理、零售资产管理等业务。移动银行的各项服务可以利用无线数据通信技术将移动电话与因特网连接来实现。

3)证券市场信息化

证券交易是筹集资金的一种有效方式。计算机在证券市场中的应用为投资者进行证券交易提供了必不可少的环境。证券网络系统的建设和实施网上证券交易是证券市场信息化的主要特征。

(1)证券网络系统。证券网络系统是一个利用因特网、局域网、移动通信网、CDPD 网、寻呼网、声讯网及传真网等多种网络资源构筑而成的为证券交易和证券信息共享等提供服务的综合性网络,是多种网络资源的集成。

(2)网上证券交易系统。网上证券交易系统是建立在证券网络系统上的一个能提供证券综合服务的业务系统,证券投资者利用网上证券交易系统提供的各种功能获取证券交易和进行网上证券交易。它能够为证券商和投资者提供综合证券服务,其功能包括信息类服务、交易服务和个性化服务等。在网上证券交易系统中,所有的交易都是由证券市场的计算机系统进行记录和跟踪。计算机根据交易活动确定证券价格的变化,投资者或经纪人使用微型计算机终端实时地了解证券价格的变化及当前证券的交易情况,并根据计算机给出的报价直接在微型计算机终端上认购或售出某一种证券。

4. 计算机在交通运输业中的应用

交通运输业是现代社会的大动脉。航空、铁路、公路和水运都在使用计算机进行监控、管理或提供服务。交通监控系统、座席预订与售票系统、全球定位系统、地理信息系统及智能交通系统等都是计算机在交通运输业中的典型应用。

1）交通监控系统

空中交通控制系统、铁路交通监控系统、公路交通监控系统是保证飞机、列车、汽车正常运行的安全保障。

2）座席预订与售票系统

座席预订与售票系统是一个由大型数据库和遍布全国乃至全世界的成千上万台计算机终端组成的大规模计算机综合系统，它不仅给旅客带来了方便，还可以方便售票员全面、准确地掌握车次、航班和已售待售票的情况，从而实现票务信息实时、准确的维护与管理。

3）全球定位系统

全球定位系统(global positioning system，GPS)最初是由美国提出并实施的一项庞大的航天工程，其目的是为美国军方提供服务。现在除军事应用外，它已被应用于航空、航天、航海、公路交通、测量、勘探等诸多领域。使用 GPS 可以进行车辆交通引导、海空导航、导弹制导、精确定位、速度与时间测量等。

GPS 一般由定位卫星、地面站组和用户设备三个部分组成。

4）地理信息系统

地理信息系统(geographical information system，GIS)是在计算机软件和硬件的支持下，运用系统工程和信息科学的理论与技术，科学管理和综合分析具有空间内涵的地理数据，以提供交通、规划、管理、决策和研究等所需信息的系统，是一个处理地理空间数据的信息系统。地理信息是指表征某一地理范围固有要素或物质的数量、质量、分布特征、联系和规律的文字、数字、图形和图像的总称。GIS 一般由五个部分组成：数据输入与检查模块、数据存储与管理模块、数据处理与分析模块、数据显示与传输模块和用户界面模块。随着计算机网络和信息高速公路的飞速发展和广泛应用，基于网络的分布式 GIS 已成为当前研究的热点。它不仅在交通运输业能够发挥重要的作用，而且可广泛应用于地理学、地图制图学、摄影测量与遥感、土地管理、城市规划等领域，它也是国家空间基础设施、全球空间数据基础设施及数字地球等信息系统的支撑技术。

5）智能交通系统

智能交通系统(intelligent transport system，ITS)是将计算机、通信、电子传感及人工智能等大量先进技术应用于交通运输领域的综合与集成，用来提高交通基础设施的运用效率、改善交通运输环境、缓解交通拥挤、保障交通运输安全、改善运输服务质量及减少交通运输对环境的不良影响。

它主要包括智能型交通监控系统、安全和事故预防系统、自动收费系统、车载智能导航系统、交通运输信息服务系统、智能型交通运输调度系统、停车场自动管理系统、交通运输需求预测与分析系统及灾害危机管理系统等。

5. 计算机在医学中的应用

计算机在医学领域中是必不可少的工具。它可以用于患者病情的诊断与治疗、控制各种数字化的医疗仪器、病员的监护和健康护理、医学研究与教育及为缺少医药的地区提供医学专家系统和远程医疗服务。智慧医疗是近些年来兴起的专有医疗名词,是一套融合物联网、云计算等技术,以患者数据为中心的医疗服务模式。智慧医疗采用新型传感器、物联网、通信等技术结合现代医学理念,构建出以电子健康档案为中心的区域医疗信息平台,将医院之间的业务流程进行整合,优化了区域医疗资源,实现跨医疗机构的在线预约和双向转诊,缩短病患就诊流程、缩减相关手续,使得医疗资源合理化分配,真正做到以病人为中心的智慧医疗。在不久的将来,医疗行业将融入更多人工智能、传感技术等高科技,使医疗服务走向真正意义的智能化,推动医疗事业的繁荣发展。在中国新医改的大背景下,智慧医疗正在走进寻常百姓的生活。

1)医学专家系统

医学专家系统是计算机在人工智能领域的典型应用。将某一领域专家的知识存储在计算机的知识库内,系统中配置有相应的推理机构,根据输入的信息和知识进行推理、演绎,从而获得结论。

2)远程医疗系统

远程医疗系统和虚拟医院是计算机技术、网络技术、多媒体技术与医学相结合的产物,它能够实现涉及医学领域的数据、文本、图像和声音等信息的存储、传输、处理、查询、显示及交互,从而在对患者进行远程检查、诊断、治疗及医学教学中发挥重要的作用。

3)数字化医疗仪器

目前,医疗检测仪器或治疗仪器的研制和生产正在向智能化、微型化、集成化、芯片化和系统工程化发展。利用计算机技术、仿生学技术、新材料及微制造技术等高新技术,将使新型的医疗仪器成为主流,虚拟仪器、三维多媒体技术及通过因特网进行仪器和信息共享等新技术亦将进一步实用化。

4)病员监护与健康护理

使用由计算机控制的病员监护装置可以对危重病人的血压、心脏、呼吸等进行全方位的监护。患者或医务人员可以利用计算机来查询病人在康复期应该注意的事项,解答各种疑问,以使病人尽快恢复健康等。

5)医学研究

医学数据库中存储了大量的医学研究成果信息,研究人员在开展某项研究之前可以先进行查询,以继承前人的研究成果,避免重复和走弯路。同时,案例分析需要长期跟踪患者群的治疗效果并进行大量的数据处理,计算机是进行统计分析最理想的工具。使用计算机还可以进行药物的成分分析和大量的分组试验。

6. 计算机在教育中的应用

随着产业互联网在全球范围内的兴起,互联网悄然向传统产业渗透,云计算、大数据、物联网、移动互联网等技术推动了教育模式的转型,丰富的教育互联网化应用大大提高了知识传递的效率,更个性化的教育手段强化了学习的效果。自此,教育不仅是教育工作者的责任,而且是教育互联网化工作者的目标,是"互联网＋教育"大生态圈共同努力的方向,在各方协力共进下,教育开始真正趋于智慧化。近年来,随着智能设备的应用,智慧教育、智慧校园、智慧教室、智慧课堂等名词频现在我们身边。时至今日,智慧教育的道路已经探索和实践了近十年,智慧教育的提出,是智慧城市和现代化教育思想相结合的必然产物,智慧教育成为教育信息化的一个新阶段。智慧教育是对移动互联网、云计算、大数据、智能终端等新一代信息技术与产品的全面、深入、综合的应用。智慧教育的重点与前提在于智慧学习环境的构建、智能化教育系统及产品的研发与应用。智慧教育的目的是大幅度提高教学、科研、管理的效率与水平。智慧教育的本质是培养学习者的自主学习能力和创新能力。

1）校园网

校园网是在学校内部建立的计算机网络，一般是建立一个主干网，下联多个有线子网或无线子网，使全校的教学、科研和管理能够在网上运行。同时，校园网还能够和中国教育科研网（China Education and Research Network，CERNET）及因特网相连接，以共享网络资源。

2）远程教育

基于校园网和因特网，实现实时远程教学、虚拟教室教学、远程考试、教学反馈等等。

3）计算机辅助教育

从儿童的智力开发，到中小学教学及大学教学，从辅助学生自学到辅助教师授课，都可以在计算机的辅助下进行。

4）计算机教学管理系统

学生的选课、教师教学任务的安排、教室的分配、课表的编制、学生学习成绩的记载、学籍的管理、招生就业及统计、教学监控等，都可以利用计算机实现全过程信息化管理。

7. 计算机在艺术中的应用

艺术家以计算机为工具进行音乐、舞蹈、美术、摄影、电影与电视等艺术创作，创作出来的作品更具特色、效果更佳。五彩斑斓的计算机游戏软件不仅可以休闲、娱乐，而且还可以训练人的反应能力、操作能力。

1）音乐与舞蹈

使用计算机控制的电子合成器可以模拟一种或多种乐器的声音。这种声音或由管乐器、吉他、打击乐器及音乐家演唱所产生的声音经过乐器数字接口（music instrument digital interface，MIDI）输入计算机中存储和处理，然后由音序器播放。音乐家可以使用 MIDI 来创作音乐作品，为电影、电视、多媒体演示或计算机游戏等配音。

舞蹈创作者可以先使用序列编辑器录制个人的舞蹈动作，这些动作可以加快、放慢、停止、旋转等。创作并录制各个角色的个人舞蹈动作之后，再通过舞台视图进行合成，在模拟的舞台上观看其效果，并调整角色之间的配合与时间。

2）美术与摄影

艺术家可以使用专门的软件作为工具来创作绘画、雕塑等艺术作品。一些绘画工具就像画笔、铅笔一样使用，有的则可以将图库中的图画单元重新构想、组合为一幅图画。在雕塑作品时，可以利用三维动画软件从各个角度观察作品，直到达到满意的效果。

在摄影方面，人们通过专门的接口可以将数字相机存储器中的数字照片输入计算机，然后使用专门的软件（如 Photoshop 等）按照意愿进行编辑、修饰、加工、裁剪、放大和存储，加工后的照片不仅可以用高精度的彩色打印机输出或在屏幕上显示，而且还可以制作成为光盘永久保存。

3）电影与电视

在影片、电视剧和电视节目制作中，利用计算机可以获得过去无法获得的效果，如一些惊险特技镜头使用计算机就要方便得多，且效果更加逼真。电视点播系统的专用软件可以实时响应用户的点播请求。

4）多媒体娱乐与游戏

多媒体技术、动漫技术及网络技术使得计算机能够以图像与声音的集成形式提供最新的娱乐和游戏方式。在计算机上可以播放歌曲和音乐。由剧本作家、影视导演、动画师及计算机专业人员联合开发的计算机游戏，其故事情节更引人注目。目前，多媒体技术和动漫技术的广泛应用，使得动漫产业成为21世纪新型的朝阳产业。

8. 计算机在科学研究中的应用

科学研究是计算机的传统应用领域，主要用来进行科技文献的存储与检索、复杂的科学计算、系统仿真与模拟、复杂现象的跟踪与分析及知识发现等。

1）科技文献存储与检索

"信息爆炸"是信息化社会的一个特征。有关资料显示，现在全世界每分钟都有一本新书出版，因此如果不使用计算机来存储和检索信息，科学研究和科技成果的交流将无从谈起。电子出版物的出现为使用计算机进行存储和检索创造了良好的条件，人们利用因特网的在线服务功能和许多专用的科技文献检索系统，在图书馆、办公室、实验室乃至自己的家中，就可以共享全球的信息资源。

2）科学计算

科学计算就是使用计算机完成在科学研究和工程技术领域中所提出的大量复杂的数值计算。自从计算机诞生以来，它就成为科学计算的有力工具。1946年第一台通用电子计算机ENIAC就是为了快速精确计算炮弹的运行轨迹而产生的。目前，从微观世界的揭示到空间的探索，从数学、物理等基础科学的研究到导弹、卫星等尖端设备的研制，以及在船舶设计、飞机制造、建筑设计、电路分析、地质探矿、天气预报、生命科学等国民经济各个领域中的大量数值计算都可以使用且基本上离不开计算机。MATLAB是目前广泛使用的一个科学计算软件包，其含义是矩阵实验室（matrix laboratory），它包含各类应用问题的求解工具。

3）计算机仿真

在科学研究和工程技术中往往需要做大量的试验，要完成这些试验需要花费许多人力、物力、财力和时间，使用计算机仿真系统来进行科学试验是一条切实可行的捷径。计算机仿真还可以用于需要进行繁重而又复杂的实际实验或无法进行实际实验的场合。国防、交通、制造业、农业中的科学研究是仿真技术的主要应用领域。

虚拟现实（virtual reality，VR）技术是仿真技术的一个重要方向，是仿真技术与计算机图形学、人机接口技术、多媒体技术、传感技术、网络技术等多种技术的集合。

增强现实（augmented reality，AR）技术是一种将虚拟信息与真实世界巧妙融合的技术，广泛运用了多媒体、三维建模、实时跟踪及注册、智能交互、传感等多种技术手段，将计算机生成的文字、图像、三维模型、音乐、视频等虚拟信息模拟仿真后，应用到真实世界中，两种信息互为补充，从而实现对真实世界的"增强"。

2021年是元宇宙元年，元宇宙（metaverse）是由meta和verse两个单词组成，meta表示超越，verse代表宇宙（universe），合起来即为"超越宇宙"的概念：一个平行于现实世界运行的人造赛博空间，是互联网的下一个阶段，由AR，VR，3D等技术支持的虚拟现实的网络世界。

1.2　计算机系统

计算机系统由硬件系统和软件系统组成。硬件系统(简称为硬件,亦称为裸机)是指计算机的物理实体,是可以摸得着的部件的总称,包括由电子、机械和光电元件等组成的各种部件和设备。软件系统(简称为软件)是指计算机的逻辑实体,是控制计算机接受输入、产生输出、存储数据和处理数据的各种程序的总称。硬件是实体,软件是灵魂。计算机进行信息交换、处理和存储等操作都是在软件的控制下,通过硬件实现的。没有了硬件,软件就失去了发挥其作用的"舞台",只有硬件而没有软件的计算机是无法工件的。硬件和软件有机结合、相互配合,才构成了计算机系统。计算机系统的组成如图1-7所示。

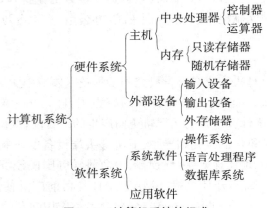

图1-7　计算机系统的组成

1.2.1　计算机硬件系统的组成

基于冯·诺依曼的"存储程序和程序控制"理论,计算机硬件系统是由运算器、控制器、存储器、输入设备和输出设备等五大基本部件组成,如图1-8所示。

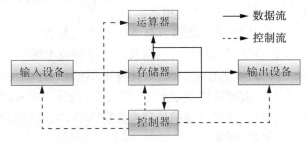

图1-8　计算机硬件系统的基本组成

1. 运算器

运算器通常由算术逻辑部件(arithmetic and logic unit,ALU)、累加器、状态寄存器和通用寄存器组成。运算器的主要功能是对二进制数据进行算术运算和逻辑运算,所以也称为算术逻辑单元。在控制器的控制下,对取自内存储器的数据进行加、减、乘、除等算术运算和与、或、非、异或等逻辑运算,并将结果送到内存储器。

2. 控制器

控制器(control unit,CU)是整个计算机的控制枢纽,用于控制计算机各部件协调地工作,负责从内存中取出指令,进行分析,确定操作次序,产生相应的控制信号。运算器和控制器合称为计算机的中央处理器,简称微处理器,是决定计算机性能的核心部件。

3. 存储器

存储器(memory)是用来存放程序和数据的记忆装置。存储器分为内存储器(也称为主存储器,简称为内存或主存)和外存储器(也称为辅助存储器,简称为外存或辅存)。内存主要采用半导体集成电路制成,而外存大多采用磁性或光学材料制成。

CPU只能直接存取内存的数据,而不能直接存取外存的数据,外存中的数据只有先调入内存才能被CPU访问。

4. 输入设备

输入设备(input device)是将程序和数据变为计算机能接受的电信号,送入计算机的内存,供计算机处理。常用的输入设备有键盘、鼠标、扫描仪、触摸屏、卡片阅读机、视频摄像机等。

5. 输出设备

输出设备(output device)是将运算结果、工作过程(包括程序)以人们所期望的形式表示出来的电子设备。常用的输出设备有显示器、打印机、绘图仪和音响等。

有些设备既可作输入设备,又可作输出设备,如磁盘驱动器等。

1.2.2 主板与CPU

1. 主板

主板(mainboard)又叫作主机板、母板或系统板,它安装在机箱内,是微型计算机系统(简称为微机)中最大的一块电路板。主板上分布着各种电子元件、插座、插槽、接口等,一般有基本输入输出系统(basic input/output system,BIOS)芯片、I/O控制芯片、键盘接口、面板控制开关接口、指示灯插接件、扩充插槽、CPU与外设数据交换通道(总线)等,它们把微机的CPU、内存和各种外围设备有机地联系在一起。主板分AT(advance technology)主板和ATX(AT extended)主板两大类型。

早期在传统主板上使用的芯片有100多个,生产成本高,而且维修也不方便。现在的主板和扩展卡上,把大大小小的芯片浓缩在芯片组里,使得板卡的体积不断缩小,成本不断下降,而且稳定可靠。主板使用的芯片组决定了主板的性能,无论是CPU、显卡还是鼠标、键盘、声卡、网卡等都得靠主板来协调工作。

2. CPU

CPU即中央处理器,又称为微处理器。它是微机的核心部件,由控制器、运算器和寄存器组成,其作用类似人的大脑,这三个部分相互协调便可以进行分析、判断和计算,并控制计算机各部分协调工作。最新的CPU除包括这些功能外,还集成了高速缓存(cache)等部件。目前大部分微机的CPU都采用Intel的系列芯片。

寄存器是CPU内部的临时快速存储单元,其中包括指令寄存器、累加寄存器、状态寄存器、地址寄存器、数据寄存器等。寄存器的位数影响CPU的速度和性能。

1.2.3 存储器

存储器是存储程序和数据的电子装置。能与 CPU 直接相连，可以与 CPU 直接进行数据交换的存储器称为内存，而把不直接与 CPU 相连的存储器（如磁盘）称为外存。

1. 内存储器

内存储器位于主机板上，包括随机存储器（random access memory，RAM）和只读存储器（read-only memory，ROM）。

1）随机存储器

计算机中，RAM 用来暂时保存程序和数据，其特点是：信息可随时写入或读出，计算机一旦断电，其中的信息立即丢失。RAM 分为静态 RAM（static random access memory，SRAM）和动态 RAM（dynamic random access memory，DRAM）。DRAM 用作大容量的存储器系统，SRAM 一般用作小容量的存储器系统，如高速缓冲存储器采用 SRAM，以实现内存的高速存取，适应高速 CPU 的需要。SRAM 的存取速度是 DRAM 的 10 倍左右。

2）只读存储器

内存中含有一定容量的 ROM，其内容只能读出，不能写入。计算机断电后，信息仍能长期保持。因此，ROM 用来保存系统引导程序、系统自检程序及系统初始化程序等。当开机后，CPU 自动读出 ROM 中的程序并执行，以实现系统引导、系统自检及系统初始化。ROM 还包括可编程 ROM（programmable read-only memory，PROM）、可擦除可编程 ROM（erasable programmable read-only memory，EPROM）及电擦除可编程 ROM（electrically-erasable programmable read-only memory，EEPROM）。

内存的性能指标包括内存容量、读写速度及高速缓冲存储器的大小。目前微机的内存配置容量一般为 16～32 GB，读写速度用一次存取时间表示。

2. 外存储器

外存储器为微机存储器的重要组成部分，用来长期存储程序和数据。外存储器存取信息时要通过内存，而不与 CPU 直接打交道。与内存储器相比，其特点是存储容量大，存取速度较慢，信息可长期保存，断电后不丢失信息，价格便宜。目前常用的外存储器主要有闪存、硬盘和光盘。

(1) 闪存是 flash memory 的意译，具备快速读写、断电后仍能保留信息的特性。拥有容量超大、存取快捷、轻巧便捷、即插即用、安全稳定等许多传统移动存储设备无法替代的优点。此外，我们也把闪存称为"电子软盘"或"闪盘"，因为绝大多数人都把其作为软盘的替代品，习惯用"盘"来称呼它，虽然从原理上说闪存并非光磁存储设备。U 盘即 USB 盘的简称，是闪存的一种，U 盘的容量都是 2 的幂，这是由电子元件的特性所决定的。

(2) 硬盘（hard disk）作为主要的外存设备之一，常见的硬盘有机械硬盘（hard disk drive，HDD）和固态硬盘（solid state disk，SSD）。HDD 的盘片组都固定在驱动电机的主轴上，同轴旋转，并与多个读写磁头封装在真空的铝合金盒子内，磁盘片和硬盘驱动器合二为一，统称为硬盘。SSD 的工作原理不同于 HDD，SSD 是由电子芯片阵列制成的硬盘，不用磁头，没有高速旋转的盘片，依靠闪存颗粒完成对数据的读写，具有读写速度快、抗震能力强、噪音小、低功耗等特点。

(3) 光盘（compact disc，CD）是由有机玻璃制成的薄圆片，一面涂上反光性很好的铝膜，另一面通过激光来读写。目前使用的光盘有 3 种类型：只读光盘(CD-ROM)、一次写入型光盘(CD-WO)和可改写光盘(CD-MO)。CD-ROM 是由生产厂商按用户要求将信息写入盘片中，写入的信息只可读出不能修改。CD-WO 是用户通过光盘刻录机将自己的信息写入，一旦信息写入就不能修改。CD-MO 是通过可擦写的光盘机进行数据的读写，如同使用磁盘一样。光盘相对于软盘可以存储更多的内容。比如原来常用的 3.5 in(1 in≈2.54 cm)软盘，其存储容量为 1.44 MB，而光盘的容量可达 650 MB。光盘必须在光盘驱动器(简称光驱)中使用，光驱的主要技术参数是其数据传输速率(指 1 s 读取的最大数据量)，也称为倍速。

1.2.4 输入/输出设备

微机同一般计算机一样，也要配备具有人机联系、交换数据功能的输入/输出设备，简称为 I/O 设备。微机常用的 I/O 设备包括键盘、鼠标、显示器和打印机等。

1. 输入设备

(1)键盘(keyboard)是计算机的基本输入设备，通过键盘可以完成数据、字符、汉字及操作命令、程序指令等的输入。微机上常用的键盘有 101 键、102 键和 104 键等几种。

目前常用的键盘主要有机械触点式、机械薄膜式和电容式三种。其中，机械触点式键盘结构简单、成本低，但使用寿命较短；机械薄膜式键盘成本低，但使用寿命也不长；电容式键盘无触点，利用电容量变化来控制按键信号，故在灵敏度、耐久性和稳定性几方面都高于前两种键盘。另外，电容式键盘还有功耗低，结构简单，易于小型化，易于批量生产及成本低等特点，已成为当前使用最广泛的键盘。

(2)鼠标(mouse)是一种使用越来越广泛的输入设备，其上有两个或三个按键，各键的功能可由软件或通过操作系统如 Windows 操作界面任意设置，一般左键用得较多。鼠标通过 RS232C 串行接口或 USB 接口与主机连接。

目前常用的鼠标主要有机械式和光电式两种。机械式鼠标底座上装有一金属或橡胶圆球，在光滑的桌面上移动鼠标时，球体的转动可使鼠标内部电子器件测出位移的方向和距离，并经连接线将有关数据传给计算机；光电鼠标必须与布有小方格的专用板配合使用，鼠标底部的光电装置可以测出鼠标在专用板上位移的方向和距离，并传送给计算机。

2. 输出设备

显示器(display device)由监视器和装在主机内的显示适配器两部分组成，是计算机的基本输出设备。显示器种类较多，常用的有阴极射线管(cathode-ray tube，CRT)显示器、液晶(liquid crystal display，LCD)显示器、发光二极管(light emitting diode，LED)显示器。监视器所能显示的光点的最小直径(也称为点距)决定了它的物理显示分辨率，常见的有 0.33 mm、0.28 mm 和 0.22 mm 等。显示适配器是监视器和主机的接口电路，也称为显卡。监视器在显卡和显卡驱动软件的支持下可实现多种显示模式，如分辨率为 1 024×768 像素、1 280×720 像素、1 600×900 像素等，乘积越大分辨率越高，但不会超过监视器的最高物理分辨率。LCD 主要用于笔记本(便携式)计算机，目前已全面替代了 CRT(主要用于台式机)。

打印机(printer)是计算机的基本输出设备，其作用是将信息以字符、表格、图形、图像的形式打印在纸上。打印机按工作原理分为击打式和非击打式。击打式打印机是用机械撞击的方式通过色带将信息打印在纸上。针式打印机是目前使用中最普及的击打式打印机，其特点是：

价格适中,性能稳定,使用方便。激光打印机和喷墨打印机是非击打式打印机中最常用的两种,前者打印效果最好,打印速度最快,噪音最小,而喷墨打印机的打印效果仅次于激光打印机,通过彩色喷墨打印机可以实现彩色图形、图像的高质量输出。

计算机使用的其他 I/O 设备还有:跟踪球、操纵杆、光笔、触摸屏、扫描仪、磁卡阅读器、条形码读入器、光学符号识别器、光学字符识别器、声音识别器、绘图仪、音响设备、调制解调器等。

1.2.5 计算机软件系统

软件是程序开发、使用和维护所需要的所有文档与数据的集合。软件系统是计算机系统的另一重要组成部分,它包括各种操作系统、编辑程序、各种语言程序、诊断程序、工具软件、应用软件等。软件系统由系统软件和应用软件两部分组成。

1. 系统软件

系统软件是计算机系统的基本软件,也是计算机系统必备的软件。它的主要功能是管理、监控和维护计算机资源(包括硬件和软件),以及开发应用软件。它主要包括操作系统、程序设计语言和语言处理程序、数据库管理系统。

1) 操作系统

操作系统(operating system,OS)是对计算机的硬件和软件资源进行控制和管理的程序,是系统软件的核心。用户通过操作系统来使用计算机,因此操作系统也是用户和计算机之间的接口。操作系统的主要功能包括进程管理、作业管理、存储管理、设备管理、文件管理,它是计算机硬件系统功能的首次扩充。按照不同的分类标准,操作系统分类如下。

(1) 按运行环境分为实时操作系统、分时操作系统和批处理操作系统。

实时操作系统是一种能及时响应外部事件的请求,在规定时间范围内完成对事件的处理的系统。

分时操作系统多用于对一个 CPU 连接多个终端的系统,CPU 按优先级分配给各个终端时间片,轮流为其服务。

批处理操作系统以作业为处理对象,连续处理在计算机中运行的多道程序和多个作业。

(2) 按管理用户数量分为单用户操作系统和多用户操作系统。

单用户操作系统是只有一个用户独占计算机的全部软件和硬件资源,单用户操作系统按它同时管理的作业数又分为单用户单任务操作系统和单用户多任务操作系统。例如,DOS 操作系统就属于单用户单任务操作系统,Windows 11 就属于单用户多任务操作系统。

多用户操作系统是一台 CPU 上接有多个终端用户系统,多个用户共享计算机的软件和硬件资源,如 UNIX 操作系统等。

(3) 按管理计算机的数量分为个人计算机操作系统和网络操作系统。

个人计算机操作系统是一种单用户的操作系统,主要供个人使用,功能强,价格便宜,在几乎任何地方都可安装使用。它能满足一般人操作、学习、游戏等方面的需求。个人计算机操作系统的主要特点是:计算机在某一时间内为单个用户服务;采用图形界面人机交互的工作方式,界面友好;使用方便,用户无须具备专门知识,也能熟练地操纵系统。网络操作系统用于对多台计算机的软件和硬件资源进行管理和控制,提供网络通信和网络资源的共享功能。它要保证网络中信息传输的准确性、安全性和保密性,提高系统资源的利用率和可靠性,如

Netware，Windows NT，Linux 操作系统等。

2）程序设计语言和语言处理程序

人类语言是"自然语言"，人要使用计算机，就必须与计算机进行交流，要交流就必须使用"语言"，这种语言就称为计算机语言。计算机语言是人和计算机之间用以交流信息的符号系统。通过计算机语言编写程序来实现与计算机的交流，因此计算机语言也称为程序设计语言。计算机语言按发展过程分为机器语言、汇编语言和高级语言。

（1）机器语言。

机器语言(machine language)是指直接用计算机指令作为语句与计算机交换信息，一条机器指令就是一个机器语言的语句。机器指令是由二进制代码表示的、指挥计算机进行基本操作的命令，它由操作码和操作数组成。机器语言是计算机唯一能识别和执行的语言，其优点是执行速度快，占用内存少，缺点是面向机器，通用性差，指令难记，编写烦琐，容易出错，调试复杂，程序可读性、可维护性差。

（2）汇编语言。

汇编语言(assembly language)是用助记符(符号)替代二进制代码的机器指令的语言，也称为符号语言。相对于机器语言，其优点是易学易记，缺点是面向机器，通用性较差，广泛用于过程控制和实时处理领域。用汇编语言编写的程序称为汇编语言源程序，它不能直接运行，必须通过汇编程序翻译成目标程序(机器代码或目标代码)，计算机才能执行，这个翻译过程叫作汇编。

（3）高级语言。

高级语言(high level language)类似于人们习惯用的自然语言。高级语言是"面向问题"的语言，用高级语言编写的程序不但表达直观、可读性好，而且与具体的机器无关，便于交流和移植。常用的高级语言有 FORTRAN，COBOL，PASCAL，BASIC，C，JAVA，Visual Basic，C++，Python 和 Visual C++等。如同汇编语言一样，用高级语言编写的源程序也不能被计算机直接运行，必须经过翻译成为机器能识别的目标程序。

高级语言的翻译即语言处理程序有两种方式：编译方式和解释方式。

①编译方式是将高级语言源程序通过编译程序翻译成机器语言目标代码。

②解释方式是通过解释程序对高级语言源程序进行逐句解释，解释一句就执行一句，但不产生机器语言目标代码。

大部分高级语言只有编译方式，BASIC 语言两种方式都有。

3）数据库管理系统

数据库管理系统(database management system，DBMS)是对数据进行管理的软件系统，它是数据库系统的核心软件。数据库系统的一切操作，包括创建数据库对象，应用程序对这些数据对象的操作(插入、修改、删除等)及数据管理、控制等，都是通过 DBMS 进行的。常见的数据库管理系统有 Access，SQLserver，Oracle，以及国产的人大金仓数据库管理系统、达梦数据库管理系统、热璞数据库管理系统等。

2. 应用软件

应用软件主要为用户提供各个具体领域中的辅助应用，也是多数用户非常感兴趣的内容。应用软件具有很强的实用性和专用性，是专门为解决某个应用领域中的具体问题而设计的软件，它包括应用软件包和面向问题的用户程序。

1)应用软件包

应用软件包是指生产厂家或软件公司为解决带有通用性问题而精心研制的程序,这些程序供用户选择使用。比如,办公自动化软件包 WPS Office 和 Microsoft Office 中包含的 Microsoft Word、Microsoft Excel、Microsoft PowerPoint,以及 Auto CAD、CAM、CAI 软件、网络应用软件等。

2)面向问题的用户程序

面向问题的用户程序是指特定用户为解决特定问题而开发的软件,通常由自己或委托别人研制,只适合于特定用户使用。比如,联盛超市管理系统、财务管理系统等。

1.2.6 计算机工作原理

1. 指令系统

计算机执行某种操作的命令称为指令。每条指令可以完成一个独立的操作,如实现对操作数的加、减、乘、除、传送、移位和比较等。因为计算机只能识别二进制代码,所以指令必须由二进制代码组成。这样的指令也称为计算机的机器指令。

一种计算机所能执行的全部指令的集合,称为这种计算机的指令系统。每种计算机都有自己的指令系统。指令系统体现了计算机的基本功能。例如,Intel 的微处理器与 Motorola 的微处理器就具有不同的指令系统,不能互相兼容。也就是说,Intel 8086 的指令系统中的指令只能被用 Intel 8086 微处理器作 CPU 的微机系统所识别和执行,而不能被用 Motorola M68000 微处理器作 CPU 的微机系统所识别和执行。但 Intel 80586 组成的系统可以识别和执行 Intel 8086 的指令,这是因为 Intel 在设计这两种微处理器的指令系统时是使它们向上兼容的。一般微处理机的指令系统可以包括几十种或百余种指令。

指令是程序设计者进行程序设计的最小单位。指令是计算机唯一能直接识别和执行的命令,程序设计者用其他形式的语言设计的程序,最终都要被翻译成机器指令,才能被计算机识别和执行。

一条指令可以指示计算机完成一个特定的操作,但计算机在执行操作之前,必须能从这条指令中获取有关做什么操作和对什么数据进行操作的信息。因此,为了指明具体所执行的操作,以及操作数的来源、操作结果的去向,每条指令必须包括两个最基本的部分:操作码和操作数。指令中的操作码用来指示计算机应执行什么性质的操作,每一条指令都有一个含义确定的操作码,不同指令的操作码用不同的编码表示。为了能表示指令系统的全部操作,操作码字段应有足够的位数。若指令系统有 2^n 种操作,则操作码字段长度至少需要 n 位二进制代码。由此可见,操作码位数决定了该指令系统所能执行的操作种类的数量。

指令中的操作数字段用来指出操作的对象。操作数字段的内容可以是操作数本身,也可以是操作数的地址或其他有关操作数的信息。因此,操作数字段有时也称为操作数地址字段。操作数字段可以有 1 个、2 个或 3 个,通常称作单地址、双地址或三地址指令。单地址指令可以是一条单操作数指令,它只需指定一个操作数参加操作,如移位指令,增 1、减 1 指令等。大多数指令是双地址指令,这种指令指出两个操作数,对它们进行操作后,将结果存入两个操作数地址之一,如算术和逻辑运算指令。指令系统中的指令,按功能划分,一般包含数据传送指令、算术、逻辑运算指令,程序控制指令(无条件转移指令、条件转移指令、转子与返主指令)和输入/输出指令。

2. 工作原理

由前面的介绍可知,计算机是能够存储程序,并在程序的控制下,对以数字形式出现的信息进行自动处理的一种电子装置。所谓自动处理(或称为自动执行、自动工作),是指在程序的控制下自动进行的。现代计算机的基本结构和工作原理的要点如下。

(1)存储程序和程序控制:计算机工作时先要把程序和所需数据送入计算机内存,然后存储起来,这就是"存储程序"的概念。运行时,计算机根据事先存储的程序指令,在程序的控制下由CPU周而复始地取出指令,分析指令,执行指令,直至完成全部操作。这就是所谓的存储程序和程序控制原理,也称为冯·诺依曼原理,是现代计算机的基本工作原理。

(2)二进制:计算机中,程序(指令)和数据都是以二进制形式表示的。其中,数据的非数值型信息(如字符、文字、声音、图像等)要经过编码变成二进制数码。程序是完成某一特定任务的操作命令集合,是由指令构成的序列。指令是完成一个基本操作的命令。不同的计算机语言有其对应的指令,计算机只能直接执行以二进制形式表示的机器语言指令,而汇编语言和高级语言源程序要经过语言处理程序翻译成机器语言代码,即变成以二进制形式表示的机器指令,计算机才能执行。

3. 信息交换中的主要设备与总线

微型计算机采用总线结构将主机、外设等各部分连接起来并与外界实现信息交换。

1)主机

主机包括CPU和内存。生产厂家常将主机制作在一块印刷电路板上,即主板。现在的主板通常含有CPU接口、扩展插槽(供显卡、多功能卡或其他板卡与计算机对话)、内存条插槽、键盘接口和总线等,通过内置电池和只读存储器将主板与外设配置、日期、时钟等长期保存。

2)外设

输入和输出设备统称为外部设备,简称为外设。所有的外设都是用来与主机交换信息的。

3)总线

总线(bus)是传送信息的一组通信线,它是CPU、主存储器和I/O接口之间交换信息的公共通路。其中,传送地址的称为地址总线,地址总线的宽度与CPU的寻址能力有关;传送数据的称为数据总线,数据总线的宽度(根数)等于计算机的字长;传送控制信号的称为控制总线,用于传送CPU对主存储器和外部设备的控制信号。

4)接口

接口是主机与外设相互连接的部分,是外设与CPU进行数据交换的协调及转换电路。

1.2.7 微型计算机系统

1. 微型计算机的发展

微机是微型计算机的简称,也称为个人计算机。自20世纪80年代初个人计算机面世以来,它已逐渐成为计算机家族中应用最广泛,对人们的工作、生活和家庭影响最深刻的计算机。微型计算机最显著的特点是它的CPU都是一块高度集成的超大规模集成电路芯片。微型计算机是计算机技术发展到第四代的产物。它的诞生引起了电子计算机领域的一场革命,也大大扩展了计算机的应用领域。它的出现打破了计算机的"神秘"感和计算机只能由少数专业人员才能使用的局面，使得每个普通人都能够简单地使用，从而也变成了人们日常生活中的工具。

1971年，Intel成功地把算术逻辑部件和逻辑控制部件集成在一起，发明了世界上第一片微处理器，它包括寄存器、累加器、算术逻辑部件、控制部件、时钟发生器及内部总线等，也就是一块高度集成的超大规模集成电路芯片，再加上RAM、ROM、输入/输出电路及总线接口就构成了微型计算机。微处理器的发展速度很快，几乎是每2~3年就要更新换代。

摩尔定律如是说：当价格不变时，集成电路上可容纳的元件的数目，每隔18个月左右便会增加1倍，性能也将提升1倍。换言之，价格不变的情况下所能买到的电脑性能，将每隔18个月左右翻1倍以上。这一定律揭示了信息技术进步的速度，且这种趋势已经持续了超过半个世纪。

1) 第一代微处理器(1971 — 1973)

典型产品是Intel 4004，Intel 8008。它们的字长为4~8位，每片约集成了2 000个晶体管，时钟频率为1 MHz，指令周期为20 μs。

2) 第二代微处理器(1974 — 1975)

典型产品是Intel 8080和Motorola的M6800。它们的字长为8位，每片约集成了5 000个晶体管，时钟频率为2 MHz，指令周期为2 μs左右。与第一代微处理器相比，集成度提高了1倍，速度提高了10倍。

3) 第三代微处理器(1976 — 1977)

典型产品是Intel 8085，Motorola的M6802及Zilog的Z80。它们的字长为8位，每片约集成了10 000个晶体管，时钟频率为2.5~5 MHz，指令周期为1 μs。与第二代微处理器相比，集成度又提高了1倍。

4) 第四代微处理器(1978 — 1980)

典型产品是Intel 8086，Motorola的M6809及Zilog的Z8000。它们的字长为16位，每片约集成了30 000个晶体管，时钟频率为5 MHz以上，指令周期为小于0.5 μs。与第三代微处理器相比，集成度提高了2倍，速度提高了1倍，字长也提高了1倍。

5) 第五代微处理器(1981年至今)

典型产品是Intel 80286/80386，Pentium系列，Motorola的M68030等。与前几代微处理器相比，不仅性能进一步提高，而且系统内部结构和总线内部结构都已经采用了某些大型机和超级小型机所使用的先进技术。

微型计算机的发展非常迅速，它在性能方面基本上以几何平均数增长。目前，以高档微处理器为中心构成的高档微型计算机系统已经达到甚至超过传统的超级小型机的水平。

目前使用较为广泛的酷睿(Core)系列是Intel的最新力作，由于它架构先进，并采用了共享二级缓存技术，因此使得性能较上一代有质的飞跃。

2. 微型计算机的主要性能指标

微型计算机系统和一般计算机系统一样，衡量其性能好坏的技术指标主要有以下几方面。

1) 字长

字长是单位时间内计算机一次可以处理的二进制码的位数。一般计算机的字长决定于它的通用寄存器、内存储器、ALU的位数和数据总线的宽度。字长越长，一个字所能表示的数据精度就越高；在完成同样精度的运算时数据处理速度就越快。但是，字长越长，计算机的硬件代价也相应增大。为了兼顾精度/速度与硬件成本两方面,有些计算机允许采用变字长运算。

一般情况下,CPU 的内、外数据总线宽度是一致的。但有的 CPU 为了改进运算性能,加宽了 CPU 的内部总线宽度,使得内部字长和对外数据总线宽度不一致。CPU 的位数是指处理器运算位数,即微处理器一次执行指令的数据带宽。处理器的寻址位宽增长很快,业界已使用过 4,8,16,32 位,目前使用的 64 位寻址浮点运算已经逐步成为 CPU 的主流产品。

2) 存储器容量

存储器容量是衡量计算机存储二进制信息量大小的一个重要指标。微型计算机中一般以字节 B(Byte 的缩写)为单位表示存储容量,并且将 1 024 B 简称为 1 kB,1 024 kB 简称为 1 MB,1 024 MB 简称为 1 GB,1 024 GB 简称为 1 TB。目前市场上主流的微型计算机大多具有 128~256 GB 内存容量和 1~2 TB 外存容量。

3) 运算速度

计算机的运算速度一般用每秒所能执行的指令条数表示。由于不同类型的指令所需时间长度不同,因此运算速度的计算方法也不同。常用计算方法有以下几种。

(1)根据不同类型的指令出现的频度,乘上不同的系数,求得统计平均值,得到平均运算速度。这时常用百万条指令每秒(million instructions per second,MIPS)作单位。

(2)以执行时间最短的指令(如加法指令)为标准来估算速度。

(3)直接给出 CPU 的主频和每条指令的执行所需的时钟周期。主频一般以 MHz 为单位。

4) 外设扩展能力

外设扩展能力主要指计算机系统配接各种外部设备的可能性、灵活性和适应性。一台计算机允许配接多少外部设备,对于系统接口和软件研制都有重大影响。在微型计算机系统中,打印机型号、显示器屏幕分辨率、外存储器容量等,都是外设配置中需要考虑的问题。

5) 软件配置情况

软件是计算机系统必不可少的重要组成部分,它配置是否齐全,直接关系到计算机性能的好坏和效率的高低。例如,是否有功能很强、能满足应用要求的操作系统和高级语言与汇编语言,是否有丰富的、可供选用的应用软件等,都是在购置计算机系统时需要考虑的。

1.3 计算机中信息的表示和存储

1.3.1 计算机常用计数制及相互转换

在计算机中,信息是以数据的形式表示和使用的,计算机能表示和处理的数据包括数值、文字、语音、图形、图像等,而这些数据在计算机内部都是以二进制的形式表现的。计算机中的基本逻辑元件有两个可以相互转换的稳定状态,可用一位二进制数来表示。也就是说,二进制是计算机内部存储、处理数据的基本形式。但是,因为二进制在书写和记忆上不方便,所以往往还采用人们习惯上常用的十进制形式及八进制、十六进制等。而对于非数值型数据,可通过采样和编码的形式变换成计算机能接受的二进制数。

1. 计数制

计数制是按一定进位规则进行计数的方法,它根据表示数值所用的数字符号的个数来命名。其中,计数制中所用的数字符号的个数称为计数制的基,数值中每一位置都对应特定的值,称为位权。对于 R 进制数,有数字符号 $0,1,2,\cdots,R-1$,共 R 个数码,基数是 R,位权 R^k(k 是指该数值中数字符号的顺序号,从高位到低位依次为 $n,n-1,n-2,\cdots,2,1,0,-1,-2,\cdots,-m$,其中整数部分有 $n+1$ 位数,小数部分有 m 位数),进位规则是逢 R 进1。在 R 进位计数制中,任意一个数值均可以表示为如下形式:

$$a_n a_{n-1} a_{n-2} \cdots a_2 a_1 a_0 . a_{-1} a_{-2} \cdots a_{-m},$$

其值为

$$S = a_n R^n + a_{n-1} R^{n-1} + a_{n-2} R^{n-2} + \cdots + a_2 R^2 + a_1 R^1 + a_0 R^0$$
$$+ a_{-1} R^{-1} + a_{-2} R^{-2} + \cdots + a_{-m} R^{-m}$$
$$= \sum_{k=-m}^{n} a_k R^k 。$$

2. 常用计数制

1)十进制

十进制的基数为10,有10个数字符号 0,1,2,3,4,5,6,7,8,9。各位权是以10为底的幂,进(借)位规则为:逢十进一,借一当十。例如:

十进制: 3   1   5 .   7   6
         ↓   ↓   ↓   ↓   ↓
各位权: 10^2 10^1 10^0 10^{-1} 10^{-2}

数值为:$(315.76)_{10} = 3 \times 10^2 + 1 \times 10^1 + 5 \times 10^0 + 7 \times 10^{-1} + 6 \times 10^{-2} = (315.76)_{10}$

2)二进制

二进制的基数为2,有2个数字符号 0,1。各位权是以2为底的幂,进(借)位规则为:逢二进一,借一当二。例如:

二进制: 1   0   1   1 .   0   1
         ↓   ↓   ↓   ↓   ↓   ↓
各位权: 2^3 2^2 2^1 2^0 2^{-1} 2^{-2}

数值为:$(1011.01)_2 = 1 \times 2^3 + 0 \times 2^2 + 1 \times 2^1 + 1 \times 2^0 + 0 \times 2^{-1} + 1 \times 2^{-2}$
$= 8 + 0 + 2 + 1 + 0 + 0.25 = (11.25)_{10}$

3)八进制

八进制的基数为8,有8个数字符号 0,1,2,3,4,5,6,7。各位权是以8为底的幂,进(借)位规则为:逢八进一,借一当八。例如:

八进制: 3   1   5 .   7   6
         ↓   ↓   ↓   ↓   ↓
各位权: 8^2 8^1 8^0 8^{-1} 8^{-2}

数值为：$(315.76)_8 = 3×8^2 + 1×8^1 + 5×8^0 + 7×8^{-1} + 6×8^{-2}$
$= 3×64 + 1×8 + 5×1 + 7×0.125 + 6×0.015625$
$= (205.96875)_{10}$

4）十六进制

十六进制的基数为 16，有 16 个数字符号 0,1,2,3,4,5,6,7,8,9,A,B,C,D,E,F。各位权是以 16 为底的幂，进（借）位规则为：逢十六进一，借一当十六。例如：

十六进制：　3　B　E．A　6
各位权：　16^2　16^1　16^0　16^{-1}　16^{-2}

数值为：$(3BE.A6)_{16} = 3×16^2 + B×16^1 + E×16^0 + A×16^{-1} + 6×16^{-2}$
$= 3×256 + 11×16 + 14×1 + 10×0.0625 + 6×0.00390625$
$= (958.6484375)_{10}$

3. 常用计数制之间的转换

常用计数制之间的转换如表 1-1 所示。

表 1-1　常用计数制之间的转换

十进制	二进制	八进制	十六进制	十进制	二进制	八进制	十六进制
0	0	0	0	10	1010	12	A
1	1	1	1	11	1011	13	B
2	10	2	2	12	1100	14	C
3	11	3	3	13	1101	15	D
4	100	4	4	14	1110	16	E
5	101	5	5	15	1111	17	F
6	110	6	6	16	10000	20	10
7	111	7	7	17	10001	21	11
8	1000	10	8	⋮	⋮	⋮	⋮
9	1001	11	9				

1）R 进制转换成十进制

在 R 进制中，任意一个数值 $a_n a_{n-1} a_{n-2} \cdots a_2 a_1 a_0 . a_{-1} a_{-2} \cdots a_{-m}$，其对应的十进制数值为

$$S = a_n R^n + a_{n-1} R^{n-1} + a_{n-2} R^{n-2} + \cdots + a_2 R^2 + a_1 R^1 + a_0 R^0$$
$$+ a_{-1} R^{-1} + a_{-2} R^{-2} + \cdots + a_{-m} R^{-m}$$
$$= \sum_{k=-m}^{n} a_k R^k。$$

2）十进制转换成二进制

数值由十进制转换成二进制，要先将整数部分和小数部分分别进行转换，再组合起来。整数部分采用"除以 2 取余，直到商为 0"的方法，所得余数按逆序排列就是对应的二进制整数部分；小数部分采用"乘以 2 取整，达到精度为止"的方法，所得整数按顺序排列就是对应的二进

制小数部分。

例如,把$(11.25)_{10}$转换成二进制数:

```
              余数
   2 | 11      1
     2 | 5     1
       2 | 2   0
         2 | 1 1
             0
```

$0.25×2=0.5;0.5×2=1.0$。因此,$(11.25)_{10}=(1011.01)_2$。

3)十进制转换成八进制

数值由十进制转换成八进制,要先将整数部分和小数部分分别进行转换,再组合起来。整数部分采用"除以 8 取余,直到商为 0"的方法,所得余数按逆序排列就是对应的八进制整数部分;小数部分采用"乘以 8 取整,达到精度为止"的方法,所得整数按顺序排列就是对应的八进制小数部分。

例如,把$(11.25)_{10}$转换成八进制数:

```
              余数
   8 | 11      3
     8 | 1     1
         0
```

$0.25×8=2.0$。因此,$(11.25)_{10}=(13.2)_8$。

4)十进制转换成十六进制

数值由十进制转换成十六进制,要先将整数部分和小数部分分别进行转换,再组合起来。整数部分采用"除以 16 取余,直到商为 0"的方法,所得余数按逆序排列就是对应的十六进制整数部分;小数部分采用"乘以 16 取整,达到精度为止"的方法,所得整数按顺序排列就是对应的十六进制小数部分。

例如,把$(958.6484375)_{10}$转换成十六进制数:

```
              余数
   16 | 958    E
     16 | 59   B
        16 | 3 3
            0
```

$0.6484375×16=10.375;0.375×16=6.0$。因此,$(958.648\,437\,5)_{10}=(3BE.A6)_{16}$。

5)二进制与八进制之间的转换

(1)二进制转换成八进制。

数值由二进制转换成八进制,从小数点开始分别向左和向右把整数及小数部分每 3 位分成一组,若整数部分最高位组不足 3 位,则在其最左边加 0 补足 3 位;若小数部分最低位组不足 3 位,则在其最右边加 0 补足 3 位。然后,用每组二进制数所对应的八进制数取代该组的 3 位二进制数,即可得该二进制数所对应的八进制数。

例如,把 $(11010.01)_2$ 转换成八进制数:

```
011   010  .  010
 ↓     ↓      ↓
 3     2      2
```

因此,$(11010.01)_2 = (32.2)_8$。

(2)八进制转换成二进制。

数值由八进制转换成二进制,把八进制数的每一位均用对应的 3 位二进制数取代,即可得该八进制数所对应的二进制数。

例如,把 $(27.5)_8$ 转换成二进制数:

```
 2    7   .   5
 ↓    ↓       ↓
010  111     101
```

因此,$(27.5)_8 = (10111.101)_2$。

6)二进制与十六进制之间的转换

(1)二进制转换成十六进制。

数值由二进制转换成十六进制,从小数点开始分别向左和向右把整数及小数部分每 4 位分成一组,若整数部分最高位组不足 4 位,则在其最左边加 0 补足 4 位;若小数部分最低位组不足 4 位,则在其最右边加 0 补足 4 位。然后,用与每组二进制数所对应的十六进制数取代每组的 4 位二进制数,即可得该二进制数所对应的十六进制数。

例如,把 $(11010.01)_2$ 转换成十六进制数:

```
0001 1010  .  0100
 ↓    ↓        ↓
 1    A        4
```

因此,$(11010.01)_2 = (1A.4)_{16}$。

(2)十六进制转换成二进制。

数值由十六进制转换成二进制,把十六进制数的每一位均用对应的 4 位二进制数取代,即可得该十六进制数所对应的二进制数。

例如,把 $(2C.F)_{16}$ 转换成二进制数:

```
  2    C   .   F
  ↓    ↓       ↓
0010  1100    1111
```

因此,$(2C.F)_{16} = (101100.1111)_2$。

1.3.2 数据存储的基本单位

一个数可以用二进制、八进制、十进制或十六进制表示,但在计算机中实际上最终只能使用二进制数。在计算机中,数据的表示有三个基本单位:位、字节和字。

1. 机器数

"数"以某种方式存储在计算机中,即称为机器数。机器数一般以二进制的形式存放在计算机中。

2. 位(bit)

位是计算机存储数据的最小单位,指二进制数的一位。

3. 字节(Byte)

8位二进制数为1字节。字节是最基本的数据单位,字节常用大写字母 B 表示。

4. 字(word)

计算机进行数据处理时,一次存取、加工和传送的数据长度称为一个字。一般来说,1个字是由1字节或多字节组成。

5. 字长

计算机一次所能处理的实际二进制的位数称为字长。字长已成为计算机性能的一个指标。例如,我们常说的32位机(字长为32,4字节),64位机(字长为64,8字节)。

6. 存储容量的单位和换算公式

存储容量的单位:kB(千字节),MB(兆字节),GB(吉字节),TB(太字节),其中

$$1\,kB=1024\,B,\ 1\,MB=1024\,kB,\ 1\,GB=1024\,MB,\ 1\,TB=1024\,GB。$$

1.3.3 计算机中数据的存储

计算机作为一个信息处理工具,数值运算只占到其工作的一小部分。事实上,在计算机所处理的信息中,很大一部分是字符信息,而计算机只能识别二进制,无法直接接受字符信息。因此,需要对字符进行编码,建立字符与 0 和 1 之间的对应关系,以便计算机能识别、存储和处理字符。

1. 数值型信息的编码

计算机可处理的数值型信息分为无符号数和有符号数两种。在计算机中,通常把一个数的最高位作为符号位,该位为"0"表示正数,为"1"表示负数。为了运算方便,计算机中对有符号数常采用三种表示方法:原码、反码和补码。以下均以 8 位二进制数码表示。

1) 原码

正数的符号位为 0,负数的符号位为 1,其他位按一般的方法表示数的绝对值,用这种方法得到的数码就是该数的原码。例如:

$[+99]_{原码}=(01100011)_2$, $[-99]_{原码}=(11100011)_2$。

原码简单易懂,但用这种码进行两个异号数相加或两个同号数相减时都不方便。为了将加法运算和减法运算统一为加法运算,以便简化运算逻辑电路,就引入反码和补码。

2) 反码

正数的反码与原码相同,负数的反码为其原码除符号位外的各位按位取反(0 变 1,1 变 0)。例如:

$[+99]_{反码}=(01100011)_2$, $[-99]_{反码}=(10011100)_2$。

3) 补码

正数的补码与原码相同,负数的补码为其反码在最低位加 1。例如:

[+99]$_{补码}$=(01100011)$_2$, [-99]$_{补码}$=(10011101)$_2$。

综上:
(1) 对于正数,原码=反码=补码;
(2) 对于负数,补码=反码+1;
(3) 补码运算遵循以下基本规则:[X±Y]$_{补}$=[X]$_{补}$±[Y]$_{补}$。补码的作用在于能把减法运算化成加法运算。现代计算机都是采用补码形式机器数的。

4) 定点数和浮点数

在计算机中,根据机器数中的小数点的位置是否固定,分为定点表示法和浮点表示法两种,它们不但关系到小数点的问题,而且关系到数的表示范围、精度及电路复杂程度。

(1) 定点数。

在机器数中,小数点的位置固定不变,称为定点数,这种表示方法称为定点表示法。常用的有定点纯整数和定点纯小数。

(2) 浮点数。

在机器数中,任意一数均可通过改变指数部分,使小数点位置发生移动,这种表示方法称为浮点表示法,它类似于科学记数法。例如,$352=0.352\times10^3$。

浮点表示法的一般形式为

$$N=\pm 尾数\times 基数^{\pm 阶码}, \quad 即 \quad N=\pm s\times 2^{\pm P}。$$

图解为

阶符	阶码 P	尾符	尾码 s

例如,$+110.101=2^{+11}\times(+0.110101)$,图解为

阶符	阶码 P	尾符	尾码 s
0	11	0	110101

2. 西文字符的编码

目前国际上普遍使用的是美国信息交换标准码(American Standard Code for Information Interchange, ASCII),如表1-2所示。ASCII码共有128个字符(包括33个通用字符、10个十进制数码、52个大小写英文字母和33个专用符号),用7位二进制数编码,另外增加一位奇偶校验位,共8位。表1-2列出了其中95个可以显示或打印出来的图形符号,以及33个不可直接显示或打印的控制字符。

表1-2 ASCII 码表

ASCII 值	字符	ASCII 值	字符	ASCII 值	字符	ASCII 值	字符
0	NUL	32	(space)	64	@	96	`
1	SOH	33	!	65	A	97	a
2	STX	34	"	66	B	98	b
3	ETX	35	#	67	C	99	c
4	EOT	36	$	68	D	100	d
5	ENQ	37	%	69	E	101	e
6	ACK	38	&	70	F	102	f

续表

ASCII 值	字符	ASCII 值	字符	ASCII 值	字符	ASCII 值	字符
7	BEL	39	'	71	G	103	g
8	BS	40	(	72	H	104	h
9	HT	41	)	73	I	105	i
10	LF	42	*	74	J	106	j
11	VT	43	+	75	K	107	k
12	FF	44	,	76	L	108	l
13	CR	45	-	77	M	109	m
14	SO	46	.	78	N	110	n
15	SI	47	/	79	O	111	o
16	DLE	48	0	80	P	112	p
17	DC1	49	1	81	Q	113	q
18	DC2	50	2	82	R	114	r
19	DC3	51	3	83	S	115	s
20	DC4	52	4	84	T	116	t
21	NAK	53	5	85	U	117	u
22	SYN	54	6	86	V	118	v
23	ETB	55	7	87	W	119	w
24	CAN	56	8	88	X	120	x
25	EM	57	9	89	Y	121	y
26	SUB	58	:	90	Z	122	z
27	ESC	59	;	91	[	123	{
28	FS	60	<	92	\	124	|
29	GS	61	=	93	]	125	}
30	RS	62	>	94	ˆ	126	~
31	US	63	?	95	—	127	DEL

3. 中文字符的编码

西文字符是拼音文字,基本符号比较少,利用键盘就可以输入有关信息,因此编码比较容易,在计算机系统中,输入、内部处理、存储和输出都可以使用同一代码。汉字种类繁多,编码比拼音文字困难得多,因此在输入、内部处理、输出时要使用不同的编码,各种编码之间要进行转换。

1)汉字输入码

汉字输入码是一种用计算机标准键盘上按键的不同组合输入汉字而编制的编码,也是汉字外部码,简称外码。目前按输入法可分为以下四类。

(1)数字编码是用数字串代表一个汉字,国标区位码是这种类型编码的代表,各用 4 位十进制数表示。例如,汉字"中"的区位码为"5448";汉字"玻"的区位码为"1803"。

(2)字音编码是以汉语拼音为基础的输入方法,如全拼输入法、智能 ABC 输入法、微软拼音输入法等都属于这种类型的编码。

(3)字型编码是以汉字的形状为基础确定的编码,即按汉字的笔画和部件(结构)用字母或数字进行编码,如五笔字型属于这种类型的编码。

(4)音形码,如自然码等。

2)汉字交换码

汉字相对于西文字符而言,其数量较大,我国在 1980 年发布了《信息交换用汉字编码字符集 基本集》,简称国标码,标准号为"GB/T 2312—1980"。国标码规定:1 个汉字用 2 字节来表示,每字节只用低 7 位,最高位为 0。但为了与标准的 ASCII 码兼容,避免每字节的 7 位中的个别编码与计算机的控制符冲突,实际上每字节只使用了 94 种编码。也就是说,将编码分为 94 个区,对应第一字节;每个区 94 个位,对应第二字节。2 字节的值,分别为区号值和位号值各加 32(20H)。

GB/T 2312—1980 规定,01~09 区(原规定为 1~9 区,为表示区位码方便起见,现改称 01~09 区)为符号、数字区,16~87 区为汉字区。而 10~15 区及 88~94 区是有待于"进一步标准化"的"空白位置"区域。

GB/T 2312—1980 把收录的汉字分成两级。第一级汉字是常用汉字,计 3 755 个,置于 16~55 区,按汉语拼音字母顺序排列;第二级汉字是次常用汉字,计 3 008 个,置于 56~87 区,按部首/笔画顺序排列。字音以普通话审音委员会发表的《普通话异读词三次审音总表初稿》(1963 年出版)为准,字形以原中华人民共和国文化部、原中国文字改革委员会公布的《印刷通用汉字字形表》(1964 年出版)为准。

由于 GB/T 2312—1980 表示的汉字比较有限,因此我国的信息技术标准化技术委员会就对原标准进行了扩充,得到了扩充后的汉字编码方案 GBK,常用的繁体字被填充到了原国标码中留下的空白码段,使汉字个数增加到 21 003 个。在 GBK 之后,我国又发布了《信息技术 信息交换用汉字编码字符集 基本集的扩充》,标准号是 GB 18030—2000。GB 18030—2000 共收录了 27 533 个汉字,总编码空间超过了 150 万个码位。

3)汉字机内码

由于国标码每个字节的最高位都是"0",与国际通用的标准 ASCII 码无法区分,因此计算机内部采用机内码来表示,又称为汉字内码,是设备和汉字信息处理系统内部存储、处理、传输汉字而使用的编码。机内码就是将国标码的两个字节的最高位设定为"1"。

4)汉字字形码

汉字字形码表示汉字字形的字模数据,也称为输出码,用于显示或打印汉字时产生字形,该编码有两种表示方式:点阵和矢量。用点阵表示时,字形码就是这个汉字字形点阵的代码。根据输出汉字的要求不同,点阵的类型也不同,有 16×16,24×24,32×32,48×48 等点阵类型。例如,对于黑点用二进制数"1"表示,白点用二进制数"0"表示,这样一个汉字的"中"字形就可以用一串二进制数表示了,这就是字形码,如图 1-9 所示。显然,它是对汉字的点阵信息进行的编码。

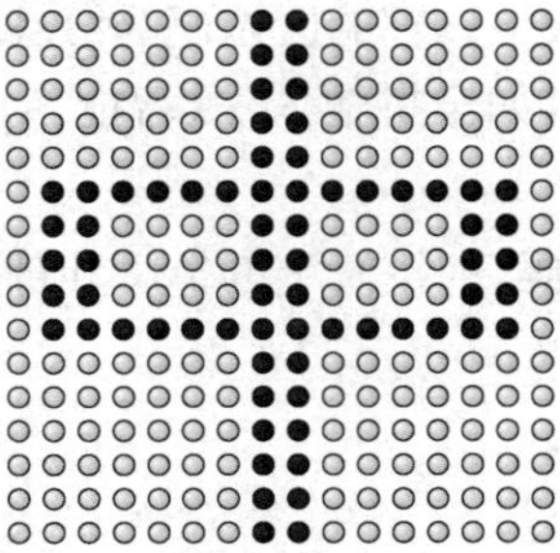

(a) 字形点阵　　　　　　　　(b) 字形二进制码

图1-9　汉字字形码

4. Unicode

随着互联网的迅速发展,要求进行数据交换的需求越来越大,于是不同的编码体系越来越成为信息交换的障碍。

Unicode 是一个多种语言的统一编码体系,被称为"万国码"。Unicode 给每个字符提供了一个唯一的编码,而与具体的平台和语言环境无关。Unicode 采用的是 16 位编码体系,因此能够表示 65 536 个字符,这对表示所有字符及世界上使用的象形文字的语言(包括一系列的数学符号和货币的集合)来说是非常充裕的。前 128 个 Unicode 字符是 ASCII 码,接下来的 128 个 Unicode 字符是 ASCII 码的扩展,其余的字符供不同语言的文字和符号使用。Unicode 一律使用 2 字节表示 1 个字符,对于 ASCII 字符它也使用 2 字节表示,因此不用通过高字节的取值范围来确定是 ASCII 字符,还是汉字的高字节,简化了汉字的处理过程。

5. 其他信息在计算机中的表示

如今,计算机的应用更多地涉及了图形、图像、音频和视频。这些信息也必须经过数字化,转换成计算机能够接受的形式,即 0 和 1 组成的信息,才能被计算机处理、存储和传输。

在计算机中表示图形、图像一般有两种方法:一种是矢量图,另一种是位图。基于矢量技术的图形以图元为单位,用数学方法来描述一幅图,如图中的一个圆可以通过圆心的位置、半径来表示。而在位图技术中,一个图像可看成点阵的集合,每一个点可称为像素。在黑白图像中,每个像素都用 1 或 0 来表示黑和白。而灰度图像、彩色图像则比黑白图像更复杂些,每一个像素都是由许多位来表示的。例如,彩色图像可以各用 1 字节(8 位)表示颜色中红、绿、蓝的分量,这样,一个像素就要用 24 位来表示。由于图像的数据量很大,因此一般都要经过压缩后才能进行存储和传输。通常使用的 JPEG 格式就是一个图像压缩格式,常见的图像文件的后缀名还有 bmp,gif,jpg 等。

视频可以看作由多帧图像组成,其数据量更是大得惊人,往往需要经过一定的视频压缩算法(如 MPEG-4)处理后,才能存储和传输,常见的视频文件的后缀名有 avi,mpg 等。音频是波形信息,是模拟量,必须经过数模转换,即 D/A 转换器对声音信息进行数字化,转换成数字信号后才能被计算机处理和存储,常见的声音文件的后缀名有 wav,mp3 等。

本 章 小 结

在介绍计算机的诞生与发展、特点与分类、应用领域,以及计算机系统的基础上,分析了信息在计算机中的存储。

从 1946 年第一台通用电子计算机诞生至今,计算机的逻辑元件经历了分别以电子管、晶体管、集成电路到大规模和超大规模集成电路的发展阶段。未来计算机将具有知识表达和推理,能模拟人的分析、决策、计划和智能活动,具有人机自然通信能力。

计算机系统由硬件系统和软件系统组成。硬件系统由运算器、控制器、存储器、输入设备和输出设备等五大基本部件组成;软件系统由系统软件和应用软件两部分组成,包括操作系统、程序设计语言和语言处理程序、数据库管理系统、面向问题的用户程序、应用软件包等。

CPU 是微机的核心部件,它由控制器、运算器和寄存器组成,三个部分相互协调工作,实现分析、判断和计算,并控制计算机各部分协调工作。操作系统是系统软件的核心,它的主要功能包括进程管理、作业管理、存储管理、设备管理和文件管理。

计算机工作时先把程序和所需数据送入计算机内存,然后存储起来。运行时,计算机根据事先存储的程序指令,在程序的控制下由 CPU 周而复始地取出指令,分析指令,执行指令,直至完成全部操作。这就是"存储程序和程序控制"原理,也称为冯·诺依曼原理,是现代计算机的基本工作原理。

第2章 计算机新技术

为了实现"建设现代化产业体系"的目标,党的二十大报告强调,加快发展数字经济,促进数字经济和实体经济深度融合,打造具有国际竞争力的数字产业集群。数字经济是继农业经济、工业经济之后的新经济形态。数字经济是以数据资源为关键要素,以现代信息网络为主要载体,以信息通信技术融合应用、全要素数字化转型为重要推动力,促进公平与效率更加统一的经济形态。数字经济是数字时代国家综合实力的重要体现,是构建现代化经济体系的重要引擎。数据要素是数字经济深化发展的核心引擎,数据对提高生产效率的乘数作用不断突显,成为最具时代特征的生产要素。

国务院印发的《"十四五"数字经济发展规划》提出,以数据为关键要素,以数字技术与实体经济深度融合为主线,加强数字基础设施建设,完善数字经济治理体系,协同推进数字产业化和产业数字化,赋能传统产业转型升级,培育新产业新业态新模式,不断做强做优做大我国数字经济,为构建数字中国提供有力支撑。支撑数字经济发展的关键核心技术涉及云计算、物联网、人工智能、大数据、传感器、量子信息和网络通信等领域。本章主要介绍广泛使用的计算机新技术,包括云计算、物联网、人工智能和大数据等内容。其他的关键技术如传感器、量子信息和网络通信等可以参考相关资料。

2.1 云 计 算

随着科学技术的飞速发展,人们对计算性能的需求已经达到了前所未有的高度。从工程设计、自动化、天气预报,到医学领域、生物医学领域乃至尖端的人工智能大模型,无一不对计算性能提出了更高的要求。然而,传统的基于单台计算机的计算模式在面对日益增长的计算需求时,就显得力不从心。因此,多台计算机协同工作,提供高性能的计算服务已成为主流趋势。多机协同的计算机系统主要包括并行计算系统、分布式计算系统和云计算系统。根据系统结点中使用的 CPU 是否存在差异,又可将并行计算系统分为同构并行计算系统和异构并行计算系统。并行计算系统主要应用在国防、航天和科学研究等领域,用来完成数学计算任务、复杂事务处理、逻辑推理等。分布式计算系统是由多台通过网络互联的计算机构成的计算模式,这些计算机互相配合以完成一个共同的目标。在计算时,先将大量计算的工程数据分割成小块,再由多台计算机分别计算,然后上传运算结果,最后统一合并得出最终结果。网格计算属于典型的分布式计算系统,包括计算网格和数据网格,主要应用于电子政务、能源、交通、教育、环保等领域。目前,广泛使用的开源分布式计算系统有Hadoop,Spark等。

云计算是一种通过网络提供和获取计算资源的新型服务模式,它的产生和发展与并行计算及分布式计算密切相关。在云计算环境下,各种计算机技术如分布式计算、效用计算、负载均衡、并行计算、网络存储、冗余热备份和虚拟化等被综合运用,为网络环境下的资源整合应用和计算模式及服务模式提供了一种新方法,为用户提供个性化的服务。

2.1.1 云计算的概念

云计算的概念在 2006 年 8 月由 Google 首席执行官施密特(Schmidt)在搜索引擎战略大会上首次提出后,立刻受到了学术界和工业界的广泛关注和重视。在随后的几年里,云计算得到了快速发展。2007 年,Google 和 IBM 开始基于云计算的项目开发工作。2008 年,微软发布其公共云计算平台,开启了微软云计算大幕。进入 2009 年,云计算在我国开始在更广泛的领域得到应用。1 月,阿里软件(上海)有限公司在江苏南京建立首个"电子商务云计算中心",开启了国内云计算应用的新篇章。同年 11 月,中国移动云计算平台"大云"计划启动,进一步推动了国内云计算技术的发展和应用。我国高度重视云计算的发展,国务院发布《关于促进云计算创新发展培育信息产业新业态的意见》,从政策层面推动云计算的发展。中华人民共和国工业和信息化部制定云计算"十三五"规划,为云计算的长远发展提供了指导性意见。科技部部署国家重点研发计划"云计算和大数据"重点专项,推动云计算技术的创新和应用。这些政策促进了我国云计算的健康发展。

我国云计算的发展历程可以大致分为三个阶段:2010 年以前是云计算的准备阶段,这一时期主要是对云计算相关技术的探索和研究;2011 — 2013 年是云计算的稳步成长阶段,云计算逐渐得到广泛应用;而自 2014 年至今,中国云计算产业已经进入了高速发展阶段,云计算技术得到了更广泛的应用和推广,并且开始与传统产业深度融合。当前,云计算已经从新兴业态转变为常规业态,且正在与传统行业进行深度融合发展。这种融合不仅为传统产业的数字化转型提供了强有力的支持,也为数字经济的快速发展提供了平台支撑。

云计算目前尚未形成统一且被各界接受的定义,随着人们对其认识的不断深入,工业界和学术界分别对云计算给出了不同的定义。工业界认为,云计算是一种商业模式,通过将成百上千的计算机组成大规模集群,支持用户按需共享使用软硬件资源。而学术界则认为,云计算是将分布式计算系统、分布式存储技术、并行计算技术、虚拟化技术和网络融合在一起的一种计算范式。

网格计算的创始人之一福斯特(Foster)认为,云计算是一种由规模经济驱动的大规模分布式计算模式,它具有一个资源池,包括抽象的、虚拟化的、动态伸缩的可管理的计算能力,存储平台和服务,这些均可以通过互联网按需为外部用户提供服务。

百度百科阐明了云计算的核心概念:云计算是分布式计算的一种,它通过网络"云"将巨大的数据计算处理程序分解成无数个小程序,然后通过多个服务器组成的系统处理和分析这些小程序,得到最终结果并返回给用户。

IBM 则强调了云计算的访问方式和资源管理。云计算通过互联网按需访问计算资源，这些资源包括应用程序、服务器（物理服务器和虚拟服务器）、数据存储、开发工具、网络功能等。这些计算资源由云服务供应商托管在远程数据中心，用户可以按月订阅或根据使用情况付费。

美国国家标准及技术协会（National Institute of Standards and Technology，NIST）将云计算描述为一种计算模式，它能在任何时间、任何地点，便捷地、随需应变地从可配置计算资源共享池中获取所需的资源。这些资源包括网络、服务器、存储、应用软件及服务等，用户可以通过互联网向云服务供应商发送资源需求，云服务供应商则为用户提供所需的资源，并通过互联网返回用户要求处理的结果。

综上，可以得出云计算是一种基于互联网的分布式计算模式，它将硬件资源和软件资源（如处理器、存储、开发平台、应用程序等）通过透明的方式按需提供给用户。用户无须关心服务的具体实现细节，只需通过互联网发送资源需求，云服务供应商就会为其提供所需的资源并返回处理结果。这种方式使得管理和使用资源的工作量与服务提供商的交互最小化，同时提供了极大的灵活性和可扩展性。

2.1.2　云计算的分类

云计算如今已经深度融入我们的日常生活和生产中。例如，阿里云已经成为以数据为中心的先进云计算服务公司，提供了包括服务器、操作系统、高性能计算等计算服务，容器服务，存储服务，大数据计算服务及人工智能与机器学习服务等。百度智能云则强调云智一体，致力于打造深入产业的云服务平台。百度智能云不仅提供计算、存储等云服务，还提供人工智能应用、人工智能平台和行业智能应用服务等。腾讯云也提供了丰富的服务，包括计算、存储等云服务，以及企业服务中心，助力企业实现数字化转型。此外，腾讯云还提供了人工智能和小程序服务等创新服务。华为云全面覆盖了计算、存储、人工智能服务等基础服务，同时又增加了物联网服务等新兴领域。

按照云计算的服务类型，云计算服务模型分为如下三类。

(1) **基础设施即服务**（infrastructure as a service，IaaS）：IaaS 通过虚拟化技术将服务器、存储、网络资源等打包，通过应用程序接口的形式提供给用户。用户无须再租用机房，不用自己维护服务器和交换机，只需购买 IaaS 服务就能够获得这些资源，IaaS 大大减少了硬件的购买和管理成本。例如，阿里云、百度智能云、腾讯云和华为云均对外提供 IaaS 服务。用户可以通过这些平台租用虚拟机、存储数据等资源，用于构建和管理自己的应用程序或存储数据等需求。同时，这些平台还提供了丰富的应用程序接口和工具，方便用户对租用的资源进行管理和监控。

(2) **平台即服务**（platform as a service，PaaS）：PaaS 构建在 IaaS 之上，面向开发者，在基础设施之外还提供了业务软件的开发和运行环境。个人网站常常用到的"虚拟主机"实际上就属于 PaaS 的范畴，个人网站站长只需将网站源代码上传到"虚拟主机"的地址，"虚拟主机"就会自动运行这些代码并生成对应的 Web 页面。PaaS 为开发者提供了更高效、更便捷的应用程序开发和部署环境，开发者不用关心平台的部署问题，可以专注于应用程序的开发和设计。例如，百度应用引擎是面向所有开发者推出的公有网络应用开发和部署平台，提供了分布式运行环境，以及云数据库、云存储、云消息、云管道、云触发器等服务，支持 PHP，Java，Python 等语言，能为开发者及其产品带来简单、可靠、高效、安全的云体验。

（3）软件即服务（software as a service，SaaS）：SaaS位于云计算服务模式的最上层，云服务供应商以应用软件的形式向用户提供服务。用户只需通过网络直接使用这些应用软件，而无须关心这些应用软件实现和运行的具体细节。国内受到用户欢迎的SaaS有钉钉、用友和金蝶等。

按照部署方式，云计算可以分为以下四类。

（1）公有云（public cloud）。公有云是指由第三方云服务供应商为外部用户提供服务的"云"，这些服务不仅限于个人用户，而且还可以是企业或组织。在公有云中，用户所需的数据和应用程序都是通过互联网获取的，而这些服务是由云服务供应商在本地或全球其他地方部署的。所有用户都可以共享云服务供应商提供的所有资源，包括存储空间、计算能力和数据等。由于公有云是共享资源，因此它具有高可用性和高可扩展性，同时也能够为企业节省大量基础设施和人力资源成本。

（2）私有云（private cloud）。私有云是指由企业或组织自己使用的"云"，它为企业或组织提供所需的计算和存储资源。私有云是一种专有的云计算服务，它所有的服务和资源都是为企业或组织内部工作人员使用的，而不是对外提供服务的。私有云部署在企业或组织的内部网络中，因此它可以更好地保护企业的数据安全和隐私。同时，私有云还可以提高企业或组织内部的数据访问和管理效率，优化业务流程并降低成本。由于私有云是企业或组织内部使用的，因此它可以更好地满足其特定的业务需求，并且可以根据需要进行定制和扩展。

（3）混合云（hybrid cloud）。混合云是指一个企业或组织同时使用公有云和私有云的一种云计算形式。当私有云无法提供足够的资源时，企业或组织可以快速地从公有云获得额外的资源。例如，在节假日期间，网站的点击量可能会大幅增加，这时就可以临时使用公有云资源来应对这种突发情况。通过混合云这种方式，企业或组织能够更好地满足其不断变化的需求，同时实现更高效的数据管理和资源利用。

（4）社区云（community cloud）。社区云是指由同一社区内的多个组织共同使用的云服务。这些组织通常具有共同的关切事项，如使命任务、安全需求、策略与法规遵循等。社区云的访问对象仅限于该社区内的成员。例如，同一研究领域的大学联盟可能会建立一个社区云，以便于共享资源、进行协作和交流。社区云的管理者可以是组织本身，也可以是第三方机构；管理者可能在组织内部，也可能在组织外部。这种云计算模式能够提高资源利用率，促进组织间的协作和交流，同时降低成本、提高效率。

2.1.3 云计算关键技术

虚拟化和云存储是云计算的两大关键技术。

1. 虚拟化

为了破除物理结构的壁垒，虚拟化将物理资源转变为逻辑上可管理的资源，如硬件平台、计算机系统、存储设备和网络资源等。虚拟化是资源的逻辑表示，不受物理限制的约束。经过半个世纪的发展，单机的虚拟化技术已经经历了从IBM大型计算机的虚拟化到可应用于桌面的VMware系列阶段。

虚拟化技术实现了云计算中的软件与硬件之间的解耦。计算机系统通常分为若干个层次，从底层到顶层分别为硬件资源、操作系统、应用软件等。虚拟化技术的出现和发展，使人们可以将各类底层资源进行抽象，形成不同的虚拟层，向上提供与真实的"层"相同或类似的功能,从而屏蔽设备的差异性和兼容性,对上层应用来说,下层是透明的。云计算利用虚拟化技术对底层资源进行统一管理,方便资源调度,实现资源的按需分配,使大量物理分布的计算资源在逻辑层面上以整体的形式呈现,并支持各类应用需求。

虚拟化技术的应用使得硬件资源更加易于管理,有效地降低了部署成本,并确保了不同硬件之间的兼容性。因此,云计算可以更加高效和可靠地提供云服务。

2. 云存储

传统的基于文件服务器的文件共享和存储方式,当文件访问量比较大时,会引发网络带宽和 I/O 负载过大问题。此外,这种文件共享和存储方式的扩展性不足,并且系统的可靠性和数据容错需要硬件来保证。随着网络技术的发展,人们开始采用云存储技术,将数据从通用的服务器中分离出来,进行集中管理。简单来说,云存储就是将储存资源放到云端供人们存取的一种新兴方案,使用者可以在任何时间、任何地方,通过任何可连接网络的装置连接到云端方便地存取数据。

在云存储中,网络存储技术主要分为两类:网络附接存储(network attached storage, NAS)和存储区域网(storage area network, SAN)。

NAS 是指由一台或多台服务器组装在一起的,具有网络功能的存储设备。NAS 通常用于较小的、更具体的应用程序,适合个人用户和小型企业主。

SAN 是一种专门用于连接存储设备与服务器的高速网络架构。它提供了一种独立于计算机网络的方式,将存储设备与服务器连接在一起,实现高效、可靠的数据存储和访问。在传输大量数据时,SAN 通常具有更快的速度。SAN 常用于更高级别的资源密集型应用程序,无论是配置还是管理都较为复杂,而且 SAN 的成本也较高。SAN 通常采用虚拟化技术整合分散的存储资源,然后以资源池的形式为用户提供数据存储服务,提高了存储资源的利用率。

国内比较常见的云存储服务有百度网盘、华为云空间、360 安全云盘、新浪微盘、腾讯微云等。这些云服务供应商提供了在线存储服务,用户可以将文件存储在云端,从而随时随地访问和共享文件。同时,这些云存储服务也提供了备份和恢复功能,保障用户数据的安全性。

2.2 物 联 网

物联网的迅速发展和广泛应用正在为全球经济的发展和社会进步带来新曙光。世界物联网大会执行委员会主席何绪明在 2023 世界物联网 500 强峰会上指出,世界经济社会即将进入物联网为代表的智慧革命新时代。物联网为传统行业的数字化转型提供了关键的基础支撑,使物理世界与数字世界之间建立了紧密的映射关系。为了实现物联网新型基础设施的规模化部署,必须将其与千行百业进行深度融合。随着中国在物联网基础设施领域的建设加速,数字产业化、产业数字化已经成为政府和企业关注的焦点,进而推动数字经济的增长。本节介绍物联网的定义、特征、起源与发展、体系架构、工业互联网及典型应用领域。

2.2.1 物联网的定义

物联网涉及多种技术,包括感知技术、网络技术和自动化技术等。由于物联网的研究尚处于起步阶段,因此人们对于物联网的认识仍在不断深化,其确切定义目前还没有统一,以下是几种常见的物联网定义。

1999年,美国麻省理工学院提出,物联网是指把所有物品通过射频识别等信息传感设备与互联网连接起来,实现智能化管理。

2008年,欧洲智能系统集成技术平台给出的物联网定义是由具有标识、虚拟个性的物体和对象所组成的网络,这些标识和个性在智能空间中运行,并使用智慧的接口与用户、社会和环境进行连接和通信。

2010年,我国政府工作报告中提出,物联网是指通过信息传感设备,按照约定的协议,把任何物品与互联网连接起来,进行信息交换和通信,以实现智能化识别、定位、跟踪、监控和管理的一种网络。该定义强调了物联网是在互联网基础上延伸和扩展的网络。

2011年,工业和信息化部电信研究院发布的《中国物联网白皮书(2011)》中的定义是:物联网是通信网和互联网的拓展应用和网络延伸,它利用感知技术与智能装置对物理世界进行感知识别,通过网络传输互联、进行计算、处理和知识挖掘,实现人与物、物与物信息交互和无缝连接,达到对物理世界实时控制、精确管理和科学决策的目的。

对于物联网的定义,目前比较一致的为:通过射频识别、红外感应器、全球定位系统、激光扫描器等信息传感设备,按照约定的协议,把任何物品与互联网相连接,进行信息交换和通信,以实现对物品的智能化识别、定位、跟踪、监控和管理的一种网络。为了实现可识别性,物品需要具有唯一的编码,并需要建立数据传输通路和遵循统一的通信协议。

总的来说,物联网的定义随着时间的推移和技术的发展而不断演变。尽管不同的定义之间存在差异,但它们都强调了物联网的核心特点:连接各种物品并通过互联网进行通信和信息交换。

2.2.2 物联网的特征

在物联网中,任何物品之间都可以实现信息交流和通信,其基本特征可以概括为三个方面:全面感知、可靠传输和智能处理。

1)全面感知

全面感知是指通过微型化的嵌入式设备为每个物品和人配置电子感知装置,从而实现对物品信息的随时随地采集。这些装置包括射频识别、传感器、红外感应器、定位器等,它们能够在任何时间、任何地点实现对物品属性的感知。

2)可靠传递

物联网中由于有大量感知结点的存在,因此将会产生海量的感知数据,这些数据可以通过各种电信网络和因特网进行传输。数据传输的稳定性和可靠性是保证物-物相连的关键。由于传输过程中,需要通过电信网络、无线移动通信网和5G等异构网络,因此需要遵循统一的协议,并需要必要的软件对数据格式进行转换,以保证物品间的信息实时准确传递。

3)智能处理

智能处理是指基于云计算、大数据平台,利用机器学习、神经网络、模糊推理等各种智能计算技术，对收集到的海量数据和信息进行存储、分析和处理，然后根据不同的应用需求，实现智能化的决策和控制。这种智能处理的能力使得物联网系统能够自动化地执行一系列任务，提高效率，减少人为错误，并为人类生活带来更多的便利和舒适。

2.2.3 物联网的起源与发展

物联网被认为继互联网之后，全球信息产业又一次重要的科技与经济浪潮，受到世界各国政府、企业和学术界的广泛关注。早在1999年，美国麻省理工学院的自动识别中心（Auto-ID Labs）就提出通过将物品连接到装有射频识别等信息传感设备的互联网上，可以实现物品的智能化识别和管理，这就是物联网定义的早期起源。

2005年，国际电信联盟（International Telecommunications Union，ITU）在其发布的《ITU互联网报告2005：物联网》中正式给出了物联网的概念，并对它的含义进行了扩展。该报告指出，物联网不仅是互联网应用的一种延伸，而且涵盖了传感器技术、射频识别技术、智能嵌入技术、网络与通信技术等四大核心技术。这些技术的结合为实现物联网的广泛应用提供了重要的技术支持。

2008年3月，在苏黎世举行了全球首个国际物联网会议"物联网2008"，探讨了物联网的新理念和新技术，以及如何将物联网推进发展到下个阶段。

2009年，欧盟正式出台了《欧盟物联网行动计划》，作为全球首个物联网发展战略规划，该计划的制定标志着欧盟已经从国家层面将物联网提上日程。

日本一直以来都是提出在信息技术基础上发展泛在网，没有明确称之为物联网。2004年日本总务省提出"u-Japan"计划，该计划力求实现人与人、物与物、人与物之间的连接，希望将日本建设成一个随时、随地、任何物体、任何人均可连接的泛在网络社会，受到了日本政府和索尼、三菱、日立等公司的通力支持。

中国科学院早在1999年就启动了传感网的研究，并已取得了一些科研成果，建立了一些适用的传感网。

2011年11月28日，我国政府发布了《物联网"十二五"发展规划》，明确将物联网作为国家战略性新兴产业，强调其对于推动经济转型的重要作用。规划提出了八大任务，包括大力攻克核心技术、加快构建标准体系、协调推进产业发展、着力培养骨干企业、积极开展应用示范、合理规划区域布局、加强信息安全保障、提升公共服务能力。这一规划为中国的物联网产业提供了明确的指导方向。

2016年，工业和信息化部发布《信息通信行业发展规划物联网分册（2016—2020年）》，继续强调物联网在技术创新、标准完善、应用推广、产业升级、安全保障等层面的发展。

2021年9月，工业和信息化部等八部门印发《物联网新型基础设施建设三年行动计划（2021—2023年）》，该计划明确到2023年底，在国内主要城市初步建成物联网新型基础设施，社会现代化治理、产业数字化转型和民生消费升级的基础更加稳固。

总之，物联网作为数字经济时代的基础设施，与数字经济相互促进、共同发展。随着经济社会数字化转型和智能升级的加速，物联网正积极推动虚拟世界与物理世界的深度融合，以打造数字经济新优势，赋能传统产业转型升级，推动数字产业发展。

2.2.4 物联网的体系架构

尽管物联网的体系架构在学术界和业界尚未达成完全的共识,但是 ITU 从通信的角度为物联网构建了一个三层结构模型,包括感知层、传输层和应用层。然而,一些学者对这个三层结构进行了更为细致的划分,将物联网体系架构扩展为四层,分别是感知控制层、数据传输层、数据处理层和应用决策层。这种分层方式更深入地阐述了物联网系统的运作机制。

1. 感知控制层

感知和标识技术构成了物联网的基石,它们负责采集物理世界的信息,是实现对物理世界控制的基础。感知控制层包括条码识别器、各类传感器(如温湿度传感器、视频传感器、红外线探测器等)、智能硬件(如电表、空调等)及网关等设备。这些传感器通过感知目标环境的相关信息,利用专家系统进行辅助分析和决策,分析结果可以反馈给感知控制层,作为实施动态控制的依据,形成一个闭环的过程。在这个过程中,感知控制层的关键技术包括传感技术、标识技术和定位技术。其中,传感技术可以视为物理世界的"感觉器官",它们收集环境信息并将其转化为电信号或数字数据。标识技术则通过射频识别、条形码等设备来识别和判断目标对象,它们就如同物联网中的"身份证"。定位技术则是利用物体的时空信息参数、运动参数和位置参数来确定物体的具体位置,包括北斗卫星定位系统、网络定位等技术。

2. 数据传输层

在物联网系统中,数据传输层扮演着重要的角色,它承担着实现物体与物体、物体与人及人与人之间通信的重任,将感知控制层的数据快速、准确地传输到数据处理层,同时也能将处理结果及时反馈给感知控制层,从而实现对物体的智能控制。数据传输层由接入网和核心网两个层次组成。其中,接入网为物联网终端提供网络接入功能和移动性管理,支持有线和无线两种接入方式;核心网则利用高性能、可扩展的网络支持异构接入及移动端接入,包括短距离无线网、移动通信网(4G/5G)、因特网、有线电视网、企业网等。

3. 数据处理层

海量信息的计算与处理是物联网的核心支柱。在数据处理层,利用云计算、大数据和人工智能等技术来实现海量数据的高效存储和深度分析。数据处理层可以对物联网资源进行初始化,监控在线资源的运行状态,协调物联网资源调度,包括计算资源、通信设备和感知设备等。数据处理层实现了感知数据的语义理解、推理、决策、数据查询、存储,还挖掘出了数据的潜在价值。展望未来,物联网将与云计算紧密结合,让万物实现互联,以此感知世界。云计算将负责分析处理物联网收集的海量数据,为决策和控制提供精准服务。

4. 应用决策层

应用决策层通过分析处理感知数据,为用户提供检索、计算、推理等多种服务。它支持的应用范围广泛,包括监控型(如物流监控、污染监测等)、控制型(如智能家居、智能交通等)和扫描型(如手机钱包、高速公路不停车 ETC 收费等)。这些应用都是基于感知数据的处理和分析,为用户提供更加智能化、便捷化的服务。

2.2.5 工业互联网

工业互联网,也称为工业物联网(industrial internet of things,IIoT),是基于物联网发展而来的,是物联网在工业领域的应用。它以工业企业为主体,以工业互联网平台为载体,将网络技术、大数据、云计算、人工智能等新一代数字技术与工业技术深度融合。工业互联网推动工业企业向数字化、网络化、智能化转型，是建设现代化经济体系、实现高质量发展和塑造全球产业竞争力的核心载体，是第四次工业革命的关键支撑。其中，"网络是基础、平台是核心、安全是保障"被认为是工业互联网体系架构中的三大要素。

在党的十九大报告中，提出了"推动互联网、大数据、人工智能和实体经济深度融合"的重要战略。为了贯彻这一方针，2017年国务院发布了《关于深化"互联网＋先进制造业"发展工业互联网的指导意见》，这标志着工业互联网成为我国建设制造强国的重要组成部分。

2016年我国成立了工业互联网产业联盟（alliance of industrial internet，AII），同年，AII发布了工业互联网体系架构1.0。2020年，AII发布了工业互联网体系架构2.0，该体系架构参考了工业、软件和通信等领域具有代表性的架构，覆盖了业务视图、功能架构、实施框架等三大板块。业务视图部分包含了产业层、商业层、应用层和能力层等四个层次。这四个层次分别展示了从基础产业到应用场景的完整流程，以及各层次之间的互动与关联。功能架构部分主要包含感知控制、数字模型、决策优化三个基本层次。这三个层次构成了工业数字化应用优化的核心闭环，并通过自下而上的信息流和自上而下的决策流，实现了对工业制造过程的全面优化。实施框架部分按照"设备、边缘、企业、产业"四个层级开展系统建设，为企业在整体上部署工业互联网提供了具体的指导。工业互联网涉及的领域广泛，包括软件、通信、人工智能、运筹优化等多个方面。因此，需要各方协同合作，共同推进工业企业的数字化转型。通过加强信息通信技术与其他领域的深度融合，推动互联网、大数据、人工智能等新一代信息技术与制造技术的有机结合，将为我国工业企业的数字化转型注入新的动力。

2.2.6 我国物联网典型应用领域

随着物联网的蓬勃发展，物联网在诸多领域得到了广泛应用，下面选择几个典型的应用进行介绍。

1. 智能电网

在绿色节能的推动下，智能电网已成为全球各国竞相发展的关键领域。智能电网，也称为"电网2.0"，是以物联网技术和双向通信网络为基础，构建的自适应调节和智能判断的多种能源统一入网和分布式管理的智能化电网系统。它涵盖了智能化变电站、发电、智能输电、智能配电、智能用电和智能调度等六个方面的内容。

在用户端，智能电网系统首先会在每个用户的结点上安装智能传感器，用于统计用户的用电情况。用户的用电数据将与天气、假期、发电厂维护等信息一起被传递到云端平台。然后，智能电网中先进的算法模型会对收集到的大数据进行分析、推演，从而精准判断出未来用电量趋势的结果，为供电决策提供支持。此外，智能电网还可以根据用户习惯及供需之间的紧张程度，制订更为准确合理的分段式计价规则，并及时告知用户。这样，用户可以更经济合理地满足自己的用电需求，缓解用电与供电之间的紧张状况。

2. 智能交通

在道路健康监测方面，物联网技术能够实现公路、桥梁的健康状况自动监测，有效预防过载车辆对桥梁的损害，确保道路交通的安全。同时，根据光线强度，物联网技术还可以实现路灯的自动开关控制，优化道路照明条件。

在交通控制方面，物联网技术通过检测设备能够实时感知道路拥堵或特殊情况，自动调整交叉路口的红绿灯时长,为车主提供最佳行驶路线建议,有效规避拥堵路段,提高交通流畅度。

在公交系统方面,物联网技术也得到了很好的应用。通过物联网赋能的智能公交系统,能够实时掌握每辆公交车的运行状况,公交站台上的定位系统也能够精确显示下一趟公交车的到达时间。此外,乘客可以通过公交查询系统获取最佳的公交换乘方案,提高出行效率。

在停车方面,针对停车难的问题,物联网技术可以用于构建智能化的停车场。利用传感器等技术,可以对停车位进行智能化管理,有效地解决停车难的问题。另外,还可以利用自动识别技术实现高速公路的不停车收费,提高管理效率,减少拥堵。

3. 智能物流

随着电子商务的蓬勃发展,我国物流行业也迎来了它的黄金时期。在此背景下,智能物流应运而生,它利用先进的物联网技术,如条形码、射频识别技术、传感器、全球定位系统等,对物流行业的运输、仓储、配送、包装、装卸等基本活动环节进行优化,实现了货物运输过程的自动化运作和高效率优化管理。智能物流不仅提高了物流行业的服务水平,降低了运营成本,而且还减少了自然资源和社会资源的消耗。物联网为物流行业将传统物流技术与智能化系统运作管理相结合提供了一个很好的平台,进而能够更好更快地实现物流的信息化、智能化、自动化、透明化、系统化的运作。在实施过程中,智能物流强调的是物流过程数据智慧化、网络协同化和决策智慧化。这使得物流过程更加精准、高效,为整个物流行业的发展提供了新的动力。

4. 智能家居

智能家居利用物联网、通信等技术,将家居中的各种设备如音视频设备、照明系统、窗帘控制、空调安防系统和网络家电等与传感器相互连接,通过智能终端和可编程控制器实现家电、照明、环境监测等的自动控制,为人们带来更加智能、便捷的生活。智能家居的目标是实现家庭网络、家庭安防、家电智能控制及节能低碳等方面的一体化解决方案。通过智能家居的运用,人们可以享受到更加舒适、便捷的生活体验,同时实现能源的节约和环保。

5. 数字医疗

利用可穿戴设备可以实时采集和监测人体的健康参数,获取生理特征指标,为健康监测提供依据。在医疗救护过程中,物联网技术可以实时上传病人的健康数据至医疗救护中心,通过云计算和大数据技术,为患者诊治提供模式识别支持,减轻医生的工作量并提高诊断准确率。以射频识别为代表的自动识别技术可以帮助医生实现对病人不间断的监控、会诊和共享医疗记录,以及对医疗、药品、器械的生产、加工、运输、存储、销售、追踪等。随着中国老龄化时代的到来,物联网技术和短距离无线通信技术的快速发展及可穿戴设备的广泛应用,智能监护不仅为人们看病提供便利,还有助于提高人们的保健意识。

2.3 人 工 智 能

人工智能(artificial intelligence,AI)是一门涵盖多个学科的交叉学科,包括计算机科学、信息论、控制论、心理学、哲学、语言学、数理逻辑和医学等。它旨在深入探究智能的本质,并创造出能够以人类智能相似的方式做出反应的智能机器。人工智能的研究领域广泛,主要包括机器人技术、语言与图像识别、知识图谱、大模型与自然语言处理和专家系统等。自1956年正式提出人工智能的概念以来,人工智能得到了社会各界的广泛关注和重视,在工业界和学术界得到了迅速的发展。人工智能在20世纪被誉为世界三大尖端技术之一,与空间技术和能源技术并驾齐驱。同时,它也被认为是21世纪世界三大尖端技术之一,与基因工程和纳米科学齐名。

2.3.1 智能

尽管许多哲学家和脑科学家一直在努力探索智能的本质,但至今仍未能完全理解。智能的发生与宇宙的起源、生命的本质及物质的本质并列为自然界四大未解之谜。近年来,随着脑科学和神经心理学等领域的进步,人们对人脑的结构和功能有了一些初步认识,但对于整个神经系统的内部结构和作用机制,特别是脑的功能原理,仍知之甚少,有待进一步探索。因此,给出一个确切的智能定义并非易事。根据对人脑已有的认识,以及结合智能的外在表现,人们从不同的角度、不同的侧面,使用不同的方法对智能进行研究,提出了几种不同的观点。其中,影响较大的观点包括思维理论、知识阈值理论及进化理论等。这些理论为我们理解和研究智能提供了不同的视角和工具。

1. 思维理论

思维理论主张智能的核心在于思维,它认为人的一切智能都源于大脑的思维活动,而人类的一切知识都是思维的产物。因此,通过对思维规律与方法的研究,人们有可能揭示智能的本质。在思维理论中,思维被视为人类智能的重要组成部分,它是一种高级的认知活动,涵盖了分析、综合、比较、抽象、概括等复杂的心理过程。这些心理过程相互交织,使得人类能够深入认识和理解事物的本质和规律,从而进行推理、判断和决策。该理论的研究重心在于探索思维的方法和规律。通过对这些方法和规律的研究,人们可以深入了解人类思维的本质和运作机制,进而探讨智能的本质和表现。同时,思维理论也强调了创造性思维的重要性。创造性思维被认为是智能的高级表现,能够推动人类社会的持续进步和发展。总的来说,思维理论为人们理解智能的本质提供了重要的视角。通过对思维规律与方法的研究,人们可以更好地理解和应用人类的智能,为人类的认知和决策提供有力的支持。

2. 知识阈值理论

知识阈值理论认为智能行为取决于知识的数量及其一般化的程度,一个系统之所以有智能是因为它具有可运用的知识。因此,该理论将智能定义为在庞大的搜索空间中迅速找到满意解的能力。在人工智能的发展历程中,知识阈值理论发挥了关键作用,促使了知识工程和专家系统等领域的进步。

3. 进化理论

进化理论认为人的核心能力在于适应动态环境的能力、对外界事物的感知、维持生命和繁衍后代的能力。这些能力为智能的发展奠定了基础。智能被视为复杂系统中浮现出的性质,由众多部件的交互作用产生。智能仅由系统的总体行为及与环境的互动决定,可以在没有明确的内部表达或推理系统的情况下产生。该理论的核心在于用控制取代表示,从而消除了概念、模型和显式知识,并否定了抽象在智能和模拟中的必要性。它强调了分层结构在智能进化中的可能性和必要性。由于其与传统观点截然不同,因此在人工智能领域引起了广泛关注。

2.3.2 人工智能的定义

人工智能的能力包括感知、计算、学习、推理、语言理解和生成、规划和决策、创造和自主学习改进。

从模拟人类智能的角度来看,人工智能应具备以下关键能力。

(1) 视觉感知和语言交流的能力。人工智能能够识别和理解外界信息(计算机视觉研究范畴)、能够与人通过语言交流(自然语言理解研究范畴)。

(2) 推理与问题求解能力。人工智能基于已有知识,对所见事物和现象进行演绎推理以解决问题。

(3) 协同控制能力。人工智能将视觉(看)、语言(说)、推理(悟)等能力统一协调,加以控制,这是常见的机器人研究领域内容。

(4) 遵守伦理道德能力。人工智能模拟人类智能的智能体在社会环境中要遵从一定的伦理道德。

(5) 从数据中进行归纳总结的能力。人工智能需要从数据中归纳出知识、规律和模式学习的模型和方法。

综上所述,人工智能是一门研究如何使机器具备与人类智能相关的智能行为的科学,包括学习、感知、思考、理解、识别、判断、推理、证明、通信、设计、规划、行动和问题求解等活动。简单来说,人工智能的目标是创造能够听、说、看、写、思考、学习并适应环境变化的机器,以解决实际面临的问题。

2.3.3 人工智能的历史和发展

人工智能的发展历程可以分为四个阶段:孕育期、形成期、发展期和大数据驱动发展期。

1. 孕育期

在1956年以前,人工智能处于孕育期。自古以来,人们就一直尝试使用各种机器来部分替代人的脑力劳动,旨在增强人类征服自然的能力。在这个过程中,许多杰出的研究成果对人工智能的产生与发展产生了深远的影响。

(1) 早在公元前384—前322年,古希腊伟大的哲学家和思想家亚里士多德(Aristotle)就在他的名著《工具论》中提出了形式逻辑的主要定律,其中提出的三段论至今仍是演绎推理的基础。

(2) 英国哲学家培根(Bacon)曾系统地提出了归纳法,并提出了"知识就是力量"的著名理念。这一理念对研究人类的思维过程,以及自20世纪70年代人工智能转向以知识为中心的研究产生了重要影响。

(3) 德国数学家莱布尼茨(Leibniz)提出了万能符号和推理计算的思想,这一思想不仅为数理逻辑的产生和发展奠定了基础,也是现代机器思维设计思想的萌芽。

(4) 英国逻辑学家布尔(Boole)致力于使思维规律形式化和实现机械化,并创立了布尔代数。

(5) 英国数学家图灵在1936年提出了一种理想计算机的数学模型,即图灵机,为后来电子数字计算机的问世奠定了理论基础。

(6) 美国爱荷华州立大学的阿塔纳索夫(Atanasoff)教授和他的研究生贝瑞(Berry)在1937—1941年间开发了世界上第一台电子计算机"阿塔纳索夫-贝瑞计算机(Atanasoff-Berry computer,ABC)",为人工智能的研究奠定了物质基础。

(7) 美国神经生理学家麦卡洛克(McCulloch)与数理逻辑学家皮茨(Pitts)在1943年建成

了第一个神经网络模型（M-P 模型）。该模型借鉴了已知的神经细胞生物过程原理，是第一个神经元数学模型，是人类第一次对大脑工作原理描述的尝试。

综上所述，人工智能的产生和发展并非偶然，它是科学技术发展的必然产物。这些里程碑式的研究成果为人工智能的诞生与发展奠定了坚实的基础。

2. 形成期

这个时期指的是 1956—1969 年，即人工智能的形成期。1956 年，达特茅斯学院召开了一次具有历史意义的会议，专门探讨机器智能的问题。这次会议汇集了众多杰出的学者和研究者，其中斯坦福大学教授麦卡锡（McCarthy）提出了"人工智能"这一术语，并因此被誉为"人工智能之父"。这次会议标志着人工智能作为一门新兴学科的正式诞生。在接下来的十多年里，人工智能的研究迅速发展，在机器学习、定理证明、模式识别、问题求解、专家系统及人工智能语言等方面取得了众多令人瞩目的成就。这些研究奠定了人工智能的基础，并为后续的发展提供了重要的支持和指导。

（1）在机器学习方面，1957 年罗森布拉特（Rosenblatt）研制成功了感知机，它的学习功能引起了人工智能学者们广泛的兴趣，推动了连接机制的研究。

（2）在定理证明方面，美籍华人数理逻辑学家王浩于 1958 年在 IBM 704 机器上证明了《数学原理》中有关命题演算的全部定理，并且还证明了该书中谓词演算 150 条定理中的 85%；1965 年鲁宾逊（Robinson）提出了归结原理，为定理的机器证明做出了突破性的贡献。

（3）在模式识别方面，1959 年塞弗里奇（Selfridge）推出了一个模式识别程序；1965 年罗伯特（Robert）编制出了可分辨积木构造的程序。

（4）在问题求解方面，1960 年纽厄尔（Newell）等人通过心理学试验总结出了人们求解问题的思维规律，编制了通用问题求解程序，可以用来求解 11 种不同类型的问题。

（5）在专家系统方面，美国斯坦福大学的费根鲍姆（Feigenbaum）领导的研究小组自 1965 年开始研究专家系统 DENDRAL，1968 年完成并投入使用。该专家系统的成功研制，不仅为人们提供了一个实用的专家系统，而且对知识的表示、存储、获取、推理及利用等技术是一次非常有益的探索，为以后专家系统的建造树立了榜样，对人工智能的发展产生了深刻的影响，其意义远远超过了系统本身在实用上所创造的价值。因此，费根鲍姆被称为专家系统之父。

（6）在人工智能语言方面，1960 年麦卡锡研制出了人工智能语言（LISt Processing，LISP），促进了人工智能的应用发展。

此外，1969 年成立的国际人工智能联合会议（International Joint Conferences on Artificial Intelligence，IJCAI）是人工智能发展史上一个重要的里程碑，它标志着人工智能这门新兴学科已经得到了世界的肯定和认可。1970 年创刊的国际性人工智能杂志 *Artificial Intelligence* 对推动人工智能的发展，促进研究者们的交流起到了重要的作用。

3. 发展期

这个时期主要是指 1970—2011 年，是人工智能的发展期。自 20 世纪 70 年代开始，许多国家纷纷加入人工智能的研究行列，并涌现出了大量的研究成果。

1977 年，费根鲍姆在第五届国际人工智能联合会议上提出了"知识工程"的概念。这一概念的提出，对以知识为基础的智能系统的研究与开发起到了重要的推动作用。此后，人工智能的研究重心逐渐转向了以知识为中心的方向，进入了新的发展时期。在这个时期，专家系统的研究取得了重大突破，各种不同功能、不同类型的专家系统如雨后春笋般建立起来，为人工智能的应用带来了巨大的经济效益和社会效益。

随着专家系统的成功应用,人们越来越认识到知识是智能的基础。在这个阶段,对知识的表示、利用及获取等方面的研究取得了较大的进展,特别是在不确定性知识的表示与推理方面取得了突破。这期间建立的主观贝叶斯(Bayes)理论、不确定性理论、证据理论等为人工智能的后续发展提供了重要的支持。

此外,计算智能(computational intelligence,CI)的兴起弥补了人工智能在数学理论和计算方面的不足,丰富了人工智能的理论框架,推动人工智能进入了新的发展阶段。

我国自1978年开始也将"智能模拟"作为国家科学技术发展规划的主要研究课题之一,并在1981年成立了中国人工智能学会(Chinese Association for Artificial Intelligence,CAAI)。多年来,我国在专家系统、模式识别、机器学习及汉语的机器理解等方面取得了许多重要的研究成果。

4. 大数据驱动发展期

这个时期主要指的是2011年以后,是人工智能的大数据驱动发展期。随着云计算、物联网、大数据等信息技术的发展,以及深度学习的提出,人工智能在算法、算力和算料(数据)"三算"方面取得了重要突破。这些突破直接支撑了图像分类、语音识别、知识问答、人机对弈和无人驾驶等应用场景,使人工智能进入了一个全新的发展阶段。2006年,针对误差逆传播算法(back propagation algorithm,BP)训练过程中存在的严重消失梯度、局部最优和计算量大等问题,欣顿(Hinton)等提出了深度学习方法。深度学习的应用取得了重大进展,已经在博弈、主题分类、图像识别、人脸识别、机器翻译、语音识别、自动问答、情感分析等领域取得了突出的成果。这个阶段的人工智能研究与应用得益于深度学习的突破,进一步拓展了人工智能的应用领域和潜力。

2.3.4 人工智能的主要研究内容

当前,全球产业界已经深刻认识到人工智能技术在引领新一轮产业变革中的重大意义。众多产业纷纷将人工智能技术作为其高技术产品的核心驱动力,随着人工智能技术的不断落地应用,其研究内容也得以不断丰富。人工智能的主要研究领域包括机器学习、深度学习、自然语言处理、计算机视觉、专家系统、强化学习、模式识别、分布式人工智能与多智能体系统、智能控制、生成式人工智能和智能机器人等。这些领域的深入研究与应用,进一步推动了人工智能技术的进步,为全球产业变革提供了强大的技术支持。

1. 机器学习

机器学习(machine learning)是人工智能的核心技术之一,它通过构建和训练模型来使计算机能够自动学习和提取数据中的规律。常见的机器学习算法包括决策树、基于实例的学习、神经网络等。机器学习被广泛应用于图像识别、自然语言处理、推荐系统、金融领域、智能交通、医疗领域和电子商务等领域。

2. 深度学习

深度学习(deep learning)是机器学习的分支,它通过构建深层神经网络来模拟人类的大脑神经网络结构,从而实现对大规模数据的学习和分析。深度学习在自动特征提取、大规模数据处理、图像处理、语音识别、自然语言处理和医疗健康等领域取得了显著的成果。深度学习理论本身也不断取得重大进展,典型的深度学习模型有卷积神经网络(convolutional neural network,CNN)、深度置信网络(deep belief network,DBN)和堆栈自编码网络(stacked auto-encoder network,SAEN)模型等。

3. 自然语言处理

自然语言处理(natural language processing)是研究计算机如何理解和处理人类语言的技术,旨在使计算机能够理解、处理和生成人类自然语言。它涵盖了文本分类、实体识别、信息抽取、机器翻译和情感分析等任务。自然语言处理的应用非常广泛,如智能助理、机器生成文本、语音识别、问答系统和智能翻译等。

4. 计算机视觉

计算机视觉(computer vision)是指计算机通过摄像头或其他图像输入设备,对图像和视频进行解析和理解的技术。它能够实现图像识别、目标检测、人脸识别等功能。计算机视觉在自动驾驶、智能监控等领域发挥着重要作用。

5. 专家系统

专家系统(expert system)是一个智能的计算机程序,它能够模拟专家的知识和决策过程,运用知识和推理步骤来解决疑难问题。专家系统是一种具有特定领域内大量知识与经验的程序系统,它应用人工智能技术模拟专家求解问题的思维过程来求解领域内的各种问题,其水平可以达到甚至超过领域专家的水平。专家系统广泛地应用于医疗诊断、地质勘探、石油化工、教学及军事等领域,产生了巨大的社会效益和经济效益。

6. 强化学习

强化学习(reinforcement learning)通过智能体与环境的交互,以试错学习来达到最优策略。智能体通过尝试不同的行为,并根据环境的反馈进行学习和调整。与传统的机器学习技术(监督学习和无监督学习)不同,强化学习的智能体在学习过程中没有明确的标签或反馈,而是通过与环境的交互来获得奖励或惩罚信号,从而逐步调整策略以最大化累积奖励。强化学习在游戏、机器人控制、自动驾驶、金融交易和资源调度等领域有广泛的应用。

7. 模式识别

模式是对一个物体或某些其他感兴趣实体定量或结构描述,模式类是指具有某些共同属性的模式集合。模式识别(pattern recognition)是一门研究对象描述和分类方法的技术,主要是研究一种通过自动技术可以实现自动把模式分配到它们各自的模式类中去。模式识别分析的对象可以是文本、信号、图像、视频数据等。传统的模式识别方法有统计模式识别和结构模式识别等。近年来迅速发展的模糊数学及人工神经网络技术已经应用到模式识别中,形成模糊模式识别、神经网络模式识别等方法,展示了巨大的发展潜力。

8. 分布式人工智能与多智能体系统

分布式人工智能(distributed artificial intelligence)是将人工智能分布在多个计算结点中进行模型训练、推理或执行,以降低总体成本,并缩短模型训练时间,以适应大规模数据和计算场景。在分布式人工智能中,分布式训练是一个重要的环节,分布式训练的方法主要包括数据并行、模型并行和混合并行。数据并行是指将训练数据划分为多个部分,分别在多台计算机上并行处理,每个计算机上训练自己的模型。模型并行是指将模型划分为多个部分,分别在多台计算机上训练部分模型,然后将模型合并,得到完整的模型。混合并行结合了数据并行和模型并行的方法,将训练数据和模型分别划分为多个部分,分别在多台计算机中同时训练。在分布式人工智能应用中,可以将人工智能模型部署到分布式环境中进行推理。分布式推理方法主要有模型并行和数据并行两种。模型并行是将模型分解成多个部分,分别在多台计算机中进行推理;而数据并行是将数据分解成多个部分,分别在多台计算机中进行推理。在分布式推理中,需要考虑计算和通信等方面的开销,以提高推理效率。在分布式人工智能应用中,分布式执行是将人工智能模型直接部署在多个计算结点上进行执行。分布式执行方法主要有数据并行和模型并行两种。分布式执行可以大大缩短模型执行时间,在处理大量数据和执行复杂的人工智能算法时具有很大的优势。

分布式人工智能需求的应用场景包括人脸识别、语音识别、推荐系统、自动驾驶等。

多智能体系统(multi-agent system)是分布式人工智能的一个重要分支,旨在解决大型、复杂的现实问题,而解决这类问题已超出了单个智能体的能力。多智能体系统是多个智能体组成的集合,它的目标是将大而复杂的系统建设成小的、彼此互相通信和协调的,易于管理的系统。多智能体系统研究智能体的知识、目标、技能、规划及如何使智能体协调行动解决问题等。多智能体系统的典型应用有多机器人协同、交通控制、柔性制造和协调专家系统。

9. 智能控制

对于不确定性的数学模型、高度的非线性和复杂的控制任务要求,智能控制(intelligent control)是把人工智能技术引入控制领域,建立智能控制系统。智能控制具有两个显著的特点:①智能控制系统可以使用知识表示的非数学广义模型和数学表示的混合控制过程,采用开闭环控制和定性决策及定量控制结合的多模态控制方式;②智能控制的核心在高层控制,即组织级控制,其任务在于对实际环境或过程进行控制和组织,即决策与规划,以实现广义问题求解。

智能控制的应用开发,主要包括基于专家系统的专家智能控制、基于模糊推理和计算的模糊控制、基于人工神经网络的神经网络控制和综合型智能控制。

10. 生成式人工智能

"教师会被 ChatGPT 取代吗?"

"ChatGPT 会导致学校里作弊盛行吗?"

……

2023 年开年以来,ChatGPT 成为最火热的话题之一。

生成式人工智能(generative artificial intelligence)代表应用 ChatGPT,是由 OpenAI 开发的一种基于生成式模型的聊天机器人。它是使用深度学习技术训练而成的大型语言模型,并且经过了大规模的文本数据集训练。OpenAI 在 2015 年发布了第一个 GPT(generative pre-trained transformer)模型,它使用 Transformer 架构和大量的无监督数据进行预训练。生成式人工智能 ChatGPT 可以用于各种任务,包括与用户进行对话、回答问题、生成文本等。它在自然语言理解和生成方面取得了很大突破,能够生成流畅、有逻辑性的回答。

以下是一些常见的生成式人工智能应用场景。

(1)文本生成:生成式人工智能可以用于自动写作、自动摘要和自动翻译等任务。它可以根据给定的输入生成连贯的、自然语言的文本。

(2)图像生成:生成式人工智能可以用于图像生成和图像编辑。它可以根据给定的输入生成逼真的图像,或者对给定的图像进行编辑和增强。

(3)视频生成:生成式人工智能可以用于视频生成和视频编辑。它可以根据给定的输入生成连续的、逼真的视频,或者对给定的视频进行编辑和增强。

(4) 音乐生成:生成式人工智能可以用于音乐生成和音乐创作。它可以根据给定的输入生成和演奏音乐,或者对给定的音乐进行编辑和改编。

(5) 虚拟角色生成:生成式人工智能可以用于虚拟角色的生成和表演。它可以根据给定的输入生成虚拟角色的外貌、动作和对话,实现虚拟角色的自动创作和互动。

(6) 游戏生成:生成式人工智能可以用于游戏内容的生成和设计。它可以根据给定的输入生成游戏关卡、游戏任务和游戏故事,实现游戏内容的自动生成和个性化。

(7) 创意设计:生成式人工智能可以用于创意设计和艺术创作。它可以根据给定的输入生成独特的艺术作品、设计方案和创意构思,为设计师和艺术家提供创作灵感和辅助工具。

总之,生成式人工智能的应用场景非常广泛,可以应用于文本、图像、视频、音乐、虚拟角色、游戏和创意等多个领域,为人们提供自动化的创作和创新能力。

11. 智能机器人

人工智能是智能机器人(intelligent robot)的核心技术之一,它可以让机器人具备类似人类的思维和行为能力,从而更好地理解和适应人类环境。智能机器人的关键技术有多传感器信息融合、导航与定位、路径规划、机器人视觉、人机交互等领域。智能机器人的主要应用领域有工业领域、数字化生产、智能农业机器人和家庭智能陪护等。

智能机器人的智能化程度需要多种技术协同发展,随着数字经济的发展和老年社会的到来,智能机器人在当今社会变得越来越重要,越来越多的领域和岗位都需要智能机器人参与。

2.4 大 数 据

数字经济已经成为当今社会重要的经济形态,而数据要素则成为数字经济持续发展壮大的核心引擎。数据要素在推动经济社会发展方面的价值不断凸显。一方面,数据作为关键性生产要素,能够催生并推动新产业、新业态和新模式的发展,是促进数字经济高质量发展的重要抓手;另一方面,数据要素对其他产业具有乘数效应,能够促进供需精准对接,推动传统产业转型升级。

2.4.1 大数据的基本概念

2008 年 Nature 学术杂志出版了一期大数据专刊,使得大数据在科学研究领域得到了高度重视。随后,大数据引起了许多国家和地区的重视,一场大数据引发的变革渗透到各个角落。

什么是大数据?到目前为止,大数据还没有一致的定义,政治界、商业界、学术界按照各自的理解推动大数据发展。

考克斯(Cox)和埃尔斯沃斯(Ellsworth)在提出"大数据"术语时指出:数据大到内存、本地磁盘甚至远程磁盘都不能处理,这类数据是可以进行可视化研究的、数量巨大的科学数据。

维基百科对大数据的定义:大数据是一个复杂而庞大的数据集,以至于很难用现有的数据库管理系统和其他数据处理技术来采集、存储、查找、共享、传送、分析和可视化。

IBM 对大数据的定义:大数据为具有 4V 特征的数据集,4V 特征是指价值(value)、数据价值巨大但价值密度低;时效(velocity),数据处理分析要在希望的时间内完成;多样(variety),数据来源和形式都是多样的;大量(volume),就目前技术而言,数据量要达到PB级别以上。

知名研究机构高德纳(Gartner)咨询公司对大数据的定义:大数据是需要新处理模式才能具有更强的决策力、洞察发现力和流程优化能力来适应海量、高增长率和多样化的信息资产。

2013年5月召开的第462次香山科学会议对大数据给出了技术型和非技术型两个定义。

(1)技术型定义:大数据是来源多样、类型多样、大而复杂、具有潜在价值,但难以在期望时间内处理和分析的数据集。

(2)非技术型定义:大数据是数字化生存时代的新型战略资源,是驱动创新的重要因素,正在改变人类的生产和生活方式。

综上,大数据比较全面的定义如下:

大数据是指为决策问题提供服务的大数据集、大数据技术和大数据应用的总称。其中,大数据集是指一个决策问题所用到的所有可能的数据,通常数据量巨大、来源多样、类型多样;大数据技术是指大数据资源获取、存储管理、挖掘分析、可视展现等技术;大数据应用是指用大数据集和大数据技术来支持决策活动,是新的决策方法。

2.4.2 大数据的主要特征

大数据具有以下四个特征。

(1)数据体量大:一般大型数据集的规模在10 TB左右,但实际应用中,很多企业将多个数据集放在一起,形成PB级的数据集。

(2)数据类别多:数据来自多种数据源,数据种类和格式日渐丰富,已冲破了以前所限定的结构化数据范畴,囊括了半结构化和非结构化数据。

(3)数据处理速度快:在数据量非常庞大的情况下,能够做到数据的实时处理。

(4)数据真实性高:随着社交数据、企业内容、交易与应用数据等新数据源的兴起,传统数据源的局限被打破,企业愈发需要有效的信息源以确保其真实性及安全性。

2.4.3 大数据的发展历程

大数据技术的发展可以追溯到20世纪90年代初,当时互联网的普及和信息技术的快速发展产生了大量的数据。随着数据量越来越大,传统的数据处理和数据分析方法逐渐无法满足需求,这促使了大数据技术的崛起。Apache Hadoop是最早应用于大数据处理的开源框架,它基于分布式计算和存储的思想,通过横向扩展一组计算机集群来处理大规模数据。此外,Google的映射-化简(MapReduce)和Google文件系统(Google file system,GFS)也为大数据技术的发展做出了重要贡献。

随着大数据技术的发展,人们开始意识到单纯的存储和处理数据已经不够,还需要从中提取有价值的信息和知识。于是,数据分析和挖掘技术成为大数据技术的重要组成部分。数据分析技术包括数据清洗、数据建模、数据可视化等方法,用于帮助人们理解和解释海量数据。同时,机器学习和人工智能的发展也为大数据分析带来了新的突破。随着云计算技术的兴起,大数据技术进一步得到推广和应用。云计算平台提供了强大的计算和存储能力,使得大数据处理更加方便和高效。边缘计算则将计算和存储资源移到离数据源更近的地方,提高了响应速度和效率。

以下是大数据发展的主要里程碑。

(1) 1990—2000 年:此时,大部分数据量仍然相对较小,主要集中在企业的数据库和个人计算机上。

(2) 2001—2010 年:随着互联网的迅猛发展,海量数据开始出现。Google 在 2004 年发布了 MapReduce 和 GFS 两项技术,这两项技术成为大数据处理的重要基石。

(3) 2011—2015 年:大数据开始进入商业应用领域,并且得到广泛关注。Apache Hadoop 项目的兴起使得大数据技术得到了进一步的发展,并诞生了一系列的大数据处理工具和框架。

(4) 2016 年至今:大数据已经成为各行业和领域的重要支撑力量,对于企业的发展和决策起到了关键作用。此时,大数据的研究和应用重点逐渐从基础设施转向数据挖掘、机器学习和人工智能等领域的融合。

2.4.4 大数据的核心技术

大数据是在数据仓库与数据挖掘的基础上发展起来的。从大数据处理的生命周期来看,大数据处理的核心技术包括大数据采集、大数据存储与管理、大数据分析和大数据可视化等。

1. 大数据采集

大数据的主要来源是互联网和物理世界。随着互联网、物联网和移动计算的发展,需要收集发自客户端(Web、App 或传感器形式等)的数据。来自物理世界的科学大数据,智能制造工厂生产过程中产生的大数据需要收集利用。因为数据来源众多,数据产生速度快,所以对数据采集技术提出了新要求。通常,大数据采集使用专门的获取工具采集多模态数据,如文字、语音、视频和图片等数据。

2. 大数据存储与管理

大数据存储与管理采用分布式文件系统,以实现高吞吐量的数据访问。大数据存储的数据包括结构化、半结构化和非结构化数据。虽然采集端有很多数据库,但是如果要对这些海量数据进行有效的分析,仍需要将数据导入一个集中的大型分布式数据库,或者分布式存储集群,而且可在导入的基础上做一些简单的清洗和预处理工作,以满足部分业务的实时计算需求。

3. 大数据分析

大数据分析是指为了提取有用信息和知识,对数据加以详细研究和概况总结的过程。大数据分析采用不同的算法工具,利用分布式数据库,或者分布式计算集群来对存储于其内的海量数据进行普通的分析和分类汇总等,以满足大多数常见的分析需求。此外,还可以利用大数据挖掘技术,实现聚类和预测性分析。

4. 大数据可视化

大数据可视化是指借助于图形化手段,清晰有效地传达与沟通信息。大数据可视化的图形化展示样式有多种选择,如散点图、折线图、柱状图、地图、雷达图、箱线图、热力图、关系图、仪表盘等。Python 中用于数据可视化的库有很多,比较常见的有 Matplotlib、Seaborn、pyecharts、plotnine、PyQtGraph。

2.4.5 大数据的应用

大数据技术在医疗健康、农业、教育、能源、电子政务、制造业、互联网行业、城市管理、生物医学、社会安全等领域有广泛的应用。下面介绍几个典型的应用。

1. 医疗健康大数据

医疗健康大数据主要体现在图像诊断和基因健康两个领域。依靠图像诊断大数据平台，一个病人的问题不再是一个医生在诊断，而是相当于多位专家同时给出意见。经过大数据对比，不仅提高了医生的效率，而且有效提高了诊断的准确度。依靠基因健康大数据，可以发现基因与疾病之间的某种关系，提高治疗效果。例如，乔布斯(Jobs)是世界上第一个对自身所有DNA和肿瘤DNA进行排序的人，医生按照所有基因按需开药，有效地帮助乔布斯提升治疗效果。

2. 农业大数据

农业大数据运用大数据的理论、技术和方法，解决农业领域数据的采集、存储、计算和应用等一系列问题，大数据技术是保障国家粮食安全和推动现代农业建设的重要手段。农业大数据可以使移动互联网、云计算、物联网等技术与现代农业充分融合，为推动农业创新发挥重大作用。推进农业大数据运用，建设现代农业，为农业提质增效和转型升级提供数据支撑，为精准化农业生产提供服务，为政府决策提供科学、准确的数字依据；抵御自然灾害和市场风险，保障农产品有效供给，增加农民收入，加快实现农业发展方式从追求产量增长和拼资源、拼消耗的粗放经营，向数量质量效益并重、注重提高竞争力和绿色可循环发展转变。

3. 教育大数据

教育大数据是指在教育活动过程中产生的与依据教育需求采集到的，一切用于教育发展并能创造巨大潜在应用价值的数据集合。作为大数据的一个子集，教育大数据特指教育领域的大数据，具有驱动教育决策科学化、学习方式个性化、教学管理人性化和评价体系全面化的价值潜能。在教育大数据的建设与应用过程中，如何对相关数据进行采集、分析和应用是三大核心研究问题。

教育领域的研究者和实践者积极探寻大数据技术与教育适合的结合点和实施方式。教育大数据的最终价值应体现在与教育主流业务的深度融合及持续推动教育系统的智慧化变革上。教育大数据将驱动教育管理的科学化、教学模式的改革、实现个性化学习、教育评价体系重构、科学研究范式的转型和教育服务更具人性化。

4. 能源大数据

我国碳达峰碳中和政策体系中明确提出，推动互联网大数据、人工智能、第五代移动通信(5G)等新兴技术与绿色低碳产业深度融合，释放数字化智能化绿色化叠加倍增效应。大数据技术在助力全球应对气候变化过程中扮演着重要角色，数字技术与能源电力、工业、交通、建筑等重点碳排放领域深度融合，有效提升能源与资源的使用效率，实现生产效率与碳效率的双提升。

我国多地建立了能源大数据平台，如江西省能源大数据公司的能耗在线监测平台，可以实现能耗在线监测，是国家重点用能单位能耗在线监测项目，具有现场数据采集、存储、处理、分析的核心系统，集成物联网、网络安全隔离、数据应用展示、数据上传等功能。为政府部门摸清能耗底数、开展节能形势分析及预测预警、提高节能宏观调控能力、实现"双碳"。

限制风力发电的一个技术瓶颈是准确预测风力资源。如今，将气象大数据如温度、气压、湿度、降雨量、风向和风力等与电力生产大数据融合在一起，可以实现对风力资源的精准预测，解决电网对风电的依赖程度过高，需要建设后备电站的问题。风力发电是21世纪重要的绿色能源,在大数据赋能下,为解决能源危机,将发挥重要的作用。

本 章 小 结

  发展数字经济有三个最重要的基石,即数据要素市场、数据治理体系和数据技术体系。云计算、物联网、人工智能和大数据是数字经济的技术基础,它们不仅相互独立,还在不同领域内发挥着重要作用。然而,这些技术之间也存在着紧密的联系。

  云计算是一种计算模式,它允许用户通过互联网访问计算资源、存储资源和网络资源,而无须在本地拥有硬件和软件。云计算提供了价格低廉的基础设施,使用户能够按照需求获得相应的服务,使大数据实践成为可能。而物联网则是由一系列传感器、控制器和设备组成的网络,这些设备可以相互连接并进行数据交换。通过物联网,人们可以实现对物理世界的智能化感知和操控。人工智能是一种模拟人类智能的技术,它涉及机器学习、深度学习、自然语言处理等多个领域。通过人工智能,机器可以像人一样学习和适应环境,甚至超越人类的智能水平。大数据是指海量、多样化和高速增长的数据集合。在当今信息时代,大数据已经成为企业、政府和社会各方面不可或缺的重要资源。通过分析和挖掘大数据,人们可以发现隐藏在数据背后的规律和趋势,从而做出更加精准的决策。

  在支持数字经济的发展中,这四种技术也常常相互融合,形成更加高效和智能化的解决方案。例如,数字化工厂使用物联网技术来连接各种设备和传感器,实现实时数据采集和监控。这些数据可以用于分析生产流程、预测设备故障和优化生产效率。数字化工厂使用大数据技术来分析和挖掘生产数据,以发现隐藏在数据背后的规律和趋势,如通过分析生产过程中的能耗数据,可以找出能源浪费的环节并进行优化。数字化工厂使用人工智能技术来进行智能制造、自动化质量控制、生产过程优化和智能调度等方面。

  总之,云计算、物联网、人工智能和大数据是相互独立但又密切相关的四种技术。它们在各自的领域内发挥着重要作用,同时也相互融合,形成更加高效和智能化的解决方案,推动数字经济的发展。

第3章 操作系统

操作系统(operating system,OS)是计算机的灵魂,是计算机系统的重要组成部分,是最重要的系统软件,主要负责管理计算机一切软硬件资源,合理地组织计算机的工作流程,为用户使用计算机提供方便。无论是哪一种类型的计算机及计算机网络都必须配备操作系统。根据运行的环境、应用的领域可以分为桌面操作系统、手机操作系统、服务器操作系统和嵌入式操作系统等。现代操作系统尤其是桌面操作系统一般都以可视化的手段即采用图形界面来向使用者展示操作系统功能,这极大地降低了计算机的使用难度,促进了计算机应用的普及。本章主要介绍操作系统的概念、功能、发展、特性,以及常见桌面操作系统的主要操作等。

3.1 操作系统的基本概念

在计算机系统中,操作系统是最基本、最重要的软件,随着计算机的日益普及,以及用户多样化的需求,操作系统日益成为复杂而又庞大的计算机软件系统。

3.1.1 操作系统的地位及作用

操作系统可以对计算机系统的各项资源进行管理并合理地分配使用资源,极大地提升用户的工作效率。在现代计算机体系结构中,操作系统的地位如图 3-1 所示。整个计算机系统可以划分为四个层次:硬件层、操作系统层、实用软件层和应用软件层。每一层都表示一组功能和一个界面,表现为一种单向服务的关系,即上一层的软件必须以事先约定的方式使用下一层软件或硬件提供的服务,反之则不行。

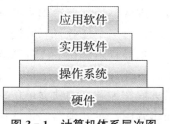

图 3-1 计算机体系层次图

计算机硬件处于最底层,是不附加任何软件的物理计算机——"裸机";它的上面是操作系统,是对裸机功能的首次扩充,构成比裸机功能更强、使用更方便的"虚拟计算机(virtual computer)";在操作系统之上有控制管理和支持系统开发的各种软件如系统诊断程序、汇编程序、编译程序、数据库管理系统等系统实用程序,实用软件的功能是为应用软件及最终用户处理自己的程序或数据提供服务;最后一层是用户设计的各种应用软件,如财务系统、教务系统、学生管理系统等,将计算机真正应用于解决某个实际问题。所有的系统应用程序和用户的应用软件都在操作系统虚拟计算机上运行,受操作系统的管理和调度,用户通过操作系统使用各种资源,完成相应的任务。由此可见,操作系统是计算机系统中的核心软件。

我们也可以把操作系统看成计算机系统资源的管理者,管理着系统中的所有硬件和软件资源,并组织计算机系统的工作流程。站在用户的角度,操作系统提供了使用计算机的界面,是用户和计算机硬件系统之间的接口,使用户无须了解更多硬件和软件的细节,可以很方便地使用计算机。

综上,我们对操作系统给出一个描述性的定义:操作系统是控制和管理计算机系统全部软、硬件资源,控制和协调多个任务的活动,合理地组织工作流程,实现信息的存取与保护,提高系统使用效率,提供面向用户的接口,方便用户使用的程序集合。

3.1.2 操作系统的主要功能

操作系统的主要功能有处理器管理、存储器管理、设备管理、文件管理和作业管理。

1. 处理器管理

主机中的处理器也称为中央处理器,是计算机系统的核心部件,是计算机系统中最重要的资源,所有的程序都要在处理器上执行。随着计算机的迅速发展,处理器管理显得尤为重要,主要原因如下:一是由于计算机的速度越来越快,处理器的充分利用直接影响系统效率的整体提升;二是处理器管理是整个操作系统的关键,其管理效率直接影响整个系统的运行效率;三是处理器管理集中了操作系统中最复杂的部分,并发活动的管理和控制是处理器管理的重要功能,因此处理器管理设计的好坏直接关系到整个系统的运行。为了增加系统的吞吐量、节省投资和提高系统的可靠性,现代计算机往往采用两个以上的处理器,称为多处理器系统,即两个或两个以上处理器通过高速互联网络连接起来,在统一的操作系统管理下,实现指令以上级(任务级、作业级)并行。

处理器管理的主要任务是对处理器进行调度,并对其运行进行有效的控制和管理,主要功能有:进程管理、进程同步、进程通信和处理器调度。多处理器操作系统是指部署在多处理器系统中的操作系统,多处理器操作系统侧重于提高系统的吞吐量和可扩充性这两点。

进程是处理器管理中最基本、最重要的概念。现代计算机都是多任务系统,即计算机可以同时执行多个任务,例如,用计算机播放音乐的同时可以用办公软件写材料,后台还可以同时进行木马查杀。在多任务系统中,众多的任务争夺使用处理器,任务的执行呈现动态性和一定的随机性,同样的程序可以多次执行。为了能准确地描述这种情况,引入了进程这个概念,即以进程作为调度的独立单位,以进程作为资源分配的独立单位。处理器管理的功能就是组织和协调用户对处理器的争夺使用,把处理器分配给进程,对进程进行管理和控制,最大限度地发挥处理器的作用。

所谓进程是指有一定功能的程序段在给定数据集上的一次动态执行,是计算机中调度和执行的独立单位。进程和程序是不一样的。例如,假设有一位母亲准备为她的儿子烘制生日蛋糕,她有做生日蛋糕的食谱,厨房里有所需的原料:面粉、鸡蛋、糖、牛奶等。在这个过程中,做生日蛋糕的食谱就相当于程序(用适当形式描述的算法),这位母亲相当于 CPU,而做蛋糕的各种原料就相当于数据,进程就是母亲做蛋糕的过程,包括阅读食谱、取来各种原料及烘制蛋糕的一系列动作的总和。再假设此时儿子突然哭着跑了进来,说他被一只蜜蜂蛰了,相当于出现了中断事件,母亲此时必须要对该中断事件进行中断响应,也就是必须停下蛋糕的制作,记录下照着食谱做到哪一步了(保存进程的当前状态),然后进行中断处理,即拿出一本急救手册,按照其中的指示处理蛰伤。当蜜蜂蛰伤处理完之后,中断返回,母亲回来接着做蛋糕,直到把蛋糕做好。通过这个例子,可以看到处理器从一个进程(做蛋糕)切换到另一个高优先级的进程(实施医疗救治),每个进程拥有各自的程序(食谱和急救手册)。进而,也可以理解关于中断的系列概念。

进程和程序是有区别的:程序是静态的,程序是有序代码的集合,如做蛋糕的食谱;而进程是程序的一次执行,是动态的,如做蛋糕的过程。程序作为一种软件资料是可以长期保存的,只要保存程序的物理介质不损坏,就具有永久性,可以被复制;而进程具有暂时性,有开始和结束,如做蛋糕的过程,有开始做蛋糕的时间,蛋糕做好了就是做蛋糕结束的时间。同一程序段可以在不同数据集合上运行,从而构成不同的进程,即可以根据同一个食谱,制作多次蛋糕。进程与程序的组成不同,进程的组成包括程序、数据和进程控制块(进程状态信息),程序是计算机命令的集合,是进程的组成部分。可以为一个程序执行建立多个进程,一个进程也可能含有多个程序的执行。

为了提升计算机系统的运行效率和性能,现代计算机往往采用多个处理器共同完成任务。多个处理器间的协作与合作,可以充分发挥多处理器架构的优势,提高计算机系统的可用性、可靠性及计算效率。通过良好的调度、监控、故障检测及任务管理,使得多个处理器在协同工作时更加高效、稳定、可靠。

(1)调度功能:根据任务的优先级和不同任务对处理器资源的需求,合理地分配处理器资源。具体地说,就是在一定的系统环境下,根据一定的资源利用原则,采用合理的调度策略,进行处理器的分配与回收工作,使处理器充分发挥效率并能合理的满足各种程序任务的需求。调度功能就是要提出调度策略,给出调度算法,进行处理器的分配与回收。

(2)监控功能:在多处理器计算机中对各个处理器的负载情况进行监控,及时发现和处理负载异常情况,确保各个处理器资源的稳定运行。同时,通过监控处理器运行状况的参数来进行综合诊断和优化,以提高处理器的使用效率。

(3)故障检测功能:实时检测系统异常状况,包括硬件故障、软件错误及网络通信故障等,并及时采取措施进行处理和修复,保证计算机系统的可靠性与稳定性。

(4)任务管理功能:对需要完成的任务进行统筹安排,对任务完成情况进行监控和管理,有效地降低任务处理的出错率,提高计算机系统的稳定性、可靠性和效率。

2. 存储器管理

计算机系统中用来存放程序和数据的各种存储设备、控制部件及管理软件所组成的系统称为存储系统,用以实现计算机的信息记忆功能。

对存储器来说,有三个主要的性能要求:容量大、速度快、价格低,存储器的易失性也是计算机存储器的一个重要指标。对单一的存储器部件来说,容量大、速度快、价格低三者往往是不能同时满足的。为了解决这个难题,在现代计算机系统中采用了存储器分层结构,任意高速存储设备都可以作为低速存储设备的缓存,这样就不会仅依赖于某一个存储部件或技术。因此,现代计算机系统中常采用寄存器、高速缓冲存储器、主存储器、外部存储器的多级存储体系结构,如图3-2所示。多级存储器以最优的控制调度算法和合理的成本,构成具有性能可接受的存储系统。

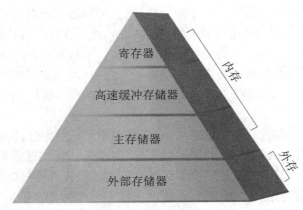

图3-2 多级存储体系结构

计算机系统的存储器根据访问权限分为内存和外存两级。内存具有较高的存取速度和有限的存储容量,外存则刚好相反。内存是系统的工作存储器,CPU可以直接访问内存,所有程序必须进驻内存才能被CPU执行。外存是内存的辅助存储器,所有的程序和数据都可以文件形式存储在外存上并长期保存,CPU不能直接访问外存,只有当需要时才将其内容装入内存。

内存又可分为寄存器、高速缓冲存储器和主存储器三个级别,寄存器在CPU内部,访问速度最快,但容量最小。而高速缓冲存储器和主存储器,访问速度较寄存器慢,但容量比寄存器大。内存中存储的信息具有易失性,即信息不能长期保存;外存可以为硬盘、U盘、光盘等,形式多样,容量最大,需要通过I/O接口与CPU交换数据,访问速度最慢,但信息可以长期保存。

存储器管理主要指的是内存的管理,在多道程序系统中,允许多个用户程序同时进驻内存运行。因此,存储器管理的主要功能是地址映射,能将用户程序中的逻辑地址变换成物理地址,使得程序能够顺利执行,还要随时记录内存空间的使用和分配情况,根据用户程序的存储需求和当前内存的使用情况进行内存空间的划分、分配及回收;同时还提供存储保护以保证各运行程序之间互不侵犯,防止用户程序侵入操作系统存储区。此外,为了提高计算机系统的处理能力,还要实现内存的扩充,即虚拟存储。简单地说,存储器管理就是要实现地址映射、内存分配与回收、内存保护和内存扩充。

3. 设备管理

由于计算机系统外设品种繁多、性能差异巨大,且这些外设之间及主机和外设之间的速度极不匹配,因此在操作系统中,设备管理是最庞杂、最琐碎的部分。设备管理通过有效地管理各种外设,使计算机设备能充分地发挥效率,并为用户提供简单而易于使用的接口,从而使用户不需要了解设备的物理性能,就能很方便地使用设备。

设备管理的主要功能是:提供统一的设备使用接口,用户无须了解具体的设备接口逻辑

(即用户的操作与具体的设备无关,称为设备无关性);记录每个设备的使用和分配情况,根据各类设备的特点采用不同的分配策略进行设备的分配和回收,对某些设备还要考虑优化调度,同时负责外设和主机之间实际的数据传输。简单地说,设备管理就是要完成设备分配、设备的传输控制和实现设备无关性。

4. 文件管理

在计算机系统中,程序、数据、文档等软件资源都以文件形式组织、存放在外存上,操作系统中负责这部分管理的任务称为文件系统。文件系统由实现统一管理文件的一组软件、被管理的文件及为实施文件管理所需要的数据结构组成。

用户的很多操作都是通过文件系统进行的,如写一篇文章,写文章的过程中要注意保存,这是因为内存具有易失性,不保存的话如果意外关机文章内容就会丢失(不过目前很多软件有后台自动保存功能),如果一次没有写完,则下次还要打开文章接着写。如果存储空间不够,要删除一些过期文件等,这个过程就会用到文件系统的功能。建立文件、打开文件、删除文件等也都用到了文件系统的功能。

文件系统要为用户提供方便,保证文件的安全性,提高系统资源的利用率,其主要负责管理在外存上的文件,并把对文件的存取共享和保护等手段提供给操作系统和用户。文件系统的主要任务是负责文件物理存储空间的组织分配及回收;实现文件符号名到物理存储空间的映射;负责文件的建立、删除、读和写等操作;提供文件的保护和保密设施,防止对文件的某种非法访问或未经授权的用户使用某个文件。因此,文件系统应具有对文件存储空间(外存如磁盘等)的管理、目录管理、文件共享和保护等功能。

从系统角度来看,文件系统是对存储文件的存储空间进行组织、分配和回收,负责文件的存储、检索、共享和保护。

从用户角度来看,文件系统实现了"按名取存",使得用户只要知道所需文件的文件名,而无须知道文件究竟是以何种形式存放在什么地方,就可以存取文件。

5. 作业管理

在计算机操作系统中,作业是指用户提交给计算机系统进行处理的任务或程序。它可以是一个独立的计算任务、一个程序或一组相关的任务集合。此概念主要出现在批处理系统中,在现代操作系统中,很多取消了作业的概念,因此有的操作系统的主要功能只有前面四个,取消了作业管理功能。在批处理系统中,作业通常由用户创建,包含了需要计算机执行的指令、数据和其他必要的资源。用户将创建好的作业提交给系统,由操作系统进行作业管理和调度,分配系统资源,使作业能够在计算机系统中得到执行。

3.2 操作系统的发展及分类

操作系统的发展历程和计算机软硬件的发展历程密切相关,从 1946 年诞生第一台通用电子计算机以来,计算机的进化都以减少成本、缩小体积、降低功耗、增大容量和提高性能为目标。

推动操作系统发展的因素很多,主要有以下三点。

（1）计算机硬件的更新换代，计算机系统的性能得到快速提高，也促使操作系统的性能和结构必须提高。此外，硬件成本的下降也极大地推动了计算机技术的应用推广和普及。

（2）应用需求促进了计算机技术的发展，新的服务需求促进了操作系统的不断更新升级。

（3）为了修补操作系统自身的错误，操作系统在运行的过程中其自身的错误也会不断地被发现，因此需要不断地修补操作系统自身的错误（补丁）。需要说明的是，在修补的过程中很可能又会产生新的错误。

3.2.1 操作系统的发展

操作系统的发展过程大致可以分为如下几个阶段。

1. 手工操作阶段

最初的计算机没有操作系统，人们通过各种按钮来控制计算机，即采用手工操作方式，每个用户使用计算机的流程大致是：首先清除前一个用户的作业信息，然后将程序纸带（或卡片）装上输入机，启动输入将程序和数据装入存储器，通过控制开关键入启动地址，启动程序运行。运行期间程序员需要通过控制面板上的各种显示灯观察程序的运行状况，并通过控制开关调度程序的运行。如果程序正常运行完毕，则卸下纸带（或卡片），取走打印结果；如果出现错误，则需做好记录，预约下一次上机时间，回去修改纸带。整个过程中都需要人工装入纸带、控制运行、获取结果，也就是全程的人工干预。

手工操作阶段的特点主要有：程序设计者直接编制二进制目标程序、I/O设备主要是纸带和卡片、程序员上机必须预约机时、自己上机操作、程序的启动与结束处理都以手工方式进行、程序员的操作以交互方式进行、程序执行过程得不到任何帮助。

这个阶段的主要缺点是：①由于采用人工调度，计算机处理能力的提高与手工操作的低效率的矛盾日益突出，造成计算机等待用户，计算机效率大幅度降低；②准备时间长，任何一个作业步出现故障都将导致该作业从头开始执行；③用户独占全机，资源利用率低。

虽然存在上述缺点，人工操作方式在计算机运行速度较低的情况下是可以接受的，但是当计算机的运行速度大大提高以后，这种方式就难以忍受了。因此，需要摆脱人工干预，提高效率，这样就出现了早期批处理。

2. 早期批处理阶段

严格来说，早期批处理系统只是操作系统的雏形，还不是真正意义上的操作系统。20世纪50年代，功耗低、可靠性高的晶体管问世后，使用晶体管构造的计算机终于可以批量生产并销售了。此时，晶体管计算机可以长时间运行，完成一些有用的工作，如科学和工程计算等。同时，设计人员、生产人员、操作人员、编程人员和维护人员的职业分工第一次明确。汇编语言和FORTRAN语言的出现与流行，也使得很多编程人员开始用它们来编写自己的工作程序，这些程序中包含了一些特殊的程序，专门用于控制完成批量作业的处理。这些程序就是现代操作系统的前身，称为单道批处理系统。

批处理系统的工作过程是：计算机加电后先运行一个常驻内存的监控程序，设立专门的计算机操作员，用户将卡片或磁带中的作业提交给计算机操作员；计算机操作员将若干作业分组（称为一批作业），然后安装在计算机的输入设备上，供监控程序按顺序读入每个作业并执行。每个作业执行结束后将结果输出到磁带上，然后返回到监控程序，监控程序自动加载下一个作业。

批处理系统的优点是减少了人工操作的时间,提高了机器的利用率和系统吞吐量,但仍存在不少问题,主要是:由于一次只有一道作业在运行,因此 CPU 和 I/O 设备使用忙闲不均,资源利用率不高,并且没有交互能力,作业一旦提交,用户无法干预自己作业的运行。

3. 多道批处理阶段

在第二代电子计算机后期及第三代电子计算机早期,硬件有了很大发展,主存容量增大,出现了大容量的辅助存储器——磁盘及协助 CPU 来管理设备的通道,软件系统也随之相应变化,实现了在硬件提供的并行处理之上的多道程序设计。

多道是指主存之中允许多个程序同时存在,由 CPU 以轮流服务的方式为这多个程序提供服务,使得多个程序在宏观上可以同时执行。计算机资源不再由一个用户独占,而是同时由多个用户共享,从而极大地提高了系统在单位时间内处理作业的能力及资源利用率。这个阶段的管理程序已迅速地发展成为操作系统,即现代意义上的操作系统出现了。不过这个时候的操作系统仍是批处理系统,被称为多道批处理。

多道批处理系统的主要优点是:资源利用率高,使 CPU 和 I/O 设备最大限度同时保持忙状态,内存利用率较高,从而发挥系统最大效率;作业吞吐量大,即单位时间内完成的工作总量大。其缺点是:用户交互性差,整个作业完成后或中间出错时,才与用户交互,不利于调试和修改;作业平均周转时间长,短作业的周转时间显著增长(周转时间=结束时间-开始时间)。

这一代操作系统的典型代表是 FORTRAN 监控系统(FORTRAN monitor system,FMS)和 IBMSYS(IBM 为 7094 机配备的操作系统)。

4. 分时与实时系统

随着时代的发展,硬件性能的不断提高,为了克服多道批处理系统的缺点,满足用户与系统交互的需要,允许多用户通过终端同时访问系统,共享计算机资源,分时系统(time sharing system,TSS)出现了。所谓分时,是指将处理机的运行时间分成很短的时间片,按时间片轮流将处理机分配给各联机作业使用,即多个用户分享使用同一台计算机。如果某作业在分配给它的时间片用完时仍未完成,那么该作业就暂时中断,等待下一轮运行,并把处理机的控制权让给另一个作业使用。这样在一个相对较短的时间间隔内,每个用户作业都能得到快速响应,以实现人机交互。

随着计算机使用范围的不断扩大,实时系统也应运而生。实时系统是在早期的操作系统基础上发展起来的。早期的操作系统各种资源都是事先已经分配好的,工作期间这些资源不能再重新进行分配,因此处理一些随机发生的外部事件的能力较差、速度较慢。实时系统能对随机发生的外部事件进行处理,其各种资源可以根据需要随时进行动态分配。由于各种资源可以进行动态分配,因此其处理事件的能力较强、速度较快。外部事件往往以中断方式通知系统,系统一般具有较强的中断处理能力,设计也以"事件驱动"方式来设计,响应速度快。能提供人机交互方式,但交互性能较差。实时系统往往要求系统高度可靠,并采用双机系统,多级容错措施来保证系统和数据的安全。

实时系统主要用于过程控制、军事实时控制、事务处理系统等领域。

5. 通用操作系统

通用操作系统最大的特点是可移植性好,典型代表是 UNIX。

操作系统是离硬件最近的软件,和硬件紧密相关,而硬件的发展是极为迅速的,迫使依赖于硬件的软件特别是操作系统要不断地进行相应的更新,造成成本急剧上升。UNIX 几乎全部是用可移植性很好的 C 语言编写的,其内核极小,模块结构化,各模块可以单独编译。因此,一旦硬件环境发生变化,只要对内核中有关的模块做修改,编译后与其他模块装配在一起,即可构成一个新的内核,而内核上层完全可以不动。

6. 微机操作系统

随着计算机应用的普及,20 世纪 70 年代末期,由于市场对于个人计算机操作系统的需求,微软公司的 MS-DOS 操作系统投入了市场。MS-DOS 操作系统具有优良的文件系统,但它受到 Intel x86 体系结构的限制,并缺乏以硬件为基础的存储保护机制,因此仍属于单用户单任务操作系统。

1984 年,苹果公司的装配有交互式图形功能操作系统的 Macintosh 计算机取得了巨大成功。1992 年 4 月,微软公司推出了具有交互式图形功能的操作系统 Windows 3.1。1993 年 5 月,微软公司推出 Windows NT,它具备了安全性和稳定性,主要是针对网络和服务器市场。Windows 95 在 1995 年 8 月正式登台亮相,这是第一个不要求使用者先安装 MS-DOS 的 Windows 版本。从此,Windows 9x 便取代 Windows 3.x 及 MS-DOS 操作系统,成为个人计算机平台的主流操作系统。

随着计算机网络的发展,网络操作系统(network operating system,NOS)也大行其道。网络操作系统与运行在工作站上的单用户操作系统或多用户操作系统由于提供的服务类型不同而有差别。网络操作系统是以使网络相关特性达到最佳为目的的,如共享数据文件、软件应用,以及共享硬盘、打印机、调制解调器、扫描仪和传真机等。一般计算机的操作系统,其目的是让用户与系统及在此操作系统上运行的各种应用之间的交互作用最佳。在当今,内装网络已成为操作系统的基本特征之一。

7. 现代操作系统

进入 21 世纪,操作系统的发展呈现着更加迅猛的发展态势,互联网技术的飞速发展推动了操作系统的变革,分布式操作系统和云计算技术逐渐崭露头角,操作系统主要向宏观应用与微观应用两大方面发展。

宏观应用的典型是分布式操作系统、集群操作系统和云计算操作系统。分布式系统是将多台计算机组织在一起,通过网络进行连接。而分布式操作系统管理所有系统任务,使得任务可以在系统中任何处理机上运行,自动实现全系统范围内的任务分配并自动调度各处理机的工作负载。

集群是指一组高性能计算机通过高速网络连接起来的,在工作中像一个统一的资源,所有结点使用单一界面的计算系统。集群操作系统适用于由 PC、工作站,甚至是大型机等多台计算机构成的集群。集群式系统具有较高的性价比。

集群式系统的实例是 Beowulf 系统,由 PC 作为结点构成集群,每个结点上都运行 Linux 系统和一组适用于 Linux 内核的软件包,主要应用于科学计算、大任务量计算。

云计算将计算资源和服务集中在远程的数据中心,用户只需通过网络即可访问和使用这些资源和服务。云计算操作系统是指构架于服务器、存储、网络等基础硬件资源和单机操作系统、中间件、数据库等基础软件管理海量的基础硬件、软件资源之上的云平台综合管理系统,能管理和驱动海量服务器、存储等基础硬件,将一个数据中心的硬件资源逻辑上整合成一台服务器,为云应用软件提供统一、标准的接口,管理海量的计算任务及资源调配。

操作系统向微型化方向发展的典型是嵌入式操作系统。嵌入式操作系统是随着各种数字化设备的流行而出现的,常见的数字化设备有智能手机、平板电脑、智能电视、智能相机、导航仪、智能手表等智能设备。在数字化设备中提供了类似微型机的硬件构成,并将嵌入式系统植入这些硬件当中。作为一种特殊的系统软件,嵌入式系统为其各种用户级嵌入式软件提供支持,同时控制整个系统的各项操作,合理管理和分配系统资源。它除了具有操作系统的基本功能之外,还具有实时性、微型化、可裁剪、高可靠性和高可移植性等特点。

8. 未来展望:人工智能与量子计算

展望未来,随着人工智能和量子计算技术的发展,操作系统将迎来新的发展机遇。人工智能技术的融入将使得操作系统更加智能化,能够自动优化资源分配、提高运行效率,同时人工智能还能提供更个性化的用户体验。量子计算的崛起则可能为操作系统带来全新的计算模型和性能提升,推动计算机各项技术迈向新的高峰。

3.2.2 操作系统的分类

目前的操作系统种类繁多,其分类方法见仁见智,并没有形成统一的标准。我们可以根据不同的分类标准对操作系统进行分类。

(1)根据应用领域,可分为桌面操作系统、服务器操作系统、嵌入式操作系统。

桌面操作系统一般指的是通用操作系统,面向复杂多变的各类应用,又可分为微机操作系统、平板操作系统、手机操作系统等。根据用户在键盘或鼠标发出的命令进行工作,对用户的命令动作和反应在时序上的要求并不很严格。

服务器操作系统一般指的是安装在大型计算机上的操作系统,如 Web 服务器、应用服务器和数据库服务器等,是企业 IT 系统的基础架构平台。

嵌入式操作系统是指用于嵌入式系统的操作系统。嵌入式系统是指以应用为中心、以计算机技术为基础、软件与硬件可裁剪、适应应用系统对功能、可靠性、成本、体积、功耗严格要求的专用计算机系统。嵌入式操作系统是一种用途广泛的系统软件,负责嵌入式系统的全部软、硬件资源的分配及任务调度,控制并协调并发活动。随着网络技术的发展、智能家电的普及应用,嵌入式操作系统开始从单一的弱功能向高专业化的强功能方向发展,向微型化和专业化方向发展。

(2)根据所支持的用户数目,可分为单用户操作系统和多用户操作系统。

单用户操作系统通常用于个人或小规模环境中,一次只能由一个用户使用,由一个用户完全独占系统的全部硬件和软件资源。早期的 MS-DOS 和 Windows 9x 系列都属于单用户操作系统。

多用户操作系统允许多个用户同时使用计算机系统,这些用户可以在同一时间内进行不同的活动,如编辑文档、浏览网页等。多用户操作系统需要管理系统和控制多个用户的权限与资源访问,确保不同用户之间不会发生冲突。这些系统通常具备更好的系统利用率和资源共享效益,适合于企业和组织的环境,以及那些需要多人同时访问的场景。

现代的 Windows NT 家族、UNIX、麒麟等操作系统,都提供了对多用户环境的支持。

(3)根据任务数,可分为单任务操作系统和多任务操作系统。

单任务操作系统是最简单的操作系统类型,一次只能执行一个任务。它通常用于嵌入式操作系统或早期的个人计算机操作系统,如 MS-DOS 操作系统。在单任务操作系统中,用户无法同时运行多个程序。

用户在同一时间可以运行多个程序(每个程序称为一个任务)，则这样的操作系统称为多任务操作系统。

现代常用的操作系统一般属于多用户、多任务的操作系统，即同一个操作系统可以为多个用户建立各自的账户，也允许拥有这些账户的用户同时登录这个操作系统，每个账号可以同时运行多个程序。早期的 PC 操作系统一般都是单用户操作系统，而 Windows XP 则是单用户多任务操作系统。

(4)根据源码开放程度，可分为开源操作系统和不开源操作系统。

开源操作系统就是公开源代码的操作系统软件，遵循开源协议使用、编译和再发布。自由和开放源代码软件中最著名的是 Linux，它是一种类 UNIX 的操作系统，Linux 可安装在各种计算机硬件设备(如手机、平板电脑、路由器、视频游戏控制台、台式计算机、大型机和超级计算机)中。人们一般习惯用 Linux 来形容整个基于 Linux 内核并且使用开源协议工程中各种工具和数据库的操作系统。Linux 存在着许多不同的版本，如 Red Hat，openEuler，OpenCloudOS，OpenHarmony，Anolis OS 等。移动开发领域使用最广泛的 Android 系统也是基于 Linux 内核开发的操作系统。

不开源操作系统就是不公开源代码的操作系统软件。

(5)根据硬件结构，可分为网络操作系统、分布式操作系统、多媒体操作系统。

网络操作系统和分布式操作系统在前面介绍操作系统的发展时已有介绍，在此不再赘述。

多媒体操作系统是指除具有一般操作系统的功能外，还具有多媒体底层扩充模块，支持高层多媒体信息的采集、编辑、播放和传输等处理功能的系统。也就是说，多媒体操作系统能够像一般操作系统处理文字、图形、文件那样去处理音频、图像、视频等多媒体信息，并能够对各种多媒体设备进行控制和管理。当前主流的操作系统都具备多媒体功能。

(6)根据操作系统的使用环境和对作业处理方式，可分为批处理系统、分时系统、实时系统。

在介绍操作系统的发展时已有介绍，在此不再赘述。

总之，计算机操作系统的发展见证了科技的不断进步与创新，从早期的批处理系统到现代的网络化、智能化操作系统，每一次变革都推动了计算机技术的飞速发展。展望未来，随着新兴技术的不断涌现，操作系统将继续迈向更高的发展阶段，为人类创造更加美好的科技生活。

3.3 操作系统的基本特性及结构

前面所介绍的各种操作系统如批处理系统、分时系统、实时系统等都具有各自不同的特征，如批处理系统有较高的资源利用率和系统吞吐量；分时系统的交互性好，响应及时，多路性等；实时系统具有实时性高、可靠性等。不同的操作系统除了有自己的特性之外，还有共同的特性，称之为操作系统的基本特性，概括为并发性、共享性、虚拟化和异步性。

3.3.1 操作系统的基本特性

1. 并发性

并发性(concurrency)是操作系统最重要的特征，系统中的程序能并发执行，才使得操作系统能有效地提高系统中的资源利用率,增加系统的吞吐量。

并发是指两个或多个事件在同一时间间隔内发生,这些事件在宏观上是同时发生的,但在微观上是交替发生的。例如,我们边洗衣服、边煮饭、边烧红烧肉,在一个时间段内,这些事情是同时发生的,即在过去一段时间内,洗完了衣服,煮好了饭,还烧了红烧肉,但实际上这几件事情是轮流做的,如把衣服预洗一下,把领口袖口等脏的地方重点搓一搓,再将衣服投入洗衣机,待洗衣机启动后,再去淘米煮饭,在启动电饭煲后,再开始烧红烧肉。在这个过程中,随时有可能要去处理洗衣机发来的中断信号,如衣服放置不均衡导致洗衣机无法继续工作,需要人工干预,则要停下当前工作,去处理洗衣机的问题,待处理完后,洗衣机接着工作,而我们回来接着进行刚才的工作。红烧肉在锅中炖煮时,洗衣机工作完成,则去晾衣服。晾完衣服,饭煮好了,红烧肉烧好了,在整个过程中这三件事情是交替做的。

在多道程序环境下,操作系统的并发性是指在同一时间间隔内计算机系统中"同时"运行多个程序,这些程序宏观上是同时运行的,但在单处理机系统中微观上是分时交替运行的。

要注意的是还有并行的概念,并行性和并发性是既相似又有区别的两个概念。并行性是指两个或多个事件在同一时刻发生,并行性具有微观意义的概念,即在物理上这些事件是同时发生的。上述洗衣机在洗衣服,电饭煲在煮饭,锅中在烧红烧肉这三件事情就可以是同时发生的即并行进行的。

并发性虽能有效地改善系统资源的利用率,但也会使得操作系统的设计和实现变得复杂。例如,如何从一个活动切换到另一个活动,以何种策略选择活动,怎样保护一个活动,如何实现相互依赖的活动之间的同步等。操作系统必须具有控制和管理程序有效执行的能力,即具有进程控制、进程同步、进程通信、处理机调度等功能。

2. 共享性

共享性(shareability)是指系统中的硬件和软件资源不再为某个程序所独占,而是供多个用户共同使用。所谓同时,往往是宏观上的,而在微观上,这些进程可能是交替地对资源进行访问的(分时共享)。

资源共享一般有两种方式:互斥共享方式和同时共享方式。互斥共享方式是系统中的某些资源,虽然可以提供给多个进程使用,但一个时间段内只允许一个进程访问该资源,如打印机一次只能打印一篇文档;共享单车虽是共享,但是一次只能为一个用户提供服务,用户是以互斥方式使用共享单车的。同时共享方式是系统中的某些资源,允许一个时间段内由多个进程同时对它们进行访问,这里所谓的同时仍然是宏观上的。而微观上,这些进程可能是交替地对该资源进行访问。例如,超市外的储物柜,可以同时为多个用户提供临时存放物品服务,即同时有多个用户的物品存放到储物柜中,但是同一时刻只能一个用户对储物柜进行存取操作。

与共享性有关的问题是资源分配、信息保护、存取控制等。并发性和共享性是操作系统两个最基本的特征,并发性和共享性互为存在条件:一方面,资源共享是以程序的并发执行而引起的,若系统不允许程序并发执行,即一次只允许一个程序执行,则所有资源为该程序独占,就不存在资源共享问题;另一方面,共享性是支持并发性的基础,若系统不能对资源共享实施有效的管理,势必影响到程序的并发执行,甚至导致程序无法并发执行,丧失并发性。

3. 虚拟化

在操作系统中的虚拟化(virtualization),是指把一个物理上的实体变为若干个逻辑上的对应物,前者是实的,即是实际存在的,而后者是虚的,是逻辑上的。操作系统采用一定的技术将计算机的物理资源(如处理器、内存、存储等)抽象成逻辑资源,为应用程序提供虚拟的环境。常见的虚拟化应用场景有:虚拟内存、虚拟文件系统、虚拟设备驱动程序等。采用虚拟化技术能提高资源利用率,降低硬件成本,简化系统管理,提高可靠性和安全性。

操作系统中的虚拟技术一般有两种形式:时分复用技术和空分复用技术。

(1)时分复用技术指的是资源在时间上进行复用,不同程序并发使用多道程序,分时使用计算机的硬件资源,提高资源的利用率。时分复用技术在操作系统中的应用场景有:虚拟处理器技术,借助多道程序设计技术为每个程序建立进程,多个程序分时复用处理器;虚拟设备技术,将物理设备虚拟为多个逻辑设备,每个程序占用一个逻辑设备,多个程序通过逻辑设备并发访问,如虚拟打印机。

(2)空分复用技术是指利用空间的分割实现复用的一种方式。操作系统将空分复用技术用于对存储空间的管理,用来实现虚拟磁盘、虚拟内存等,以提高存储空间的利用率、提升编程效率。例如,虚拟磁盘技术将物理磁盘虚拟为多个逻辑磁盘,如C,D,E等逻辑磁盘,使用起来更加安全、方便;虚拟内存技术在逻辑上扩大程序的存储容量,使用比实际内存更大的容量,大大提升编程效率。假设某游戏需要4 GB的内存,聊天软件需要300 MB的内存,同时还在做备份工作,需要300 MB的内存,则这三件事情同时进行需要约4.6 GB的内存,可是计算机内存只有4 GB,若没有采用虚拟内存技术,则这三件事情不能同时进行,但操作系统具有的虚拟化,使得这三件事情能够顺利同时进行,让用户感觉自己的计算机内存变大了。

4. 异步性

异步性(asynchronism)也称为不确定性,在多道程序环境下,系统允许多个进程并发执行。在单处理机环境下,多个进程并发执行,即宏观上同时,微观上分时使用处理机,一次只能有一个进程被执行,其余进程只能处在就绪或等待状态。当正在执行的进程提出某种资源要求时,如打印请求,而此时打印机正在被其他进程占用,则正在执行的进程必须让出处理机,去排队等待打印机,直到打印机空闲,该进程方能继续执行。可见,在多道程序环境下,进程之间相互影响,进程的执行通常都以"停停走走"的方式运行,不可能"一气呵成"。也就是说,内存中每个进程在何时执行,何时暂停,以怎样的方式向前推进,每道程序总共需要多少时间才能完成,都是不可预知的。或者说,进程是运行在一种随机的环境下,以异步的方式运行的。

操作系统的异步性体现在如下两个方面。

(1)程序执行结果的不可再现性,即对同一程序使用相同的输入,在相同的环境下运行多次,却可能获得不同的结果(程序结果是不可再现的)。这个在操作系统中是不允许出现的,因此操作系统采用进程同步等措施,避免出现程序执行结果的不可再现性,即只要运行环境相同,作业经过多次运行,都会获得完全相同的结果。因此,在采用了进程同步措施后异步运行方式是允许的。

(2)程序执行时间的不可预知性,即每个程序何时执行,执行顺序及完成时间是不确定的。多道程序环境下程序的执行是以异步方式进行的,换言之,每个程序在何时执行,多个程序间的执行顺序及完成每道程序所需的时间都是不确定的,因此也是不可预知的。

3.3.2 操作系统的结构

操作系统的结构是指操作系统的构成结构。早期的操作系统规模很小,完全可以由一个程序员以手工方式,用几个月的时间编制出来。此时,编制程序基本上是一种技巧,操作系统是否有结构并不那么重要,重要的是程序员的程序设计技巧。随着操作系统规模的越来越大,其所具有的代码也越来越多,往往需要由数十人或数百人甚至更多的人参与,分工合作,共同来完成操作系统的设计。这时,应注重软件的开发方法和软件的结构,采用工程化的开发方法对大型软件进行开发。在操作系统的发展过程中,产生了多种多样的系统结构,几乎每一个操作系统在结构上都有自己的特点。从总体上看,根据出现的时间,操作系统结构依次可以分为单一结构、模块化结构、层次结构和微内核结构。

1. 单一结构

早期的操作系统规模小、简单且功能有限,此时开发操作系统时,设计者重视功能的实现和获得高的效率,采用无结构的简单结构,缺乏首尾一致的设计思想,当时的操作系统是为数众多的一组过程的集合,每个过程可以任意地相互调用,致使操作系统内部关系既复杂又混乱。因此,这种操作系统是单一结构的,也有人把它称为无结构、整体结构、简单结构。

这种早期的单一结构的最大优点就是结构简单、系统效率高,但缺点很突出,可读性差、可维护性差,若某一个过程出了问题需要修改,则与之存在调用关系的过程都要进行修改,有时为了修改系统中的错误甚至不如重新设计开发一个,存在核心组件没有保护、核心模块间关系复杂、可扩展性差、不适合大规模系统开发等问题。因此,这种早期的单一结构已经淘汰了。

2. 模块化结构

模块化结构是指将整个操作系统按功能划分为若干个模块,每个模块实现一个特定的功能。模块之间通过接口参数传递建立联系,设计时要注意模块的独立性和模块内部的高耦合性,模块的独立性即模块与模块之间的关联要尽可能地少,减少模块之间复杂的调用关系,使得操作系统的结构变得清晰;而模块内部的高耦合性是指内部关联要尽可能地紧密,使得每个模块都具备一定独立的功能。

模块化结构的操作系统较之无结构的单一操作系统具有以下优点:提高操作系统设计的正确性、可理解性和可维护性,增强操作系统的可适应性,加快了操作系统的开发。

模块化结构设计仍存在问题:一是设计操作系统时,对各模块间的接口规定很难满足在模块设计完成后对接口的实际需求;二是在操作系统设计阶段,设计者必须做出一系列的决定(决策),每一个决定必须建立在上一个决定的基础上,但模块化结构设计中,各模块的设计齐头并进,无法寻找一个可靠的决定顺序,造成各种决定的"无序性",这将使程序人员很难做到"设计中的每一个决定"都是建立在可靠的基础上。

3. 层次结构

层次结构是将系统按层次分解成若干部分,最底层是硬件裸机,一般把操作系统中需要直接和硬件通信的部分定义为最底层,其他各层依次建立在其底层基础之上,最高层是应用服务,即用户层。

层与层之间的调用关系严格遵守调用规则,每一层只能访问位于其下层所提供的服务,利用它的下层提供的服务来实现本层功能并为其上层提供服务,每一层不能访问位于其上层所提供的服务。采用层次结构简化了构造和调试,所选的层次要求每层只能调用更低层的功能和服务,自底向上逐层调试验证,把整体问题局部化。其缺点是效率低,模块之间必须建立通信机制,不可跨层调用,花费在通信上的开销较大,系统调用执行时间长,系统效率低。the 系统就是按此模型构造的第一个操作系统,由迪杰斯特拉(Dijkstra)和他的学生在荷兰的埃因霍温理工大学所开发的一个简单的批处理系统。

4. 微内核结构

微内核结构是在 20 世纪 90 年代发展起来的,是以客户机-服务器体系结构为基础、采用面向对象技术的结构,能有效地支持多处理器。当前比较流行的、能支持多处理机运行的操作系统,几乎全部都采用了微内核结构。因此,也有学者将微内核结构称为现代操作系统结构。

微内核结构又称为客户机/服务器结构。微内核运行在核心态,常驻内存,它尽可能多地从操作系统内核中去掉东西,只留下一个很小的内核,不是一个完整的操作系统,只是为构建通用操作系统提供基础,而由用户进程实现大多数操作系统的功能。

微内核操作系统由两大部分组成,即运行在核心态的内核和运行在用户态并以客户机-服务器方式运行的进程层。一般通过用户进程来实现操作系统所具备的各项功能,为了得到某项服务,如读一文件块,用户进程(客户机进程)可以将相关的请求和要求发送到服务器当中,然后由服务器完成相关的操作,最后通过某种渠道反馈给用户进程。

在微内核结构中,操作系统的内核主要工作就是对客户机和服务器之间的通信进行处理,在系统中包括许多部分,每一个部分均具备某一方面的功能,如文件服务、进程服务、终端服务等,这样的部分相对较小,相关的管理工作也较为便利。这种机构的服务运行都是以用户进程的形式呈现的,既不在核心中运行,也不直接对硬件进行访问,这样一来即使服务器发生错误或受到破坏也不会对系统整体造成影响。

微内核结构成为在分布式系统和网络环境下软件的一种主要工作模式,具有传统模式无法比拟的优点:

(1) 数据的分布处理和存储。由于客户机一般也具有处理和存储能力,可进行本地处理和数据的分布存储,因此不需要将一切数据都存放在主机上,提高了系统的可靠性和安全性。

(2) 较高的灵活性和可扩展性。

(3) 系统的可移植性好,微内核代码量比较少,适用于分布式环境。

微内核的缺点是用户空间和内核空间通信的系统开销增加,由于每次应用程序对服务器的调用都要经过两次核心态和用户态的切换,因此效率较低。

3.3.3 操作系统用户接口

操作系统是用户和计算机之间的接口,用户通过操作系统可以快速、有效和安全可靠地使用计算机各类资源。操作系统通常提供两类用户接口:程序级接口(程序接口)、命令级接口(联机用户接口和脱机用户接口)。

1. 程序级接口

程序级接口是操作系统为用户提供的接口之一,一般是指程序员在程序中通过程序接口来请求操作系统提供服务,由一组系统调用命令组成,程序员可以在程序中通过系统调用来完成对外部设备的请求,进行文件操作,分配或回收内存等各种控制要求。所谓系统调用,就是调用操作系统中的子程序,属于一种特殊的过程调用。

2. 命令级接口

命令级接口又分为联机用户方式(命令方式)和命令文件方式。

联机用户方式指用户通过控制台或终端(如鼠标、键盘),采用人机会话的方式,直接控制运行。也就是通过逐条输入命令语句,经解释后执行,这些命令通常包括系统管理、环境设置、编辑修改、编译、连接和运行命令、文件管理命令、操作员专用命令(执行权限管理)、通信、资源要求等。联机命令的输入可以通过键盘输入,但在图形用户界面中往往是通过鼠标来完成的。

命令文件方式是指操作系统通过执行命令文件的命令完成相应任务,命令文件一般由一组键盘命令组成。用户通过控制台(如键盘)键入操作命令,形成命令文件,再向系统提出执行请求。该组操作命令由命令解释系统进行解释执行,完成指定的操作,如批处理文件(扩展名为 BAT)。

3.4 典型操作系统介绍

3.4.1 DOS

磁盘操作系统(disk operating system,DOS)是一种单用户单任务的操作系统,简单易学,通用性强,是 20 世纪 80 年代至 90 年代前期微型计算机上最流行的操作系统。

常见的 DOS 有两种:IBM 的 PC-DOS 和微软公司的 MS-DOS,它们的功能、命令用途格式都相同,我们常用的是 MS-DOS。

自从 DOS 在 1981 年问世以来,版本就不断更新,从最初的 DOS 1.0 升级到了最新的 DOS 8.0(Windows ME 系统),纯 DOS 的最高版本为 DOS 6.22,这以后的新版本 DOS 都是由 Windows 系统所提供的,并不单独存在,且现已基本被淘汰。

3.4.2 Windows 操作系统

Window 的中文意思是"窗口",Windows 是 Window 的复数形式,表示多个窗口。Windows 这个名字形象地说明了 Windows 操作系统是由多个窗口组成的。Windows 是一种多任务多进程的操作系统,它提供了一个基于鼠标和图标、菜单选择的图形用户界面(graphical user interface,GUI),允许用户同时打开和使用多个应用程序,使得计算机的使用变得更容易、更直观。随着硬件功能越来越强,GUI 越来越流行,后续的 Windows 版本越来越多地取代了 DOS,使得环境和操作系统之间的差别变得越来越模糊。早期版本 Windows 的安装运行要在 DOS 的支持下进行,其功能有点像一个增强的 DOS 操作环境,但 Windows 95 之后,Windows 根本不依赖 DOS 来进行管理内存、连接设备、文件操作,成为真正独立的操作系统。

从 1985 年 5 月诞生第一个 Windows 操作系统 Windows 1.0 以来,Windows 的版本经历了 1.0,2.0,3.0,3.1,3.2 到 Windows 95,98,NT,2000,Me,XP,7,10,11 等多个版本的发展,最新的系统为 Windows 11,成为当前使用最广泛的操作系统之一。

3.4.3 UNIX 操作系统

UNIX 操作系统是一个支持多任务、多用户、多进程的分时操作系统,它既具有多道批处理功能,又具有分时系统功能,是工作站高档微机的标准操作系统。UNIX 操作系统是在美国麻省理工学院(MIT)开发的分时操作系统 Multics 的基础上不断演变而来的,它原是 MIT 和贝尔实验室等为美国国防部研制的。UNIX 出色的设计思想与实现技术在理论界有着广泛而深入的影响,以运行时的安全性、可靠性及强大的计算能力赢得广大用户的信赖,许多重要的软件公司相继推出了自己的 UNIX 版本,目前主要用于工程应用和科学计算等领域。

3.4.4 移动操作系统

1. iOS

iOS(iphone operating system)是由苹果公司开发的移动终端操作系统,最初是设计给苹果手机 iPhone 使用的,后来陆续套用到 iPod touch、iPad 及 Apple TV 等产品上。iOS 与 MacOS 操作系统一样,属于类 UNIX 的商业操作系统。

2. Android

Android 是一种基于 Linux 的自由基开放源代码的操作系统,主要使用于移动设备,如智能手机和平板电脑,由 Google 和开放手机联盟领导及开发。

3. 华为鸿蒙系统

华为鸿蒙系统(HUAWEI HarmonyOS),是华为公司在 2019 年 8 月 9 日于东莞市举行华为开发者大会上正式发布的操作系统。

华为鸿蒙系统是一款全新的面向全场景的分布式操作系统,创造一个超级虚拟终端互联的世界,将人、设备、场景有机地联系在一起,将消费者在全场景生活中接触的多种智能终端实现极速发现、极速连接、硬件互助、资源共享,用合适的设备提供场景体验。

3.4.5 麒麟软件

麒麟软件有限公司(简称麒麟软件)是中国电子旗下科技企业,由天津麒麟信息技术有限公司和中标软件有限公司整合而成。

麒麟软件以安全可信操作系统技术为核心,面向通用和专用领域打造安全创新操作系统产品,现已形成服务器操作系统、桌面操作系统、嵌入式操作系统、智能终端操作系统等为代表的产品线,达到国内最高的安全等级,全面支持飞腾、鲲鹏、龙芯等国产主流 CPU,在系统安全、稳定可靠、好用易用和整体性能等方面具有领先优势,并为党政、国防、行业信息化及国家重大工程建设提供安全可靠的操作系统支撑。根据赛迪顾问统计,麒麟软件旗下操作系统产品连续 12 年位列中国 Linux 市场占有率第一名。

麒麟软件注重核心技术创新,2018 年荣获"国家科技进步一等奖",2020 年发布的银河麒麟操作系统 V10 被国资委评为"2020 年度央企十大国之重器",相关新闻入选中央广播电视总台"2020 年度国内十大科技新闻",2021 年麒麟操作系统入选央视《信物百年》纪录片,2022 年入选工信部"2022 年国家技术创新示范企业",2023 年麒麟软件有限公司技术中心被国家发改委、科技部、财政部、海关总署、税务总局共同认定为"国家企业技术中心分中心",入选国资委"创建世界一流专精特新示范企业"。麒麟软件荣获"中国电力科学技术进步奖一等奖""水力发电科学技术奖一等奖""中国版权金奖·推广运用奖"等国家级、省部级和行业奖项 600 余个,并被授予"国家规划布局内重点软件企业""国家高技术产业化示范工程""科改示范行动企业""国有重点企业管理标杆创建行动标杆企业"等称号。通过 CMMI 5 级评估,现有博士后工作站、省部级企业技术中心、省部级基础软件工程中心等,先后申请专利 799 项,其中授权专利 378 项,登记软件著作权 619 项,主持和参与起草国家、行业、联盟技术标准 70 余项。

麒麟软件高度重视生态体系建设,与众多软硬件厂商、集成商建立长期合作伙伴关系,建设完整的自主创新生态链,为国家网信领域安全创新提供有力支撑。截至2023年12月18日,麒麟软件已与12 400多家厂商建立合作,完成超403万项软硬件兼容适配,生态适配官网累计注册用户数超5.7万人。

麒麟软件积极贯彻人才是第一资源的理念,以麒麟软件教育发展中心为组织平台,联合政产学研各方力量,探索中国特色的网信人才培养模式,目前已形成了源自麒麟操作系统的"5序"课程体系、教材体系、认证体系、师资体系、平台体系,并与工信部教育与考试中心联合推出"百城百万"操作系统培训专项行动,持续为我国培养各类操作系统专业人才。

在开源建设方面,成立桌面操作系统根社区openKylin,旨在以"共创"为核心、以"开源聚力、共创未来"为社区理念,在开源、自愿、平等、协作的基础上,通过开源、开放的方式与企业构建合作伙伴生态体系,共同打造桌面操作系统顶级社区,推动Linux开源技术及其软硬件生态繁荣发展。从2022年开始,openKylin连续两年获评中国信通院"先进级可信开源社区",并于2023年7月发布中国首个桌面开源根操作系统openKylin 1.0。此外,麒麟软件正式成为开放原子开源基金会白金捐赠人;作为openEuler开源社区发起者,以Maintainer身份承担80个项目,除华为公司外贡献第一;在OpenStack社区贡献位列国内第一、全球第三。

3.4.6 银河麒麟桌面操作系统

银河麒麟桌面操作系统V10(以下简称银河麒麟桌面V10)是一款适配国产软硬件平台并深入优化和创新的简单易用、稳定高效、安全可靠的新一代图形化桌面操作系统;实现了同源支持飞腾、龙芯、申威、兆芯、海光、鲲鹏、海思麒麟等国产处理器平台和Intel,AMD等国际主流处理器平台;界面风格和交互设计全新升级,提供更好的硬件兼容性。系统融入更多企业级使用场景,增加多种触控手势和统一认证方式,自研应用和工具软件全面提升,让办公更加高效;注重移动设备协同,优化驱动管理,引入可信安全计算体系,封装系统级SDK,操作简便,上手快速。

银河麒麟桌面V10是一款面向桌面应用的图形化操作系统,其大幅度优化桌面空间,提供丰富的系统环境及应用工具,使桌面办公更加高效,项目开发更加流畅,通过硬件差异屏蔽、软件接口封装,保证了各国产处理器平台下使用体验和环境的一致性。

银河麒麟桌面V10提供了更好的硬件兼容性,支持更多有线和无线网卡、新型号显卡及20多万款外设,包括打印机、扫描仪、投影仪、摄像头、4K高清屏、触摸屏等各类外部设备和特种设备。

此外,银河麒麟桌面V10配备了完善的开发工具,提供了良好的开发环境,支持主流编程语言,并提供了大量的开发库,同时支持国产数据库和中间件,封装系统级SDK,更好地支撑项目的开发工作。

银河麒麟桌面V10深层挖掘用户操作习惯,对桌面环境进行了设计创新。系统在桌面登录、电源管理、系统应用等融入新的设计风格,在保持界面美观的同时,最大程度上优化交互体验。

银河麒麟桌面V10具有丰富的系统自研应用,从功能性、易用性最大化提升用户体验性。支持多种格式的图片预览和打印,截图方式多样,支持简单高效的跨屏截图、延迟截图功能,音频可裁剪后自定义输出。系统文件管理器操作简单,交互丰富。移动设备融合和触控手势的加入增强了系统的多样性,新增自研打印机应用,覆盖更多办公场景。

3.5 桌面操作系统的一般操作

3.5.1 操作系统的启动及设置

1. 登录

接通电源,按下计算机开机键,启动计算机后即可进入操作系统界面。一般操作系统会根据用户设置系统情况,默认选择自动登录或停留在登录窗口等待登录。通常可以在系统安装时设置用户名和密码,启动计算机后,系统会提示输入密码,即系统中已创建的用户名和密码,用户选择登录用户,并输入正确的密码,单击"登录"按钮即可进入操作系统使用界面。单击"隐藏/取消隐藏"按钮即可实现密码隐藏/显示。

2. 桌面环境

登录后显示的屏幕区域被称之为桌面(desktop),桌面是用户工作的台面,正如日常的办公桌面一样,我们将常用的程序或文件以图标的方式放在桌面上,可以通过外置的鼠标和键盘对操作系统进行基本的操作,如新建文件、排列文件、打开终端、设置壁纸和屏保等,还可以向桌面添加应用的快捷方式等。

一般操作系统的初始桌面都会比较简洁,如银河麒麟初始桌面由图标、任务栏、桌面背景组成,默认放置了计算机、回收站、主文件夹三个图标,鼠标左键双击即可打开。

3. 电源按钮

在电视机、数码相机、投影仪等很多设备上都能看到⏻标识,⏻是"电源"按钮。在计算机中,除了主机上有"电源"按钮外,操作系统中也有一个"电源"按钮,一般都会放在"开始"菜单里。通过单击"电源"按钮能够实现对当前桌面操作系统电源状态及当前账户状态的修改。一般操作系统能提供多种关闭当前系统的方式:切换用户、休眠、睡眠、锁屏、注销、重启、关机等,不同操作系统可能略有不同。

(1)切换用户:用另一个用户身份来登录计算机,不需要重新启动操作系统。

(2)休眠:系统会自动将内存中的数据全部转存到硬盘上一个休眠文件中,然后切断对所有设备的供电,这样在重新唤醒计算机的时候,系统会从硬盘上将休眠文件的内容直接读入内存,并恢复到休眠之前的状态。休眠唤醒需要通过电源键或休眠键。

(3)睡眠:睡眠状态时,将切断除内存外其他配件的电源,工作状态的数据将保存在内存中,这样在重新唤醒计算机时,就可以快速恢复睡眠前的工作状态。如果用户需要短时间离开,那么可以使用睡眠功能。睡眠唤醒可以通过键盘、鼠标、休眠键或电源键。

(4)锁屏:当用户暂时不需要使用计算机时,可以选择锁屏(不会影响系统当前的运行状态),防止误操作。当用户返回后,输入密码即可重新进入系统。在默认设置下,系统在一段空闲时间后,将自动锁定屏幕。

(5)注销:退出当前使用的用户,并且返回至用户登录位置,主要用于使用其他用户账户登录时的场景。

(6)重启:退出登录并重启计算机。

(7)关机:退出登录并关闭计算机。
4. 系统设置
为了使计算机运行更加高效和稳定,可以对系统的一些设置进行优化或做一些个性化的设置。设置图标一般为齿轮状图标⚙,一般操作系统的设置按钮都在"开始"菜单里,单击"⚙"按钮即可打开设置窗口。用户可通过系统设置来优化系统的基本设置,包括硬件设置、软件设置、网络设置等。具体来说包括系统、设备、网络和 Internet、个性化、账户、时间和语言、更新和安全、应用、搜索等。

(1)系统:可以进行显示、声音、电源和睡眠、通知和操作、远程桌面等的基础配置,也可以在"关于"中查看系统概述。

(2)设备:可以进行硬件的维护和管理,包括打印机和扫描仪、鼠标、蓝牙和其他设备、输入、自动播放、USB 等。

(3)网络和 Internet:可以对状态、以太网、拨号、VPN、代理等的相关配置进行管理。用户可以创建、更改、删除网络连接或代理,或将本机网络连接通过热点方式供其他设备连接使用。

(4)个性化:可以进行背景、颜色、锁屏界面、主题、字体、开始、任务栏等的相关配置。

(5)账户:可以进行账户信息、电子邮件和账户、登录选项、其他用户等的相关配置。

(6)时间和语言:系统提供时区、时间、日期的显示和设置,方便随时查看时间和日期。在桌面右下角任务栏中实时显示日期和时间,如需要修改,用户可以右击桌面右下角任务栏中的"日期和时间"弹出快捷菜单,选择"调整时间/日期"选项,弹出"日期和时间"对话框进入设置。或者在"设置"对话框中选择"时间和语言"选项,弹出"日期和时间"对话框进入设置。

(7)更新和安全:可以进行系统更新、备份、激活等的相关配置。

(8)应用:可以管理开启自启应用,以及设置默认应用。

(9)搜索:桌面提供系统级搜索服务,用户可以在搜索框中创建索引以快速获取搜索结果,可高效、便捷地查找到目标文件、应用、设置和网页等,支持设置默认互联网搜索引擎、创建搜索索引、排除文件夹等。

3.5.2 鼠标和键盘的基本操作方法

鼠标和键盘是现代计算机系统中最重要的输入设备,在操作系统中用户主要通过它们对计算机进行操作。

1. 鼠标操作
常用的鼠标操作有以下几种。

单击(默认是左键):当鼠标指针移到某个目标上时,按一下鼠标左键。此操作常用来选中目标,选中的对象会以不同的颜色显示。

右击:鼠标指针指向一个对象时,按一下鼠标右键。此操作往往可以弹出与此对象相关的快捷菜单,该菜单又称为弹出菜单。

双击(默认是左键):鼠标指针指向一个对象时,连续快速地按两次鼠标左键。此操作常用来打开对象。"打开"的含义可能是展开一个文件夹,也可能是执行一个程序或打开一个文档。

拖动(默认是左键):鼠标指针指向一个对象时,按下鼠标左键,不松开,然后移动鼠标,到一个新位置后,松开鼠标左键。此操作常用来复制/移动对象,或者调整窗口的边框。

转动滚轮:使窗口区内容上下移动。

标准鼠标指针通过不同的形状表示正处于不同的状态，表 3-1 列出了常见的鼠标指针形状及含义。

表 3-1　常见的鼠标指针形状及含义

鼠标形状	含义	鼠标形状	含义
I	文字选择	↕	调整垂直大小
↖	标准选择	↔	调整水平大小
↖?	帮助选择	↘	对角线调整 1
↖⌛	后台操作	↗	对角线调整 2
⌛	忙	✥	移动

2. 键盘操作

键盘的主要功能是向计算机输入数字、字母和各种控制命令等，文字输入主要是用键盘的字符键部分，对系统的操作和控制则主要是用各功能键及键的组合。这些能完成一定功能的键的组合称为快捷键，是快速操作、控制系统、提高使用效率的有效手段。常用的快捷键如表 3-2 所示。

表 3-2　常用的快捷键

快捷键	功能
Ctrl+A	选中全部内容
Ctrl+C	复制
Ctrl+X	剪切
Ctrl+V	粘贴
Ctrl+F4	在允许同时打开多个文档的程序中关闭当前文档
Ctrl+Z	撤销
Ctrl+→	将插入点移动到下一个单词的起始处
Ctrl+Esc	显示"开始"菜单
Ctrl+←	将插入点移动到前一个单词的起始处
Ctrl+↓	将插入点移动到下一段落的起始处
Ctrl+↑	将插入点移动到前一段落的起始处
Alt+Tab	在打开的项目之间切换
Alt+Esc	以项目打开的顺序循环切换
Alt+Space	显示当前窗口的控制菜单
Alt+Enter	在操作系统下查看所选项目的属性
Alt+菜单名中带下画线的字母	显示相应的菜单
Alt+F4	关闭当前项目或退出当前程序

续表

快捷键	功能
Ctrl+Shift+任何箭头键	选定一块文本
Delete	删除所选择的项目,如果是文件,将其放入"回收站"
Shift+Delete	永久删除,即直接删除所选项目
拖动某一项时按 Ctrl+Shift	创建所选项目的快捷方式
Shift+F10	显示所选项目的快捷菜单
Shift+任何箭头键	在窗口或桌面上选择连续的多项,或者选中文档中的文本
向右键	选择下一项目或打开右边的下一菜单,或者打开子菜单
向左键	选择上一项目或打开左边的下一菜单,或者关闭子菜单
F1	显示当前程序或操作系统的帮助内容
F2	在操作系统下重新命名所选项目
F3	在操作系统下搜索文件或文件夹
F4	显示"地址栏"列表
F5	刷新当前窗口
F6	在窗口或桌面上循环切换屏幕元素
F10	激活当前程序中的菜单条
退格键	查看上一层文件夹
Esc	取消当前任务

以前使用的键盘都是标准化的 101/102 键盘,随着操作系统的发展,且为网络和其他需要,目前键盘上一般都增加了两个窗口键([Windows]键,简称[Win]键)和一个应用程序键([Application]键)。应用程序键的主要功能是显示所选项目的快捷菜单,窗口键的主要用法如表 3-3 所示。

表 3-3　窗口键的主要用法

快捷键	功能
Win	显示或隐藏"开始"菜单
Win+Break	显示"系统属性"对话框
Win+E	打开"计算机"(文件资源管理器方式)
Win+F	搜索文件或文件夹
Ctrl+Win+F	搜索计算机
Win+R	打开"运行"对话框
Win+Tab	在打开的项目之间切换
Win+M	最小化所有被打开的窗口
Win+D	打开桌面

3.5.3 桌面操作系统基本元素

1. 桌面

在安装好操作系统后,第一次登录系统时,看到的是一个非常简洁的画面。用户也可以将常用的程序或文件等对象的图标(通常是用来打开各种程序和文件的快捷方式)放置在桌面上。

若对系统默认的桌面主题、壁纸并不满意,可以通过对应的选项设置,进行个性定制,一般方法是在桌面空白处右击,选择快捷菜单中的"个性化"命令,可进入桌面布局和主题信息设置中。

在桌面上添加图标最方便的是用拖动的方法,即可以将经常使用的程序、文件和文件夹等对象拖放到桌面上,以建立新的桌面对象。

在桌面空白处右击,可以调出桌面快捷菜单,如图 3-3 所示,可简单快捷地执行部分操作。桌面快捷菜单操作选项说明如表 3-4 所示。

图 3-3 桌面快捷菜单

表 3-4 桌面快捷菜单操作选项说明

选项	说明
在新窗口中打开	在新窗口打开当前指定的文件或目录
全选	将当前目录的文件全部选中
新建	新建文件夹、空文本或文档等
视图类型	提供四种视图类型:小图标、中图标、大图标、超大图标
排序方式	提供多种图标排序的方式
刷新	刷新当前界面
打开终端	打开终端软件
设置背景	快捷打开设置,可以进行背景的相关设置
显示设置	快捷打开设置,可以进行显示器的相关设置

2. 图标

图标是指操作系统中各种构成元素的图形表示,这些构成元素包括应用程序、磁盘、文件夹、文件、快捷方式等,即操作系统将各个程序和文件用一个个生动形象的小图片来表示,这样就可以很方便地通过图标辨别程序的类型,进行一些复杂的文件操作,如复制、移动、删除文件等。

如果要运行某个程序,需要先找到程序的图标,然后移动鼠标至图标上双击即可。如果要对文件进行管理,如复制、删除或移动,则必须先选定该文件的图标,方法是移动鼠标到图标上单击,使该图标高亮显示,表示该图标被选中。常用图标有计算机、回收站、网络等。

1)计算机

计算机是操作系统用来管理文件与文件夹的应用程序。

选中"计算机"图标,右击并选择"属性"选项,可以查看当前系统版本、内核版本、激活状态等相关信息。

双击桌面上的"计算机"图标即可启动"计算机"。使用"计算机"可以查看计算机上的所有内容,如浏览文件与文件夹,新建、复制、移动、删除文件与文件夹,查看网络系统中其他计算机及磁盘驱动器中的内容等。

2)回收站

回收站是操作系统为有效地管理已删除文件而准备的应用程序,用于存放所有被删除的文件或文件夹等。当用户为释放磁盘空间,将那些不再使用的旧文件、临时文件和备份文件删除时,系统会把它们放入桌面上的"回收站"中。放入"回收站"中的文件或文件夹并没有真正被清除,只是做好了被清除的准备。如果用户又改变主意,那么可以使用"回收站"恢复误删除的文件。如果用户确实想删除某些文件或文件夹,那么可以使用"清空回收站"命令,真正释放磁盘空间。双击桌面上的"回收站"图标,即可打开"回收站"。

3)网络

网络是用户计算机所处的外部环境,它能提供给用户各种不同类型的服务。通过"网上邻居"可以浏览工作组中的计算机和网上的全部计算机及它们中存储的文件和文件夹,可以知道哪些计算机和网络资源对自己有效。双击"网络"图标,即可打开它的窗口,从中可查找自己需要的内容。

3. 图标排列和大小

桌面上的图标可以自动排序,也可以选择按名称、修改日期、项目类型、大小等方式重新排列桌面上的图标,只要在排序方式中进行选择就可以了。选择方法是在桌面空白处右击,选择"排序方式"命令。一般操作系统提供的四种排序方式排序如下。

(1)名称:文件将按文件的名称顺序显示;

(2)修改日期:文件将按最近一次的修改日期顺序显示;

(3)项目类型:文件将按项目的类型顺序显示;

(4)文件大小:文件将按文件的大小顺序显示。

桌面上的图标大小也可以进行调节,不同系统提供的不尽相同,如麒麟系统默认提供四种图标大小的设置,分别为小图标、中图标(默认)、大图标和超大图标。在左面空白处右击,弹出快捷菜单,选择"视图类型"命令,会出现"小图标""中图标""大图标""超大图标"四个选项,从中选择一个合适的图标大小即可完成操作。在 Windows 操作系统中,右击桌面空白处,在快捷菜单中选择"查看"命令,可以选择"大图标""中等图标"或"小图标"方式显示,当"自动排列图标"命令的前面有"√"时,表示可以在桌面上自动排列图标。

移动图标位置的方法:将鼠标悬停在应用图标上,按住鼠标左键不放,将应用图标拖拽到指定的位置后松开鼠标左键释放图标即可。

4. 删除桌面图标

要删除桌面上的对象,可以右击相应的图标,然后在弹出的快捷菜单中选择"删除"命令。也可以将需要删除的图标直接拖放到桌面上的"回收站",或者是选中要删除的对象后按键盘上的[Delete]键。

5. 任务栏

在大多数操作系统中,任务栏就是指位于桌面底部的长条,主要用于查看系统启动应用、系统托盘图标。操作系统的任务栏一般默认放置"开始"菜单、显示任务视图、文件资源管理器、系统托盘图标等。在任务栏可以打开"开始"菜单、显示桌面、进入工作区,对应用程序进行打开、新建、关闭、强制退出等操作,还可以设置输入法、调节音量、连接网络、查看日历、进行搜索、进入关机界面等。任务栏主要元素如表3-5所示。

表3-5 任务栏主要元素

名称	描述
"开始"菜单	启动菜单,查看系统应用
显示任务视图	显示多任务视图,切换多个桌面窗口
文件资源管理器	文件及文件夹管理
搜索	创建索引来快速获取搜索结果
键盘	切换键盘输入法/输入语言
网络设置	设置网络连接
侧边栏	系统通知中心、剪切板、小插件
声音	调节声音大小
夜间模式	开启/关闭系统夜间模式

在进入系统后一般操作系统会自动显示任务栏,为了便于工作或追求个性等,用户可以对任务栏进行一些重新设置。

6. "开始"菜单

"开始"菜单是操作系统GUI的基本部分,是使用系统的"起点",可以称为操作系统的中央控制区域,存放了设置系统的绝大多数命令,而且还可以通过"开始"菜单查看并管理系统中已安装的所有应用,在菜单中使用分类导航或搜索功能可以快速定位应用程序。

"开始"菜单有大窗口和小窗口两种模式,两种模式均支持搜索应用、设置快捷方式等操作。单击"开始"菜单界面右上角的图标可以切换模式。

操作系统中,在默认状态下"开始"按钮位于屏幕的左下方。在桌面上单击此标识,即可打开"开始"菜单。

1) 查找应用

在"开始"菜单中,可以使用鼠标滚轮或切换分类导航查找应用。如果已知应用名称,可以直接在搜索框中输入应用名称或关键字快速定位。

2) 运行应用

对于已经创建了桌面快捷方式或固定到任务栏上的应用,可以通过以下途径来打开该应用。

(1) 双击桌面图标,或者右击桌面图标选择打开。
(2) 直接单击任务栏上的应用图标,或者右击任务栏上的应用图标选择打开。
(3) 单击打开"开始"菜单后,直接单击应用图标打开,或者右击应用图标选择打开。

3.5.4 窗口

在图形化操作系统中所有的程序都是运行在一个框内,在这个框内集成了诸多的元素,这个方框就叫作窗口。用户的操作是以窗口为主体进行的,窗口尤其是文件资源管理器窗口一直是用户和计算机中文件进行操作的重要通道。虽然在不同操作系统下不同的程序和文档可能会打开不同的窗口,但窗口具有通用性,窗口的外观和操作方法都是基本相同的。

1. 窗口的组成

窗口一般由标题栏、菜单栏、工具栏、状态栏、滚动条等组成,不同操作系统的窗口结构可能略有不同,同一操作系统环境下,不同程序和文档打开的窗口也可能不同。图3-4所示是文档编辑窗口。

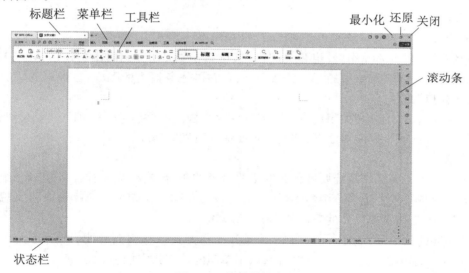

图3-4 文档编辑窗口

在"文件资源管理器"窗口的左上角,一般有"前进"与"后退"按钮,以及路径框,不仅给出当前目录的位置,其中的各项均可选择,帮助用户直接定位到相应文件夹下,而且在窗口的右上方,一般还有功能强大的搜索框,在其中可以输入任何想要查询的搜索项进行搜索。

2. 窗口的基本操作

1) 打开窗口

打开窗口的方法主要有:双击需要打开的窗口图标,或者右击对象,在快捷菜单中选择"打开"命令。

2) 移动窗口

将鼠标移动到窗口标题栏,然后按住鼠标左键不放移动鼠标,当移动到合适的位置时释放鼠标左键,那么窗口就会出现在这个位置。需要注意的是,窗口最大化状态时不可移动。

3) 调整窗口大小

单击"最大化"按钮,可以使活动窗口扩展到整个屏幕,此时该按钮变为"还原"按钮,单击恢复窗口到原始大小。单击"最小化"按钮■,将窗口以图标形式排列在"任务栏"上。需要还原窗口时,可单击任务栏上的图标。当鼠标光标移动到边框或边角时,鼠标光标会变成双箭头,此时对边框或边角进行拖动操作,可以改变窗口的大小。

另外,当窗口最大化时,双击标题栏可使窗口还原,反之可使其最大化。单击窗口左上角的控制菜单,弹出控制菜单,也可通过该控制菜单对窗口进行调整。

4) 切换窗口

如果有多个窗口同时被打开,那么最多只能有一个处在活动状态,其标题栏通常呈现鲜艳的颜色。改变活动窗口进行窗口切换的办法有多种:

(1) 单击任务栏上的图标,可以很方便地实现活动窗口的切换。

(2) 单击某个窗口的可见部分,把它变换为活动窗口。

(3) 按下[Alt+Tab]快捷键,屏幕上出现"切换任务栏"窗口,其中列出了当前正在运行的窗口。保持[Alt]键,按[Tab]键从"切换任务栏"中选择一个窗口,选中后再松开这两个键,所选窗口即成为当前窗口。

5) 关闭窗口

用户完成对窗口的操作后,想要关闭窗口,可单击"关闭"按钮✖或使用[Alt+F4]快捷键,也可以选择"文件"菜单中的"关闭"命令,或者右击任务栏上的图标,在弹出的快捷菜单中选择"关闭窗口"命令。

对于文档窗口,用户在关闭窗口之前需要保存文档。如果忘记保存,那么当执行"关闭"命令时,系统会弹出一个提醒对话框,询问是否要保存所做的修改。

3. 菜单

菜单是一组告诉操作系统要做什么的相关命令的集合,这些命令往往以逻辑分组的形式进行组织。要从菜单上选择一个命令,只要单击该命令即可。如果不选择命令且又想关菜单,那么可以单击该菜单以外的空白处或按[Esc]键。

虽然不同的菜单项代表不同的命令,但是其操作方式却有相似之处。操作系统为了方便用户识别,为菜单项加上了某些特殊标记,对菜单项的使用约定如表 3-6 所示。

表 3-6 菜单项的使用约定

菜单项	说明
黑色字符	正常的菜单项,表示可以选用
暗淡字符	变灰的菜单项,表示当前不可选用
后面带省略号"…"	执行命令后会打开一个对话框,供用户输入信息或修改设置
后面带三角"▶"	级联菜单项。表示含有下级菜单,鼠标指向或单击,会打开一个子菜单
分组线	菜单项之间的分隔线条,通常按功能将一个菜单分为若干组
前面带符号"●"	选择标记。在分组菜单中,有且仅有一个选项标有"●",表示被选中
前有符号"√"	选择标记。"√"表示命令有效,再次单击可删除标记,表示命令无效
后面带快捷键	用快捷键可以直接执行菜单命令,如按[Ctrl+V]快捷键可以执行粘贴命令

4. 对话框

对话框是系统与用户进行信息交流的界面,使用对话框来显示一些附加信息或警告信息,或者解释没有完成操作的原因。为了获得用户必要的操作信息,操作系统通过对话框向用户提问,用户通过对选项的选择、属性的设置或修改,完成必要的交互性操作。对话框的组成说明如表3-7所示。

表3-7 对话框的组成说明

对象	说明
标题栏	位于对话框的顶部,左端显示对话框的名称,右端为"关闭"按钮,大部分对话框还有一个"帮助"按钮
选项卡	紧挨标题栏下面,用来选择对话框中某一组功能,如"常规""编辑"等
单选按钮	多选一,用来在一组选项中选择一个,且只能选择一个,被选中的按钮中央出现一个圆点
复选框	用于列出可以选择的项目,可以根据需要选择一个或多个,被选中的复选框中显示"√"标记,单击可取消选择
文本框	用于输入文本和数字,通常在右端有一个下拉按钮。可直接输入,或者从下拉列表中选取预选的文本或数字
列表框	列表框提供了对应于某项设置的若干选项,当其中的内容不能全部列出时,系统会自动显示滚动条。用户不能修改其中的选项
下拉列表框	下拉列表框与列表框的作用相同,但可以节省屏幕空间。单击下拉列表按钮,可在列表中选择设置。与带有下拉按钮的文本框不同,下拉列表框不提供输入和修改功能
命令按钮	执行一个命令。如果命令按钮呈暗淡色,那么表示当前不可选用。按钮名称后有"…",表示将打开新的对话框。常见的命令按钮是"确定""取消"和"应用"

3.5.5 中文输入

一般操作系统中都会提供多种汉字输入法,在系统安装时会预装拼音输入法等。可以根据使用习惯选择一种汉字输入法,也可以安装喜欢用的其他输入法。

1. 汉字输入法热键

操作系统安装完成后,系统会自动设置若干输入法热键,下面是系统设置的三种常用操作热键。

(1)[Ctrl+Space]:输入法/非输入法切换(实际操作中可用来切换中文/英文输入)。

(2)[Shift+Space]:全角/半角切换。

(3)[Ctrl+.(句点)]:中文/英文标点符号切换。

2. 输入法设置及添加

如果要添加一种新的输入法,不同操作系统略有不同,一般都可在"开始"菜单中单击"设置"按钮,打开"设置"窗口,从中选择"时间和语言"对话框;也有的操作系统是在"设置"窗口里的"键盘"选项卡中选择"输入法设置",在该对话框中可以添加新的输入法,也可以进行默认输入法的设置。

"输入法设置"窗口中,可以进行添加/删除输入法、设置输入法顺序和全局配置的操作。

在输入法列表中,单击底部的"＋"可以选择并添加其他输入法;单击"－"可删除输入法;单击"↑"或"↓"可以设置输入法顺序。

在"全局配置"窗口中,可以设置切换输入法的快捷键,默认输入法状态等配置。

3. 中文标点的输入

中文标点和英文标点是不同的,在键盘上是看不到中文标点符号对应的键位的。中文输入法虽然有很多种,但不同的输入法中的中文标点符号在键盘上的键位却是差不多的。若要输入中文标点,必须使当前输入法处于中文标点输入状态,即"中/英文标点"按钮应显示为 。

表 3-8 列出了中文标点在键盘上的对应位置。

表 3-8 中文标点键位表

标点	名称	键位	说明	标点	名称	键位	说明
。	句号	.		)	右括号	)	
,	逗号	,		〈《	单、双书名号	<	自动嵌套
;	分号	;		〉》	单、双书名号	>	自动嵌套
:	冒号	:		……	省略号	^	双符处理
?	问号	?		——	破折号	-	双符处理
!	惊叹号	!		、	顿号	\	
""	双引号	"	自动配对	·	间隔号	@	
''	单引号	'	自动配对	—	连接号	&	
(	左括号	(		¥	人民币符号	$	

3.6 软件资源的管理

计算机中的软件资源都是以文件的形式存放在外存上的,文件是操作系统中用来存储和管理信息的基本单位,是指记录在存储介质(如磁盘、光盘和磁带)上的一组相关信息的集合。我们的文档,用计算机语言编写的程序,以及进入计算机的各种多媒体信息,如声音、图像、动画等,都是以文件的方式存放在计算机中的。为了区分磁盘上各个不同的文件,必须给每个文件取一个确定的名字,即文件名,用户通过操作系统中的文件系统对软件资源进行管理,通过文件操作实现文件的建立、存储、打开、关闭和删除等。

文件系统是操作系统中以文件方式管理计算机软件资源的软件和被管理的文件与数据结构的集合。从系统角度来看,文件系统是对文件存储器的存储空间进行组织、分配和回收,负责文件的存储、检索、共享和保护。从用户角度来看,文件系统主要是实现"按名取存",文件系统的用户只要知道所需文件的文件名,就可存取文件中的信息,而无须知道这些文件究竟存放在什么地方。

3.6.1 文件名

1. 文件和文件夹的概念

文件就是用户赋予了名字并存储在外部介质上的信息的集合,它可以是用户创建的文档,也可以是可执行的应用程序或一张图片、一段声音等。

文件夹相当于存放文件的容器,是系统组织和管理文件的一种形式,是为了方便用户查找、维护而设置的,如同文件袋。用户可以建立文件夹,然后将文件分门别类地放在各个文件夹中,目的是方便查找和管理。可以在任何一个盘中建立一个或多个文件夹,在一个文件夹下还可以再建多级文件夹,一级接一级,逐级进入,有条理地存放文件。在有的操作系统如UNIX中文件夹又称为文件目录。

2. 文件和文件夹的命名

任何一个文件都有文件名。文件全名是由盘符、路径、文件主名、文件扩展名四部分组成,其格式为[盘符:][路径]〈文件主名〉[.文件扩展名],如 E:\学生管理系统\readme.doc。

操作系统中可使用长文件名,文件名包括两个部分:文件主名和文件扩展名。

(1)文件主名:建议使用描述性的名称作为文件主名,可让用户不需要打开文件,就知道文件的内容和用途。

(2)文件扩展名:最后一个"."后的部分,用以标识文件类型和创建此文件的程序。

操作系统中的文件和文件夹的命名一般应遵循如下约定:

(1)在文件名或文件夹名中,最多可以为 255 个字符或 127 个汉字,通常由字母、数字、"."(点号)、"_"(下画线)和"—"(减号)组成。

(2)每一个文件都有文件扩展名,用以标识文件类型和创建此文件的程序,文件主名和文件扩展名中间用符号"."分隔,其格式为"文件主名.文件扩展名"。文件扩展名一般由系统自动给出。

(3)"."为文件名首字母时,默认情况下会被隐藏,设置了显示隐藏文件才会显示。

(4)文件名或文件夹名中不能出现以下字符:\,/,:,*,?,",<,>,|。

(5)使用当前目录下的文件时,可以直接引用文件名。如果要使用其他目录下的文件,必须指定该文件所在的目录。

(6)系统保留用户命名文件时的大小写格式,但不区分其大小写,如 MYfile.txt 与 myfILE.TXT 是同一个文件的文件名。

注意 同一个文件夹中的文件不能同名。

搜索和排列文件时,都可以使用通配符"*"和"?"。其中,"?"代表文件中的一个任意字符,而"*"代表文件名中的 0 个或多个任意字符。例如,要查找所有的文本文件,就可以用"*.txt";要查找以 A 开头的所有文件,就可以用"A*.*"。

可以使用多分隔符的名字,如 Work.教材.2024.txt。

文件夹命名规则和文件命名规则一样,但文件夹一般没有扩展名。

3. 文件的类型

扩展名常用来标明文件的类型，因此扩展名也称为类型名。文件格式的种类繁多，表 3-9 列出了一部分常见的文件类型及其扩展名。

表 3-9 常见的文件类型及其扩展名

文件扩展名	文件类型	文件扩展名	文件类型
COM	可执行的系统文件	PPT，PPTX	幻灯片文件
EXE	可执行的程序文件	OBJ	目标程序文件
BAT	批处理文件	ASM	汇编源程序文件
BAK	后备文件	SYS	系统文件
LIB	库文件	HLP	帮助支持文件
SYS	系统文件	TMP	暂存或不正确存储的文件
TXT	文本文件	DOC，DOCX	文字处理文件
DAT	数据文件	MDB	Access 数据库文件
BAK	备份文件	ZIP，RAR	压缩文件
AVI，MP4	视频文件	BMP，JPG，PNG	图形文件
XLS，XLSX	表格文件	PDF	PDF 文档

在操作系统中，扩展名不同的文件会显示不同的图标，因此可以通过图标的不同来区分文件的类型。但是，显示文档图标的依据仍然是文件的扩展名，所以不要轻易修改文件扩展名，一旦修改了文件扩展名，会使系统无法识别文件的类型，并可能导致文件无法正确打开。

3.6.2 文件的存储管理——树状目录结构

大量的文件存储在磁盘上，如何有序地对文件进行管理，更快地搜索文件，是操作系统中文件管理的大问题。操作系统采用了我们日常生活中分类存档的思想，在文件系统中引入了"树状目录结构"的概念。

操作系统将磁盘分为若干盘区，并用 A、B、C、D 等盘符加以标识，通常用 A 盘、B 盘分别表示两个软盘驱动器。随着存储技术的发展，目前计算机一般都没有软盘驱动器，因此都没有 A 盘、B 盘。硬盘可划分为一个或多个盘区(或称分区)，可分别命名为 C 盘、D 盘、E 盘等。C 盘一般作为系统盘。此外，还可将移动硬盘、U 盘等也映射成分区。虽然各盘区的储存介质、存储原理及存储的位置不同，但是操作系统为用户屏蔽了设备的物理差异，使得用户可以用同样的方法去访问不同的存储设备和盘区。

在每个盘区中，有且仅有一个根目录。当对盘区进行格式化后，在盘区上会自动建立一个根目录。根目录可以用"\"表示。用户可以在根目录下建立各种普通文件，也可以建立文件夹或子目录。子目录下又可以建立文件，也可以再建子目录。这样，在每一个盘区中都可以形成一个树状目录结构，这是一棵倒置的树，树根在上(根目录)。由于操作系统中的文件系统采用了树状结构，因此用户可以通过建立若干个子目录，把文件分门别类地放在不同的目录之下。就如同我们在日常工作中，将文档分别存放在不同的文件柜和不同的文件夹中一样。每个盘区相当于办公室里的一个文件柜，而目录就相当于文件柜中的文件夹。

由于文件是以名字来区分的，因此在同一级目录(文件夹)下，文件不能重名。不同级目录下的同名文件是允许的,也是可以区分的,不同目录下的子目录也可以重名。

目录的命名方法和文件命名一样,可将其看成一种特殊的文件。它除包括所属的文件名外,还包含各文件的附属信息,如文件大小、种类、文件的建立与修改日期、文件存放在外存的起始位置等。通过对有关文件夹的操作就可以方便地对某一文件夹下的文件进行管理。

在现在很多的操作系统中,用"文件夹"的概念代替了"目录"的概念。文件夹是用来储存文件或其他文件夹的地方。使用文件夹的目的是为了方便用户对文件进行分类管理。文件夹不仅可以理解为普通的文件夹和磁盘驱动器符号,还可以包括"计算机"窗口中的"打印机""计划任务"等。

3.6.3 路径

操作系统对文件是"按名存取"的,采用树状目录结构。在树状目录结构中,用户创建一个文件时,仅仅指定文件名就显得很不够,还应该说明该文件是在哪一盘区的哪个目录之下,这样才能唯一确定一个文件。因此,引入了"路径"的概念。路径,准确地说,就是从根目录(或当前目录)出发,到达被操作文件所在目录的目录列表,即路径由一系列目录名组成,目录名和目录名之间用"\"隔开。例如:

路径名"D:\计算机基础\第四章\ch4.DOC",是指在D盘根目录下"计算机基础"子目录下"第四章"子目录中的"ch4.DOC"文件。

路径若以"\"开始,表示路径从根目录出发。从根目录出发的路径称为绝对路径。路径若从当前目录开始,则称之为相对路径。

注意 路径名中的反斜杠"\"如果夹在目录和文件名之间,则它起隔离目录或文件名的作用,否则就是代表根目录。如上例中的第一个反斜杠就是指根目录。

如果不指定盘符部分,那么表示隐含使用当前盘,如果不指定目录部分,那么表示隐含使用当前目录。如上所述,如果将D盘指定为当前盘,并将D盘上的"计算机基础\第四章"子目录指定为当前目录,那么指定"ch4.DOC"文件仅用其文件名就可以了。

在图形化操作系统环境下,很多情况下都不必直接使用路径,因为打开一个窗口后,已经将树状目录结构中的路径显示在地址栏中了,当前文件夹下的文件或目录也显示在窗口中了。可以点击相关的文件夹和文件,直接进行有关的操作。但在查找文件等一些场合,或是在程序中,或是在一些办公软件中,如果要调用文件,那么应该给出文件所在的路径。

3.6.4 文件和文件夹的浏览

浏览文件和文件夹的主要工具是"计算机"和"文件资源管理器"(在某些操作系统中,"文件资源管理器"也称为"资源管理器"或"文件管理器"),利用它们可以显示文件夹的结构和文件的有关详细信息,启动应用程序、打开文件、复制文件等。此外,还可以利用"地址栏"和"搜索"工具来查找文件和文件夹。

1. "计算机"和"文件资源管理器"窗口

双击桌面上的"计算机"图标,可以打开"计算机"窗口。

实际上,"文件资源管理器"和"计算机"这两个用于资源管理的工具在很多实际操作系统中已经没有区别,结构、布局和功能均相同,仅仅延续了它们在早期版本中的概念。

为了方便用户,除了直接双击桌面上"计算机"图标外,一般操作系统都会提供多种方法,用来打开"文件资源管理器"。

2. 窗口组成

"文件资源管理器"窗口可以划分为工具栏和地址栏、文件夹标签预览区、侧边栏、窗口区和状态栏、预览窗口几个部分。

用户可以使用文件资源管理器查看和管理本机文件、本地存储设备(如外置硬盘)、文件服务器和网络共享上的文件。在"文件资源管理器"窗口中,双击任何文件夹,可以查看其内容(使用文件的默认应用程序打开);也可以右击一个文件夹,选择在新标签页或新窗口中打开。

3.6.5 新建、复制、移动、删除文件或文件夹

1. 新建文件或文件夹

在桌面操作系统中,可以在桌面、驱动器及任意的文件夹上新建文件夹。如果要新建文件夹,可按下述几种方法进行。

(1)单击"文件"菜单下的"新建",选择"文件夹"命令,在选定位置出现图标 新建文件夹,可将默认名称"新建文件夹"修改为需要的文件夹名。

(2)右击要创建文件夹的空白处,在快捷菜单中选择"新建"下的"文件夹"命令。

(3)单击"文件资源管理器"工具面板上的"新建文件夹",在选定位置出现图标 新建文件夹,可将默认名称"新建文件夹"修改为需要的文件夹名。

新建文件可以用前两种方法,要在菜单中选择需要建立的文件类型,也可以用打开的软件如办公软件中新建文件功能。

2. 复制文件或文件夹

复制文件或文件夹是指在目的路径复制产生一个与源文件或文件夹相同的文件或文件夹。复制文件或文件夹的方法也有多种。

(1)在"文件资源管理器"中,用菜单方式或命令方式复制文件或文件夹。在原窗口选定要复制的对象,单击"编辑"菜单中的"复制"命令或按下[Ctrl+C]快捷键,再打开目标窗口,单击"编辑"菜单中的"粘贴"命令或按下[Ctrl+V]快捷键。

(2)用鼠标拖动。如果复制前后的存放位置不在同一个驱动器中,将被选择的对象直接拖到目标窗口即可完成复制。如果在同一驱动器中,则拖动时必须按住[Ctrl]键,否则为移动文件或文件夹。

(3)利用快捷菜单复制文件或文件夹。首先右击选定对象,在弹出的快捷菜单中选择"复制"命令,然后在目标窗口右击,在快捷菜单中选择"粘贴"命令,即可完成复制。如果要复制到软盘、桌面等,那么还可以使用快捷菜单中的"发送到移动设备"等命令。图3-5所示是某一操作系统环境下右击弹出的快捷菜单。

注意 (1)不同操作系统环境下的快捷菜单不一定一样,但是应该都有一些共同的命令,如打开、复制、重命名、新建、删除等。

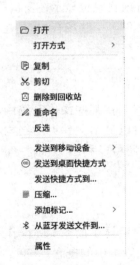

图3-5 右击弹出的快捷菜单

(2)若要一次选定多个相邻的文件或文件夹,可先单击第

一个文件或文件夹,然后按住[Shift]键,找到并单击最后一个文件或文件夹。若要一次选定多个不相邻的文件或文件夹,单击第一个文件或文件夹后,按住[Ctrl]键,再单击其余要选择的文件或文件夹。若要选择所有的文件或文件夹,可单击编辑菜单下的全部选定命令或按[Ctrl+A]快捷键。

3. 移动文件或文件夹

移动文件或文件夹是指把文件或文件夹从一个位置中移动到另外一个文件夹中,移动操作完成后,原位置的文件或文件夹就不存在了。移动文件或文件夹的方法有以下几种。

(1)鼠标拖动。例如,若把右边窗格中D盘下的"biji.txt"文件移动到E盘的"temp"文件夹下,则先用鼠标单击选中"biji.txt"文件,按住鼠标左键不放并拖动鼠标,拖拽到左边的目标文件夹"temp"处,释放开鼠标左键即可。

(2)利用"剪切"和"粘贴"命令。首先将文件或文件夹选定,然后在文件或文件夹上右击,在快捷菜单中选择"剪切"命令。打开目标文件夹,在右边窗格的空白处右击,在快捷菜单中选择"粘贴"命令,即可将其移动过来。

注意 "拖放"操作到底是执行复制还是移动,取决于原文件夹和目的文件夹的关系,在同一磁盘上拖放文件或文件夹是执行移动命令,在不同磁盘之间拖放文件或文件夹则是执行复制命令;若拖放文件时按下[Shift]键含义正好颠倒过来;若拖动时按下[Ctrl]键,则不管是否是同一个磁盘,都是执行复制操作;若拖动的对象是一个程序,则不管是否在一个盘上,拖动通常将创建快捷方式,而不能复制文件本身;按住[Shift]键拖动,则可以移动程序。若要复制,一定要按住[Ctrl]键。

4. 修改文件或文件夹的名称

一般情况下,文件或文件夹的名称应尽可能反映出其包含的内容,即应该做到"见名知义"。若对已经存在的文件或文件夹的名称感到不满意,可随时进行名字的修改。例如,若要将C盘下子文件夹中名为"biji.txt"的文本文件更改为"笔记.txt",进行如下操作即可修改文件名:选定要重命名的文件"biji.txt",右击,弹出对应的快捷菜单;单击快捷菜单中的"重命名"命令,这时文件名中会出现一个编辑框,按[Backspace]键或[Delete]键删除原文件名,输入"笔记.txt"后按[Enter]键即可。

5. 删除文件或文件夹

当有些文件或文件夹不再需要时,可将其删除掉,以便腾出存储空间。删除后的文件或文件夹将被移动到"回收站"中,在之后,可以根据需要选择将回收站的文件进行彻底删除或还原到原来的位置。

在选定了文件或文件夹后,删除文件有以下几种方法。

(1)直接按键盘上的[Delete]键。

(2)单击"文件"菜单下的"删除"命令。

(3)右击文件或文件夹,在弹出的快捷菜单中选择"删除"或"删除到回收站"命令。

(4)直接将选定对象拖到桌面上的"回收站"。

注意 如果在"回收站"的属性设置中,选中"显示删除确认对话框"复选框,那么在删除文件时,将弹出"确认×××删除"对话框。被删除的文件的快捷键方式将会失效。在外接设备上删除文件会将文件彻底删除,无法从"回收站"中找回。

按下[Shift+Delete]快捷键将直接删除文件,而不放入回收站。

6. 恢复被删除的文件或文件夹

被删除的文件或文件夹通常情况下仍存放在回收站中,并没有真正从磁盘上彻底清除,还可将其还原,即恢复到删除至回收站前的状态,可以按如下步骤进行操作:双击桌面上的"回收站"图标,打开"回收站"窗口;在"回收站"窗口中选定需要恢复的文件、文件夹或快捷方式,右击,在弹出的快捷菜单中选择"还原"命令即可,或者选定要还原的对象,单击工具面板上的"还原此项目"。

7. 更改文件或文件夹的属性

文件或文件夹的属性记录了文件或文件夹的有关信息,用户可以查看、修改和设定文件或文件夹的属性。

右击文件,在弹出的快捷菜单中选择"属性",弹出"×××属性"对话框。在"常规"选项卡的属性栏中记录了文件的图标、名称、位置、大小等不能任意更改的信息,也提供了可以更改的文件的"打开方式"和属性。其中,"只读"属性表明只能对该文件进行读的操作,不允许更改和删除。若将文件设置为"隐藏"属性,则该文件在常规显示中将不被看到,可避免文件因意外操作被删除或损坏。

更改文件夹属性的操作与更改文件的属性操作完全一样,但在文件夹"常规"选项卡中,没有"打开方式"和"更改"按钮。

8. 显示/隐藏文件或文件夹

在系统默认状态下,出于安全性的考虑,有些文件或文件夹是不显示在文件夹窗口中的,

如系统文件、隐藏文件等。如果需要修改或删除这些文件或文件夹,那么首先必须将它们显示出来。操作步骤如下:单击"工具"菜单下的"文件夹选项",打开"文件夹选项"对话框;单击"查看"选项卡,在"高级设置"下拉列表框中,选择"显示所有文件和文件夹"单选按钮。如果要显示"受保护的操作系统文件",那么可以取消选择"隐藏受保护的系统文件(推荐)"复选框。这时系统会显示警告信息,在警告信息框中单击"是"按钮。

3.6.6 查找文件与更改文件属性

在文件资源管理器中可以通过文件查找功能快速地找到目标文件,还可以为文件配置不同的权限。

1. 查找文件

在文件资源管理器中可以使用搜索功能来查找文件。通过搜索来查找文件的操作步骤如下:在"文件资源管理器"窗口中单击"搜索"按钮,或者用[Ctrl+F]快捷键打开对话框;在对话框中输入待查找的文件名,按下[Enter]键或单击"搜索"按钮,则系统开始查找相关文件。待查找文件名支持模糊查询,即支持使用通配符。例如,要查找所有以计算机基础开头的文件,只要在对话框中输入"计算机基础*.*"即可。

一般操作系统还提供了高级搜索。高级搜索可以设置查找范围,可以通过选择"类型""文件大小""修改时间"及"名称"的下拉菜单栏选项,帮助用户更快地找到目标文件。

我们可以设置界面上的图标的展现形式,通过切换图标视图和列表视图来显示文件的详细信息。其中,图标视图:平铺显示文件的名称、图标或缩略图;列表视图:列表显示文件图标或缩略图、文件名称、修改时间、文件类型、文件大小等信息。

2. 更改文件属性

每个文件都有自己很多的属性,如文件名、扩展名、作者、创建时间、修改时间、访问时间等,这些属性一般不会修改。而有些文件属性可能需要重新设定,如根据文件的访问类型,除了一般文件外,可以将文件设置为只读文件(只读文件只能查看,不能做任何修改),还可以将文件设置为隐藏文件(在显示当前文件夹中所有文件时隐藏文件一般不会被显示出来)。

更改文件属性的方法是:右击目标文件,在下拉快捷菜单中选择"属性",打开"属性"对话框,在对话框中进行相应设置,在相应方框里单击,方框中出现"√"则说明选中该属性,再次单击,则"√"消失,表示取消选择该属性。文件属性框如图3-6所示。

图3-6 文件属性框

本 章 小 结

操作系统是计算机系统的重要组成部分,是控制和管理计算机系统全部软、硬件资源,控制和协调多个任务的活动,合理地组织工作流程,实现信息的存取与保护,提高系统使用效率,提供面向用户的接口,方便用户使用的程序集合。

操作系统的发展经过了手工操作阶段、早期批处理阶段、多道批处理阶段、分时与实时系统、通用操作系统、微机操作系统、现代操作系统等阶段。根据不同的分类标准可以对操作系统进行不同分类,如根据应用领域,可分为桌面操作系统、服务器操作系统、嵌入式操作系统。操作系统的基本特性是并发性、共享性、虚拟化和异步性。从总体上看,根据出现的时间,操作系统结构依次可以分为单一结构、模块化结构、层次结构和微内核结构。

典型操作系统中重点介绍了国产操作系统中的银河麒麟桌面操作系统。

桌面操作系统的基本知识包括鼠标、键盘的操作,桌面环境的认识,窗口、菜单、对话框的操作,应用程序的启动与退出,输入法的设置等。

操作系统的软件资源管理中介绍了文件系统、文件和文件夹的基本概念、路径的概念,以及文件资源管理器的使用方法、文件或文件夹的基本操作方法。

第4章 办公自动化

办公自动化(office automation,OA)起源于 20 世纪 60 年代初美国等西方发达国家。办公自动化是将现代化办公和计算机网络功能结合起来的一种新型的办公方式,是当前新技术革命中一个技术应用领域,属于信息化社会的产物。本章主要介绍办公自动化的基本概念、主要功能和办公自动化的发展,以及办公自动化的常用软件。

4.1 办公自动化的概念与发展

办公自动化的概念是由通用汽车公司哈特(Hart)于 1936 年提出来的,它的含义随时间而不断丰富变化着。直到 20 世纪 60 年代,办公自动化仅指使用计算机进行单项办公业务,如工资发放、编制账目等工作。自 20 世纪 60 年代人类社会进入新的"信息化"时代以来,社会的发展使得部门内部、各部门之间及国际之间的交往规模日益扩大,事物间的相关因素日益增多,知识膨胀,社会信息量空前增加,信息交换日益频繁,对能迅速及时地处理信息和信息反馈的要求越来越迫切。计算机技术和通信技术的发展,为人们处理信息,为办公自动化提供了便捷有效的工具。文字处理、数据处理和通信之间界限逐渐模糊,最终将这三者结合为一种一体化的职能——信息处理。而管理科学、系统工程学、行为科学、社会学等一系列软科学的应用,又为办公自动化提供强有力的理论基础。人们都以行为科学为指导,以系统科学为理论基础,结合运用计算机及通信技术来完成办公室的各种工作。可见,计算机技术、通信技术、系统科学和行为科学是办公自动化发展的四大支柱。

21 世纪随着计算机的发展,网络的广泛应用及配套设备的发展,现代办公自动化的概念和以往已有本质的区别。由于网络的特点是资源的共享以减少重复劳动及资源的重复配置,因此现代办公自动化产业已经紧紧地依附于网络,与网络共同发展、共同进步,并成为互联网产业有效的组成部分。

4.1.1 什么是办公自动化

办公自动化是一个动态的概念,是不断发展和变化的,因此至今还没有人能够对办公自动化下最权威、最科学、最全面、最准确的定义。随着计算机技术、通信技术和网络技术的突飞猛进,关于办公自动化的描述也在不断充实。办公自动化软件体系结构如图 4-1 所示。

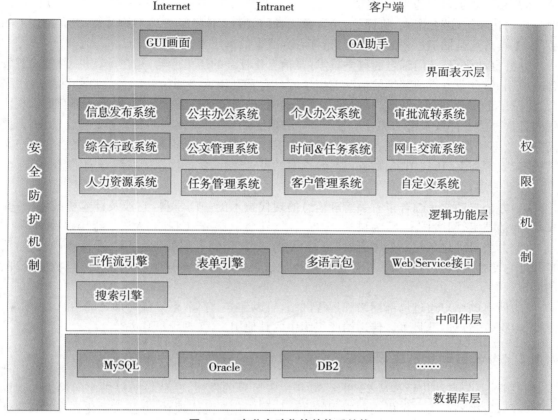

图 4-1 办公自动化软件体系结构

美国麻省理工学院季斯曼(Zisman)教授提出:"办公自动化是把计算技术、通信技术、系统科学及行为科学应用于用传统的数据处理技术难以处理的、数量庞大而且结构又不明确的那些业务上的一项综合技术。"

美国王安电脑公司提出:"办公室工作人员运用现代科学技术有效地管理和传输各种信息,其作用和内容除了包含传统的数字性资料外,还包括文字、图像、语言等其他各类非数字性资料的处理和运用,并且通过局部网络和远程网络加速信息的互通。同时,无论在硬件设备的选择或在软件程式系统的设计上,都必须考虑人体工学和人性因素(人类工程学),以增进工作效率和信息产品的质量。"

1985 年,我国召开的第一次全国办公自动化规划讨论会,对办公自动化提出了如下的看法:办公自动化是指利用先进的科学技术,不断使人的一部分办公业务活动物化于人以外的各种设备中,并由这些设备与办公室人员构成服务于某种目标的人机信息处理系统。其目的是尽可能充分地利用信息资源，提高生产率、工作效率和质量，辅助决策，求取更好的经济效果，以达到既定(经济、政治、军事或其他方面的)目标。

在现阶段，办公自动化的支持理论是行为科学、管理科学、社会学、系统工程学、人机工程学等，其直接利用的技术是计算机技术、通信技术、自动化技术、网络技术等。一般来说，一个比较完整的办公自动化系统，应当包括信息采集、信息加工、信息传输、信息保存这四个基本环节，其核心任务是向它的主人(各领域、各层次的办公人员)提供所需运用的信息。由此可见，办公自动化系统，综合了人、机器、信息资源三者的关系。信息是被加工的对象；机器是加工的手段(工具)；人是加工过程的设计者、指挥者和成果的享用者。

办公自动化，是一门综合的科学技术，是信息化社会的历史产物，是在计算机、通信设备较普遍应用，信息业务空前繁忙的情况下产生的。它是利用网络通信基础及先进的网络应用平台，建设一个安全、可靠、开放、高效的办公自动化、信息管理电子化系统，为管理部门提供现代化的日常办公条件及丰富的综合信息服务，实现档案管理自动化和办公事务处理自动化，以提高办公效率和管理水平，实现各部门日常业务工作的规范化、电子化、标准化，增强档案部门文书档案、人事档案、科技档案、财务档案等档案的可管理性，实现信息的在线查询、借阅等。

综上所述，可知：

(1)办公自动化是综合了有关管理信息的现代技术的一门学科，它涉及计算机技术、传真技术、通信技术、网络技术、行为科学、管理科学、社会学、系统工程学、人机工程等多种学科。

(2)办公自动化是对办公中所有信息功能的综合，帮助人们处理(分类、选择或排列等)信息并把它变换成知识和行动。办公自动化的服务形式是多种多样的，如文字处理、数据处理、图形出版等。

(3)所有的用户通过局部网络和远程网络，可以建立、存储、恢复任何形式的信息，如图像、邮件、数据、声音等，并且可以传递给此组织中的其他用户，实现无纸化办公。

4.1.2 办公自动化的主要功能

我国的办公自动化经过从20世纪80年代末至今的发展，已从最初提供面向单机的辅助办公产品，发展到今天可提供面向应用的大型协同工作产品。现在，办公自动化到底要解决什么问题呢？我们说，办公自动化就是用信息技术把办公过程电子化、数字化，就是要创造一个集成的办公环境，使所有的办公人员都在同一个桌面环境下一起工作。具体来说，主要实现以下七个方面的功能。

1)建立内部的通信平台

建立组织内部的邮件系统，使组织内部的通信和信息交流快捷通畅。

2)建立信息发布的平台

在内部建立一个有效的信息发布和交流的场所，如电子公告、电子论坛、电子刊物，使内部的规章制度、新闻简报、技术交流、公告事项等能够在企业或机关内部员工之间得到广泛的传播，使员工能够了解单位的发展动态。

3)实现工作流程的自动化

这牵涉到流转过程的实时监控、跟踪，解决多岗位、多部门之间的协同工作问题，实现高效率的协作。各个单位都存在着大量流程化的工作，如公文的处理、收发文、各种审批、请示、汇报等都是一些流程化的工作，通过实现工作流程的自动化，就可以规范各项工作，提高单位协同工作的效率。

4）实现文档管理的自动化

可使各类文档（包括各种文件、知识、信息）能够按权限进行保存、共享和使用，并有一个方便的查找手段。每个单位都会有大量的文档，在手工办公的情况下这些文档都保存在每个人的文件柜里。因此，文档的保存、共享、使用和再利用是十分困难的。另外，在手工办公的情况下文档的检索存在非常大的难度。文档多了，需要什么东西不能及时找到，甚至找不到。办公自动化使各种文档实现电子化，通过电子文件柜的形式实现文档的保管，按权限进行使用和共享。例如，实现办公自动化以后，某个单位来了一个新员工，只要管理员给他注册一个身份文件，给他一个口令，自己上网就可以看到这个单位积累下来的文件（规章制度、各种技术文件等），只要身份符合权限可以阅览的范围，他自然而然都能看到，这样就减少了很多培训环节。

5）辅助办公

牵涉的内容比较多，像会议管理、车辆管理、物品管理、图书管理等与我们日常事务性的办公工作相结合的各种辅助办公，实现了这些辅助办公的自动化。

6）信息集成

每一个单位，都存在大量的业务系统，如购销存、ERP 等各种业务系统，企业的信息源往往都在这些业务系统里，办公自动化系统应该跟这些业务系统实现很好的集成，使相关的人员能够有效地获得整体的信息，提高整体的反应速度和决策能力。

7）实现分布式办公

这就是要支持多分支机构、跨地域的办公模式及移动办公。现在来讲，地域分布越来越广，移动办公和跨地域办公成为很迫切的一种需求。

4.1.3 办公自动化的发展

1. 起步阶段（1985 — 1993）

此阶段是以结构化数据处理为中心，基于文件系统或关系型数据库系统，使日常办公也开始运用互联网技术，提高了文件等资料管理水平。这一阶段实现了基本的办公数据管理（如文件管理、档案管理等），但普遍缺乏办公过程中最需要的沟通协作支持、文档资料的综合处理等，导致应用效果不佳。

2. 应用阶段（1993 — 2002）

随着组织规模的不断扩大，组织越来越希望能够打破时间、地域的限制，提高整个组织的运营效率，同时网络技术的迅速发展也促进了软件技术发生巨大变化，为办公自动化的应用提供了基础保证。这个阶段办公自动化的主要特点是以网络为基础、以工作流为中心，提供了文档管理、电子邮件、目录服务、群组协同等基础支持，实现了公文流转、流程审批、会议管理、制度管理等众多实用的功能，极大地方便了员工工作，规范了组织管理，提高了运营效率。

3. 发展阶段（2003 年至今）

办公自动化应用软件经过多年的发展已经趋向成熟，功能也由原先的行政办公信息服务，逐步扩大延伸到组织内部的各项管理活动环节，成为组织运营信息化的一个重要组织部分。同时市场和竞争环境的快速变化，使得办公应用软件应具有更高更多的内涵，客户将更关注如何方便、快捷地实现内部各级组织、各部门及人员之间的协同、内外部各种资源的有效组合、为员工提供高效的协作工作平台。

办公自动化的发展方向是数字化办公。所谓数字化办公,是指几乎所有的办公业务都在网络环境下实现。从技术发展角度来看,特别是互联网技术的发展、安全技术的发展和软件理论的发展,实现数字化办公是可能的。5G 充分支撑了云办公,尤其是企业人员可以通过 5G 实现在线办公、在家生产。5G 建成后,大带宽、低时延、广连接等特点可同步车间生产,"5G+工业互联网"新技术、新场景、新模式向工业生产各领域、各环节深度拓展,推进传统产业提质、降本、增效、绿色、安全发展。

4.2 办公自动化常用软件

现在有很多用于办公自动化的软件,国内有红旗公司的红旗 Office、金山公司的 WPS、无锡永中公司的永中 Office 等,国外有微软公司的 Microsoft Office、莲花公司的 Lotus 1-2-3 软件、Sun Microsystems 公司的 StarOffice、HancomLinux 公司开发的 HancomOffice,还有一个免费的办公软件 OpenOffice.org 1.0。OpenOffice.org 是原来由 Sun Microsystems 公司作为开放源码公开的"StarOffice",经志愿者改进之后开发出的软件,其最主要的制胜武器是可以免费使用。而 Lotus 1-2-3 软件,它集成了电子表格、数据库、商业绘图三项功能,给使用者带来了极大方便,因此在美国也是热门的软件之一。

不论是什么公司的什么产品,一般都具有数据处理功能、文字处理功能、电子表格功能、文稿演示、邮件管理、日程管理等功能。当然各公司的软件都有自己的特点,不同公司的软件在功能上的侧重点也有所不同,随着时代的发展,办公自动化软件的内容和功能也在不停地更新。下面介绍使用面较为广泛的办公自动化软件。

4.2.1 WPS Office 简介

WPS Office 系列产品是金山公司研制开发的。最早推出的 DOS 平台下的 WPS 就受到了广泛的好评,使用较为广泛,市场占有率较高。它在关注新技术的发展和创新的同时,兼顾国内办公的使用现状,全面提升工作效率。

WPS Office 发展历程如下:

1989 年,金山创始人求伯君推出 WPS 1.0。

2001 年,WPS Office 打响政府采购第一枪。

2005 年,WPS Office 个人版宣布免费。

2007 年,WPS Office 进军日本市场,开启国际化。

2011 年,WPS Office 移动版发布。

2012 年,WPS Office 通过"核高基"(核心电子器件、高端通用芯片及基础软件产品)重大专项验收。

2015 年,WPS+一站式云办公发布。

2017 年,WPS Office PC 版与移动用户双过亿;5 月,WPS Office 泰文版于曼谷发布。

2018 年,金山在北京奥林匹克塔召开主题为"简单·创造·不简单"的云·AI 未来办公大会,正式发布 WPS Office 2019 金山文档等新作品。

2019 年,金山正式发布 WPS Office for macOS。

2020年,金山办公正式发布"使命·愿景·价值观"。

2023年,金山办公推出WPS 365。

4.2.2 Microsoft Office 简介

Microsoft Office 是一套由微软公司开发的办公软件,它为 Microsoft Windows 和 Mac OS X 而开发。与办公室应用程序一样,它包括联合的服务器和基于互联网的服务。最近版本的 Office 称为"Office system"而不是"Office suite",反映出它们也包括服务器的事实。

Microsoft Office 发展历程如下:

1984年,在最初的 Mac 中发布 Word 1.0。

1985年,发布 Microsoft Excel 1.0。

1993年,发布 Microsoft Office 3.0。

1993年,发布 Microsoft Office 4.0。

1994年,发布 Microsoft Office 4.2。

1995年,发布 Microsoft Office 7.0/95。

1997年,发布 Microsoft Office 97。

1999年,发布 Microsoft Office 2000。

2003年,发布 Microsoft Office 2003。

2006年,发布 Microsoft Office 2007。

2008年,发布 Microsoft Office mac 2008。

2009年,发布 Microsoft Office 2010。

2012年,发布 Microsoft Office 2013。

2015年,发布 Microsoft Office 2016。

2018年,发布 Microsoft Office 2019。

2021年,发布 Microsoft Office 2021 for Mac。

4.3 文字处理

4.3.1 文字处理概述

随着计算机技术的发展,文字信息处理技术也进行着一场革命性的变革,用计算机打字、编辑文稿、排版印刷、管理文档是高效且实用的应用。文字处理软件的发展和文字处理的电子化是信息社会发展的标志之一。

现代文字处理软件是集文字、表格、图形、图像、声音处理于一体的软件,能够制作出符合专业标准的文档或书籍。现有的中文文字处理软件主要有 Microsoft Word、金山 WPS、永中 Office 和以开源为准则的 OpenOffice 等。

4.3.2 视图

视图是文档的不同显示方式,采用不同的视图方式查看文档,就如同从不同的方向观察一件物品,用户可以根据编排的具体对象来选择相应的视图模式。视图模式包括阅读版式、页面、Web 版式、大纲等视图。

在阅读版式视图中,适合用户查阅文档,用模拟书本阅读的方式让用户感觉如同在翻阅书籍。该视图模式将隐藏不必要的选项卡,只在界面的左上角提供用于对文档进行操作的工具,使用户能够方便地进行文档的查找操作。

在页面视图中,可以查看页面中文字、图片和其他元素的位置,能够显示水平标尺和垂直标尺。页面视图可用于编辑页眉和页脚、调整页边距、处理栏和图形等对象。

在 Web 版式视图中,可以创建能显示在屏幕上的 Web 页或文档。在 Web 版式视图中,可以看到背景和为适应窗口而换行显示的文本,且图形位置与在 Web 浏览器中的位置一致。

在大纲视图中,能查看文档的结构,可以通过拖动标题来移动、复制和重新组织文本,还可以通过折叠文档来查看主要标题,或者展开文档查看所有标题,甚至正文内容。大纲视图还使得主控文档的处理更为方便。主控文档有助于使较长文档(如有很多部分的报告或多章节的书)的组织和维护更为简单易行。大纲视图中不显示页边距、页眉和页脚、图片和背景。

4.3.3 文档的管理与编辑

1. 文档的建立

新建文档有很多种方法,主要有创建空白文档、根据模板创建新的文档、根据现有文档创建新文档等。

2. 文档的打开与关闭

最常用的打开文档的方式是双击已经创建好的文档图标,即可打开文档。除此之外,可以在文档操作窗口中选择"打开"按钮,也可以选择"文件"选项卡中的"打开"命令,还可以使用[Ctrl+O]快捷键,屏幕将出现"打开"窗口,打开"打开"对话框,选定要打开的文档后单击"打开"按钮,即可将文档打开。

如果要打开的文档不在当前目录下,可在"查找范围"下拉列表框中选取驱动器名和文件夹,其中的内容将显示在列表框中。单击"打开"按钮右侧的下三角按钮,将出现一个文档打开方式的列表,包括打开、以只读方式打开、以副本方式打开、在浏览器中打开、打开时转换、在受保护的视图中打开和打开并修复等。

关闭文档前应先保存文档,否则将显示提示信息。在"文件"选项卡中选择"关闭"命令,或者单击窗口控制按钮栏的"关闭"按钮,或者右击标题栏,在弹出的快捷菜单中选择"关闭"命令,或者使用[Ctrl+F4]快捷键即可关闭当前文档。

3. 文档的保存

输入到计算机中的文档未保存前仅存在于计算机的内存中,内存是计算机暂时存放信息的地方,一旦停电或关机,其中的内容便会丢失,所以在文档的录入过程中应经常保存文档。

要保存文档可以使用工具栏上的"保存"按钮或"文件"选项卡中的"保存"命令和"另存为"命令,或者使用[Ctrl+S]快捷键。

当对一个新文档首次进行保存时,使用以上任何方法都会出现"另存为"对话框。这时,可输入文档保存的位置、类型和名称,然后单击对话框中的"保存"按钮进行保存。

若要对已命名的文档进行保存,则可使用上述任何方法。对已命名的文档使用"另存为"命令可另外采用和原文档不同的名称、位置或类型重新保存一个文档,文档的改变不影响原文档。

文字处理软件对文档保存提供了一些设置,如自动保存、建立备份、快速保存及密码功能等。这样可以避免突然断电时来不及保存,或保护文档不被他人修改。

4.3.4 文本对象的输入与编辑

文档内容主要由文本、表格和图片等对象组成。其中,常规文本对象可以通过键盘、语音、手写笔和扫描仪等多种方式进行输入,但对于特殊文本对象则需要通过插入功能才能完成。

1. 输入文本

文档的初始状态下,用户的鼠标位置在第一行的第一栏。选择所需的输入法后,键入文字,到行尾时将自动换行。若到段落结束时,按[Enter]键,则出现一个段落标记,插入点跳到下一行的起始位置上。如果要将一段分为多行显示,则在每一行的行末按[Shift+Enter]快捷键,换行后,行末出现"↓"标记,通常称为"软回车"。

输入文本时,文字处理软件会自动实现对单词、符号、中文文本、图形等进行指定的更正。

2. 选定文本

在对文本(或图形等,以下均以文本指代各类对象)进行有关操作前,必须先选定对象,然后才能进行相应的操作。可以用鼠标和键盘来选定对象。

用鼠标选定文本的基本方法如表4-1所示。

表4-1 鼠标选定文本

选定内容	操作方法
任何数量的文本	拖过这些文本
一个单词	双击该单词
一个图形	单击该图形
一行文本	将鼠标指针移动到该行的左侧,指针变为指向右边的箭头,然后单击
多行文本	将鼠标指针移动到该行的左侧,指针变为指向右边的箭头,然后向上或向下拖动鼠标
一个句子	按住[Ctrl]键,然后单击该句中的任何位置
一个段落	将鼠标指针移动到该段落的左侧,直到指针变为指向右边的箭头,然后双击,或者在该段落中的任意位置三击
多个段落	将鼠标指针移动到该段落的左侧,直到指针变为指向右边的箭头,然后双击,并向上或向下拖动鼠标
一大块文本	单击要选定内容的起始处,然后滚动要选定内容的结尾处,在按住[Shift]键同时单击
整篇文档	将鼠标指针移动到文档中任意正文的左侧,直到指针变为指向右边的箭头,然后三击
页眉和页脚	在普通视图中,单击"视图"菜单中的"页眉和页脚"命令;在页面视图中,双击灰色的页眉或页脚文字。将鼠标指针移动到页眉或页脚的左侧,直到指针变为指向右边的箭头,然后三击

续表

选定内容	操作方法
批注、脚注和尾注	在窗格中单击,将鼠标指针移动到文本的左侧,直到鼠标变成一个指向右边的箭头,然后三击
一块垂直文本(表格单元格内容除外)	按住[Alt]键,然后将鼠标拖过要选定的文本

用键盘选定文本的方法:首先将插入点定位在要选定的位置,然后可按表4-2所示方法将选定范围进行扩展。

表4-2 键盘选定文本

操作方法	将选定范围扩展至
Shift+→	右侧的一个字符
Shift+←	左侧的一个字符
Ctrl+Shift+→	单词结尾
Ctrl+Shift+←	单词开始
Shift+End	行尾
Shift+Home	行首
Shift+↓	下一行
Shift+↑	上一行
Ctrl+Shift+↓	段尾
Ctrl+Shift+↑	段首
Shift+Page Down	下一屏
Shift+Page Up	上一屏
Ctrl+Shift+Home	文档开始处
Ctrl+Shift+End	文档结尾处
Alt+Ctrl+Shift+Page Down	窗口结尾
Ctrl+A	包含整篇文档
Ctrl+Shift+F8,然后使用箭头键;按[Esc]键取消选定模式	纵向文本块
F8+箭头键;按[Esc]键可取消选定模式	文档中的某个具体位置

3. 删除、插入和改写文本

删除:首先将插入点定位于待删除的位置,然后按键盘上的[Delete]键可删除插入点右边的字符,按[Backspace]键可删除插入点左边的字符。要删除一段文本,可先选定文本,然后按[Delete]键或[Backspace]键。

插入和改写:可以按键盘上的[Insert]键或单击状态栏中的"改写"选项,进行插入/改写的状态切换。在"插入"状态下,新键入(或粘贴)的文本不会取代原有的内容,将会自动调整段落的其余部分以容纳插入的新文本。在"改写"状态下,会将输入的内容取代原来的内容。

4. 剪切、复制、粘贴文本及剪贴板的使用

剪切:将所选文档或图形从原文档中删除,并放入剪贴板。

复制:复制所选部分到剪贴板。

粘贴:将剪贴板上的内容粘贴到文档的插入点处。

在"开始"选项卡中的"剪贴板"功能组中,有"剪切""复制"和"粘贴"命令。使用"剪切"和"粘贴"命令可实现文本的移动,使用"复制"和"粘贴"命令可实现文本的拷贝。这些编辑命令都要通过剪贴板来实现。在选中对象之前,"剪切""复制"是灰色的,不可使用,只有选中了要"剪切""复制"的对象,这些命令才能使用,而只有剪贴板里面有内容时,"粘贴"命令才能用。

也可以用键盘来进行复制等操作。[Ctrl+C]快捷键对应于"复制"命令,[Ctrl+X]快捷键对应于"剪切"命令,[Ctrl+V]快捷键对应于"粘贴"命令。

将鼠标指针放置于选择的文本上,按住鼠标左键不放拖动鼠标到目标位置,释放鼠标左键后,选择的文本可移动到目标位置。

5. 撤销和恢复

撤销是指撤销误操作,撤销操作可通过单击"撤销"按钮进行或使用[Ctrl+Z]快捷键。但是当文档被保存后,将无法执行撤销操作。

恢复是指恢复到撤销前的状态,是撤销的逆操作。如果撤销某操作后又认为该操作不应撤销,则可单击"恢复"按钮恢复该操作或使用[Ctrl+Y]快捷键。

6. 定位、查找和替换

当窗口中的内容超过一屏时,可以使用定位文档功能来查看文档。通过此功能可以快速定位到某页从而提高工作效率。

可用"查找"命令在文档中查找指定的文字或格式,还可查找段落标记、分页符等,用"替换"命令,可将指定的内容替换查找到的对象。

查找:要搜索具有特定格式的文字,可在"查找内容"文本框内输入文字。如果需要搜索特定的格式,如设置字体、字号、颜色、下画线等可通过"格式"按钮,然后选择所需格式,单击"查找下一处"按钮,可查找一下处相同内容。按[Esc]键可取消正在执行的查找。

替换:要批量修改某个内容,可在"查找内容"文本框内输入要查找的内容,在"替换为"文本框内输入替换的内容,再选择其他所需选项,单击"查找下一处""替换"或"全部替换"按钮完成文本替换。按[Esc]键可取消正在进行的替换。

7. 输入公式

编写数学、物理和化学等自然科学文档时,往往需要输入大量公式,这些公式不仅结构复杂,而且要使用大量的特殊符号,使用普通的方法很难顺利地实现输入和排版。文档的"公式"命令提供了功能强大的公式输入工具。

4.3.5 文本格式编辑

在文档中往往包含一个或多个段落,每个段落都由一个或多个字符构成。这些段落或字符都需要设置固定的外观效果,这就是所谓的格式。文字的格式包括文字的字体、字号、颜色、字形、字符边框或底纹等,只影响所选定的文字。而段落的格式包括段落的对齐方式、缩进方式及段落或行的边距等。如果用户不进行手动排版,对输入的对象均设置为系统默认的排版格式。

1. 字体格式的设置

文字是文档的基本构成要素,对字体格式的设置主要通过"字体"功能组中的命令来实现。

字体指的是某种语言字符的样式。操作系统常用的字体包括宋体、楷体、隶书和黑体等。同时用户也可以根据需要安装自己的字体。进行文档编辑操作时，一般是先输入文本，再设置文字的字体和字号以改变文字的外观。

选定要改变的文字，单击"字体"功能组中"字体"下拉按钮，在弹出的下拉列表中选择所需的字体即可。要改变"字号"，则可以在"字号"下拉列表中选择所需的字号。

还可以进行字符格式的其他设定，如加粗、倾斜、下画线、字符边框、字符底纹、字符比例、字体颜色等，在工具栏上有相应的工具按钮。用法是选中要进行设置的文档，单击相应按钮。

2. 段落格式的设置

段落是独立的信息单位，每个段落的结尾处都有段落标记。段落具有自身的格式特征，如对齐方式、间距和样式。文档中段落格式的设置取决于文档的用途及用户所希望的外观。通常，会在同一篇文档中设置不同的段落格式。例如，如果正在撰写一篇文章，可能会创建一个标题页，其中有居中的标题，位于页面底端的作者姓名及日期。文章正文中的段落则可为两端对齐格式，具有单倍行距。论文中可能还包含自成段落的页眉、页脚、脚注或尾注等。对段落格式的设置主要通过"段落"功能组中的命令来实现。

段落缩进有左缩进、首行缩进、悬挂缩进、右缩进。设置段落缩进可通过标尺进行。利用标尺进行段落缩进的方法为：将插入点定位于需要设置段落缩进的段落中，根据需要将相应的标记进行拖动。例如，要设置首行缩进，则将"首行缩进"标记拖动到要缩进的位置；若要进行悬挂缩进，即设置段落中除第一行外的其他行左缩进，则可拖动"悬挂缩进"标记；若要设置整个段落的左缩进，则可拖动"左缩进"标记；若要设置整个段落的右缩进，则可拖动"右缩进"标记。

为更精确地设置首行缩进，可以打开"段落"对话框，在"缩进和间距"选项卡中选择对应的选项。

文字处理软件提供了左对齐、右对齐、居中、两端对齐和分散对齐五种对齐方式。

(1) 左对齐：文本靠左边排列，段落左边对齐。

(2) 右对齐：文本靠右边排列，段落右边对齐。

(3) 居中：文本由中间向两边分布，始终保持文本处在行的中间。

(4) 两端对齐：段落中除最后一行以外的文本都均匀地排列在左右边距之间，段落左右两边都对齐。一般情况下，"两端对齐"与"左对齐"方式很难看出区别，只有在英文文档中才能明显看出效果。

(5) 分散对齐：将段落中的所有文本(包括最后一行)都均匀地排列在左右之间。

段落间距是指该段落与其前后段落之间的距离，分为段前间距和段后间距；行距是指段落中各行之间的距离。段落间距和行距可根据需要进行调整。

3. 项目符号与编号

利用项目符号与编号可为列表或文档设置层次结构，可以快速在现有的文本行中添加项目符号或编号，也可以在键入时自动创建项目符号和编号列表。如果是为Web页创建项目符号列表，那么还可使用图像或图片作为项目符号。

当按下[Enter]键以添加下一列表项时，会自动插入下一个项目符号或编号。要结束列表，需要按两次[Enter]键。也可以通过按[Backspace]键删除列表中的最后一个项目符号或编号，来结束该列表。

选定要删除其项目符号或编号的列表项,单击"项目符号"命令,可删除项目符号;单击"编号"命令,可删除编号。

4. 首字下沉

设置了首字下沉后,文章开始的首字或字母会放大数倍,以引起阅读文档的人的注意力,在报纸和杂志中经常可以看到这种格式。将插入点定位于需要首字下沉的段落,选定段首的单字或字母,单击"首字下沉"命令,在打开的"首字下沉"对话框中设置下沉的方式。

5. 目录

对一篇较长的文档来说,文档中的目录是文档不可或缺的一部分。使用目录可便于读者了解文档结构,把握文档内容,并显示要点的分布情况。

打开需要创建目录的文档,在文档中单击,将插入点定位在需要添加目录的位置,单击"目录"命令,在下拉列表中选择一款自动目录样式,此时在插入点处将会获得所选样式的目录。还可以对目录的样式进行设置,如制表符的样式。

6. 样式

"样式"规定了文档中标题、题注及正文等各个文本元素的外观形式,使用它不仅可以更加方便地设置文档的格式,而且可以构筑文档的大纲和目录。要定义样式,需要新建样式,新建样式可以利用已设定好格式的段落或文字来进行。

可以将当前已经完成格式设置的文字或段落的格式保存为样式放置到样式库中,以便于以后使用。对于自定义的样式,用户可以随时对其进行修改。

为了方便用户对文档样式的设置,文字处理软件为不同类型的文档提供了多种内置的样式集供用户选择使用。样式集实际上是文档中标题、正文和引用等不同文本和对象格式的集合。

7. 插入特殊符号

在输入编辑文档的时候,有时会需要输入一些特殊的符号,特殊符号指无法通过键盘直接输入的符号,如①,⑴,∧,Ⅱ等。插入特殊符号可通过单击"符号"命令。在"符号"对话框中,将符号按照不同类型进行分类,因此在插入特殊符号前,先要选择符号类型,只要单击"字体"或"子集"下拉列表框右侧的下三角按钮就可以选择符号类型了,找到需要的类型后就可以选择所需的符号。

8. 分栏

分栏用来实现在一页上以两栏或多栏的方式显示文档内容,被广泛应用于报纸和杂志的排版中。单击"分栏"命令,在下拉列表中选择需要的分栏形式,此时段落将根据选择进行分栏。如果对"分栏"下拉列表中的分栏形式不满意,可以选择"分栏"下拉列表中的"更多分栏"命令打开对应对话框,在对话框中对分栏格式进行自定义。

调整栏宽:调整栏宽时,有"宽度"和"间距"两个输入框,单击"宽度"微调框中的上箭头来增大栏宽的数值,则"间距"中的数字也同时变化。

在分栏中间加分隔线:选中"分隔线"复选框,在各个分栏之间就出现了分隔线。

4.3.6 页面格式和版式设计

对于一篇设计精美的文档,除需要对字符和段落的格式进行设置之外,还需要有美观的视觉外观，这就需要对文档的整个页面进行设计，如页面大小、页边距、页面版式布局及页眉页脚等。

1. 页面设置

页面设置就是要设置纸张的大小、方向、来源及设置页边距等。

1）纸型的设置

通常纸张按尺寸可分为 A 类和 B 类，A 类就是通常说的大度纸，可裁切为 A1，A2，A3，A4，A5 等各类纸，其中 A4 纸为文字处理软件的默认纸张。B 类就是通常说的正度纸，可裁切为 B1，B2，B3，B4，B5 等各类纸。一般情况下大书籍通常选用的是 16 开纸张。通过"纸张大小"设置可选择需要的纸张大小，通过"纸张方向"设置可选择页面方向为"纵向"或"横向"。

2）页边距的设置

页边距是指文档中的文字和纸张边缘的距离。通过标尺可以快速地调整页边距，如果要精确设定距离值，必须通过"页面设置"命令实现。对"上""下""左""右"页边距的参数进行设置能够更为自由地实现页边距的设置。当文档需要装订时，为了不因为装订而遮盖文字，需要在文档的两侧或顶部添加额外的边距空间，即装订线边距。

"多页"选项可以用来设置一些特殊的打印效果。如果打印后要求装订为从右向左书写文字的小册子，可以选择其中的"反向书籍折页"选项。如果打印后要拼成一个整页的上下两个小半页，可以选择"拼页"选项。如果需要创建小册子，或创建诸如菜单、请帖或其他类型的使用单独居中折页样式的文档，可以选择"书籍折页"选项。如果需要创建诸如书籍或杂志一样的双面文档的对开页，即左侧页的页边距和右侧页的页边距等宽，可以选择"对称页边距"选项。对于这种对称页边距的文档，如果需要装订，那么需要对装订线边距进行设置。

3）设置文档网络

在文档中使用文档网格可以让用户有一种在稿纸上书写的感觉，同时也可以利用文档网格来对齐文字。在"文档网格"选项卡中可以定义每页显示的行数和每行显示的字符数，可以设置正文的排列方式及水平或垂直的分栏数。

2. 分页和分节

文字处理软件在上一页结尾和下一页开始的位置之间，会自动插入一个分页符，这称为软分页。如果用户插入了手动分页符到指定位置可以强制分页，这就是硬分页。在文档中，用于标识节的末尾的标记就是分节符，分节符包含了节的格式设置元素。

1）分页符

在文档中，长的文档会被自动插入分页符，用户也可以在特定的位置根据需要插入手动分页符来对文档进行分页。另外，当段落不希望被放置在两个不同页面上时，也可以通过设置来避免段落中间出现分页符。

打开需要处理的文档，若要控制一页结尾和下一页的开始位置，将插入点定位于需要分页的位置，单击"分页符"命令，将实现分页功能。

2）分节符

文字处理软件的分节符可以改变文档中一个或多个页面的版式和格式，如将一个单页页面的一部分设置为双页页面。使用分节符可以分隔文档中的各章，使章的页码编号单独从 1 开始。另外，使用分节符还能为文档的章节创建不同的页眉和页脚。

在文档中单击，将插入点定位于需要分节的位置，在"分节符"命令中单击对应选项即可进行分节处理。"下一页"选项用于插入一个分节符,并在下一页开始新节,常用于在文档中开始新的章节。"连续"选项用于插入一个分节符,并在同一页上开始新节,常用于在同一页中实现不同格式。"偶数页"选项用于插入分节符,并在下一个偶数页上开始新节。"奇数页"选项用于插入分节符,并在下一个奇数页上开始新页。

默认情况下,每一节中的"页眉"内容都是相同的,如果更改第一节的"页眉",那么第二节也会随着改变。要想使两节的"页眉"不同,可以单击"链接到前一节"命令,使其处于非按下状态,断开新节的页眉与前一节页眉的连接。

要想取消人工创建的分节,将插入点定位于该节的末尾,按[Delete]键删除分节符即可,删除分节符将会同时删除分节符之前的文本节格式,该分节符之前的文本将成为后面节的一部分,并采用后面节的格式。

3. 页眉和页脚

现实生活中,绝大多数书籍或杂志的每一页顶部或底部都会有一些因书而异但各页却都有相同的内容,如书名、该页所在章节的名称或作者信息等。同时,在书籍每页两侧或底部都会出现页码,这就是所谓的页眉和页脚。页眉出现在页面的顶部,页脚出现在页面的底部。在进行文档编辑时,页眉和页脚并不需要每添加一页都创建一次,可以在进行版式设计时直接为全部的文档添加页眉和页脚。

(1)在创建"页眉"或"页脚"后,通过文字处理软件"页眉和页脚"选项卡选择相应的命令可以在页眉/页脚位置插入页码、当前日期、章标题等。

(2)对"页眉"或"页脚"处文字的编辑方法和以前讲的文档排版编辑方法一致,如字体、字号、颜色、对齐方式等。

(3)修改"页眉"或"页脚"时,在"页眉"或"页脚"处双击即可进入编辑状态。

(4)页眉和页脚的删除与页眉和页脚的插入过程类似,选择"删除页眉"或"删除页脚"命令可删除"页眉"或"页脚"。

(5)选择"奇偶页不同"命令可以设置奇偶页内容不同。

(6)选择"链接到前一节"命令可以设置不同节的页眉或页脚内容。该命令使用前需要设置分节符,如果没有分节,那么该命令为灰色无法使用。分节后,若各分节内容一致,选择该命令,则所有页眉或页脚都一样。若当前分节的页眉或页脚与前一分节的内容不一致,则可以取消该命令选中状态。

4. 页码的设置

对多页文档来说,通常需要为文档添加页码。如果单纯地进行页码编排,那么可以直接添加页码以提高工作效率。页码的添加和设置与页眉页脚的添加和设置方法基本相同。单击"页码"命令,在下拉列表中选择页码的样式,通过"设置页码格式"选项,根据需要进行页码的格式类型、起始方式等设置。

5. 打印和打印预览

完成文档的打印一般需要经过打印选项的设置、打印效果预览和文档的打印输出这几个步骤。

1)设置打印选项

进行文档打印前,可以先对要打印的文档内容进行设置。通过文档的"打印选项"设置,可以决定是否打印隐藏文字、文档中绘制的图形、插入的图像及文档属性信息等内容。

2)预览打印文档

预览功能可以根据文档的打印设置模拟文档打印在纸张上的效果。在打印文档之前进行打印预览,可以及时发现文档中的版式错误,如果对打印效果不满意,也可以及时对文档的版面进行重新设置和调整,以便获得满意的打印效果,避免打印纸张的浪费。单击"打印"命令,此时在文档窗口中将显示所有与文档打印有关的命令选项,使用[Ctrl+P]快捷键也可以打开打印选项。拖动"显示比例"滚动条上的滑块能够调整文档的显示大小,单击"下一页"按钮和"上一页"按钮,将能够进行预览的翻页操作。

3)打印文档

对打印的预览效果满意后,即可对文档进行打印。在"打印"命令列表中可以对打印的页面、页数和份数等进行设置。默认是打印文档中的所有页面,单击此时的"打印"按钮,在打开的列表中选择相应的选项,可以对需要打印的页进行设置。

在"打印"命令的列表窗格中提供了常用的打印设置按钮,如设置页面的打印顺序、页面的打印方向及设置页边距等。用户只需单击相应的选项按钮,在下级列表中选择预设参数即可。如果需要进行进一步的设置,那么可以单击"页面设置"命令打开"页面设置"对话框来进行设置。

6. 边框和底纹

为了使文档页面更加美观,或对重要的文字或内容进行强调,可以在文字、表格(或图形)加上边框和底纹,还可以制作阴影效果。

1)边框和页面边框

在文档中,单个文字及段落都是可以添加边框的。文字边框的添加和设置可以通过"边框"选项卡设置来实现,其操作与文档边框的添加相类似。

选择需要添加边框的段落,通过"边框和底纹"命令打开"边框和底纹"对话框,在"边框和底纹"对话框中设置边框的类型、边框线的线型、边框线的颜色及边框线的宽度。为文档添加边框能够修饰文档内容,同时能够起到美化文档的作用。还可以为文档添加艺术边框,添加艺术边框后,边框的宽度和颜色不能改变。另外,艺术边框只能在页面视图中显示。

2)底纹

底纹与边框不同,其只能用于文字与段落,而无法添加到整个页面。底纹可以通过"边框和底纹"对话框中的"底纹"选项卡来进行添加和设置。

在文档中选择需要添加底纹的段落,在"边框和底纹"对话框中设置需要使用的填充颜色、需要使用的填充图案的样式及填充图案的颜色。

7. 文档背景

文档背景能够给文档添加背景以增强文档页面的美观性,使文档易于阅读。设置文档的背景,除了可以给背景填充颜色外,还包括填充渐变色、纹理、图案、文字或图片水印等。

1)纯色背景

对一篇纯文字文档来说,阅读起来是比较枯燥的,如果此时以某种颜色作为文档的背景,可以在增强文档的美观性的同时,有效地降低阅读者的视觉疲劳。通过"页面颜色"命令选择需要使用的颜色,将以该颜色填充文档背景。

2)填充背景

除了可以使用纯色填充背景外,还可以使用渐变色填充背景,使文档获得更为美观的效果。通过"页面颜色"命令选择"填充效果"选项,选择使用渐变效果以设定的渐变填充文档背景。

用户不仅可以使用纯色(一种颜色)和渐变色作为文档背景颜色,还可以为文档设置纹理背景,如选择"羊皮纸"选项,可以给纸张施加羊皮纸的纹理。

通过"填充效果"还可以对文档背景进行图案和图片填充。

为文档添加纯色或填充效果后,只能在页面、阅读版式和 Web 版式视图模式下才可以显示出来。

3)水印

水印是出现在文档背景上的文本或图片,添加水印可以增加文档的趣味性,更重要的是可以标识文档的状态。文档中添加水印后,用户可以在页面视图下查看水印,也可以在打印文档时将其打印出来。

单击"水印"命令,在弹出的下拉列表中选择需要添加预设的水印,选择"删除水印"命令,将删除添加的水印。在"水印"对话框中可以设置文字或图片作为文档的背景。如果需要设置图片水印,则通过"图片水印"单击"选择图片"按钮,在打开的"插入图片"对话框中选择目标图片文件。如果需要设置文字水印,则通过"文字水印"在"内容"文本框中输入作为水印的文字,还可以设置文字的颜色、字号等。

4.3.7 图文混排技术

用户可以在自己的文档中插入图片,这样可以使文档更加活泼生动。

1. 图片

文字处理软件对图像文件的支持十分优秀,支持当前流行的所有格式的图像文件,如 BMP 文件、JPG 文件和 GIF 文件等。对于在文档中插入的图片,可以进行简单的编辑、样式的设置和版式的设置。

1)插入图片

文档处理软件中插入的图片可以来自本地图片、扫描仪、手机传图、图片库或网络等,允许在文档的任意位置插入常见格式的图片。单击"图片"命令,选择目标图片文件即可完成图片的插入。

当插入图片为"链接到文件"时,图片将以链接文件的形式插入文档中。图片作为副本插入文档中,源图片和插入图片之间仍然存在着一定的联系,如果更改源图片的信息,将影响到文档中的文件。使用链接的方式插入图片,可以减少文档的大小。

2)旋转图片和调整图片的大小

在文档中插入图片后,可以对其大小和放置角度进行调整,以使图片适合文档排版的需要。调整图片的大小和放置角度可以通过拖动图片上的控制柄来实现,也可以通过功能区设置项来进行精确设置。

在插入的图片上单击,图片四周会出现 8 个控制柄,其中四条边上出现 4 个小方块,四个角上出现 4 个小圆点,这些小方块和圆点称为尺寸控制柄,拖动图片框上的控制柄,可以用来调整图片的大小。图片上方有一个绿色的旋转控制柄,可以用来旋转图片。通过"图片工具"选项卡可以精确调整图片在文档中的大小,修改图片的高度和宽度,设置图片旋转的角度。

3）裁剪图片

对文档中的图片裁剪，可以只保留图片中需要的部分，将图片裁剪为不同的形状。单击"裁剪"命令，图片四周出现裁剪框，拖动裁剪框上的控制柄调整裁剪框包围住图片的范围，操作完成后，按[Enter]键，裁剪框外的部分将被删除。

4）调整图片色彩

在文档中，对于某些亮度不够或比较灰暗的图片，打印效果将会不理想。通过对插入图片的亮度、对比度及色彩进行简单调整，可以使图片效果得到改善。

在文档中选择要插入的图片，在"图片工具"选项卡中可以将图片的亮度和对比度调整为设定值，对图片进行柔化和锐化操作，为图片重新着色，将图片中与单击处相似的颜色设置为透明色，对图片压缩进行设置。

5）图片的版式

图片版式是指插入文档中图片与文档中文字的相对关系，使用"图片工具"选项卡能够对插入文档中的图片进行排版。图片排版主要包括设置图片在页面中的位置和设置文字相对于图片的环绕方式，分别为嵌入型、四周型环绕、紧密型环绕、穿越型环绕、上下型环绕、衬于文字下方和浮于文字上方。

在文档中，图片和文字的相对位置有两种情况：一种是嵌入型的排版方式，此时图片和正文不能混排；另一种是非嵌入型的排版方式，此时图片和文字可以混排，文字可以环绕在图片周围或在图片的上方或下方，拖动图片可以将图片放置到文档中的任意位置。

6）自选图形

在文档中，用户可以方便地绘制各种自选图形，并可对自选图形进行编辑和设置。在文档中，自选图形包括直线、矩形、圆形等基本图形，同时还包括各种线条、连接符、箭头和流程图符号等。

自选图形的线条设置包括线条颜色、线型、线条虚实和粗细等方面的设置，使用"绘图工具"选项卡能够直接为线条添加内置样式效果、自定义线条形状样式、设置图形的渐变色、形状轮廓、轮廓线的宽度及形状效果。

2. 文本框的使用

在编辑版式时，通常会遇到比较复杂的文档，这时可以通过在文档中插入文本框并利用文本框之间的链接功能来增强文档排版的灵活性。

绘制的文本框默认带有黑色边框，用户可以根据需要对文本框的填充颜色、轮廓和效果进行设置。通过鼠标拉动文本框边角上的控制柄来达到调整文本框大小的目的。也可以在文本框的"高度"和"宽度"编辑框中分别输入具体数值，设置文本框的大小。选中文本框，把鼠标指针指向文本框的边框，当鼠标指针变成四向箭头形状时按住鼠标左键拖动文本框即可移动其位置。单击"文字方向"命令，可设置文字方向。通过文本框的形状格式可以设置框线的线形和颜色、填充效果、大小、版式、对齐方式、边距等格式设置。通过"创建链接"命令，可以设置文本框的链接。

3. 艺术字

用户可以在文档中插入形式多样、丰富多彩的艺术字，使制作出的文档美观、活泼。单击"艺术字"命令，并在打开的艺术字预设样式面板中选择合适的艺术字样式，打开艺术字的文本编辑框，直接输入艺术字即可，用户可以对输入的艺术字分别设置字体和字号。当艺术字处于编辑状态时,通过"文字效果"选项卡下的"阴影""映像""发光""棱台""三维旋转""转换"相关选项,选择需要的样式,相关操作类似设置自选图形的形状样式操作。

4.3.8 文字表格

日常工作中经常要制作表格,文字处理软件具有一定的表格制作、修改和处理表格数据功能,表格中的每个小格称为单元格。在表格中,用户可以方便地进行字符格式的设置,更改行高、列宽等,还可以进行插入、删除、粘贴等编辑处理,并可以自动套用表格格式,使用户可以方便快捷地制作出符合需要的表格。

1. 表格的建立

创建表格的方法常用的有四种,用户可根据自己的需要选择合适的方法创建表格。

1) 快速插入

在文档中需要插入表格的位置单击放置插入点。在"表格"命令下拉列表的"插入表格"中有一个按钮区,在这个按钮区中移动鼠标,文档中将会随之出现与列表中的鼠标划过区域具有相同行、列数的表格。当行、列数满足需要后,单击,文档中即会创建相应的表格。当表格行、列数较多时,表格无法一次完成。

2) 定制插入

在"表格"命令下拉列表的"插入表格"对话框的"行数"和"列数"微调框中输入数值设置表格的行数和列数。

3) 手动绘制

绘制包含不同高度的单元格或每行包含不同列数的表格时,可以手动绘制表格来创建不规则表格。手动绘制表格的最大优势在于,可以像使用笔那样随心所欲地绘制各种类型的表格。

选择"绘制表格"命令后,鼠标指针变为铅笔型,像用铅笔在纸上画表一样,用鼠标在屏幕上绘制表格。有画错的地方通过擦除功能来修正错误。

4) 转换

如果有一段文本且数据之间用分隔符(逗号、空格等)来分隔,那么可以选定这段文本,通过"文本转换成表格"命令打开"将文字转换成表格"对话框,在对话框中单击选中"制表符"单选按钮确定文本使用的分隔符,在"列数"微调框中输入数字设置列数,将此文本直接转换成表格。

2. 表格的编辑

1) 对象的选取

表格是由一个或多个单元格组成的,单元格就像文档中的文字一样,要对它操作,必须先选取它。把插入点定位到单元格里,通过"选择"命令下拉列表选项可选取行、列、单元格或整个表格。

还可以用下述方法进行表格的选择:

(1) 把鼠标指针放到单元格的左下角,鼠标指针变成一个指向右上角的黑色箭头,单击可选定一个单元格,拖动可选定多个。

(2) 像选中一行文字一样,在左边文档的选定区中单击,可选中表格的一行单元格。

(3) 把鼠标指针移到这一列的上边框,等鼠标指针变成向下的黑色箭头时单击即可选取一列。

(4) 把鼠标指针移到表格上,等表格的左上方出现了一个移动标记时,在这个标记上单击即可选取整个表格。

2) 编辑表格中的文字

将插入点定位在要输入文字的单元格中,输入文字;用前面介绍过的文字编辑方法对输入的文字进行编辑(如字体、字号、颜色、对齐方式、复制、移动等),如表 4-3 所示。

表 4-3 表格编辑时键盘的操作

快捷键	功能
→/←	在本单元格文字中右/左移动
↑/↓	上一行/下一行
Tab	下一单元格(插入点位于表格的最后一个单元格时,按[Tab]键将添加一行)
Shift+Tab	上一单元格
Enter	在本单元中表示开始新的一行
Alt+Home	移至本行的第一个单元格
Alt+End	移至本行的最后一个单元格
Alt+Page Up	移至本列的第一个单元格
Alt+Page Down	移至本列的最后一个单元格

3) 增加和删除表格行列

表格创建完成后,往往需要对表格进行编辑修改,如在表格中插入或删除行和列,在表格的某个位置插入或删除单元格。将插入点置于需要插入的行、列位置,通过"表格工具"选项卡选择插入新行或新列,单击"删除"下拉按钮,选择"删除单元格""删除行""删除列""删除表格"命令。

4) 单元格的合并和拆分

单元格的合并是指将两个或多个单元格合并成一个单元格,而单元格的拆分是指将一个单元格变为多个单元格。

使用"合并"命令可实现单元格的合并操作。合并单元格时,如果单元格中没有内容,那么合并后的单元格中只有一个段落标记;如果合并前每个单元格中都有文本内容,那么合并这些单元格后原来单元格中的文本将各自成为一个段落。

使用"拆分"命令可实现单元格的拆分操作。拆分单元格时,如果拆分前单元格中只有一个段落,那么拆分后文本将出现在第一个单元格中;如果段落超过拆分单元格的数量,那么优先从第一个单元格开始放置多余的段落。

5) 单元格中文字的对齐方式

选取单元格中的文字,通过"对齐方式"选择需要的对齐格式。单元格中的文字对齐方式分靠上、中部、靠下三层,每层又分左、中、右三部分,具体方式包括靠上左对齐、靠上居中对齐、靠上右对齐、中部左对齐、水平居中、中部右对齐、靠下左对齐、靠下居中对齐、靠下右对齐共九项选择。与表格对齐方式不同的是,表格对齐方式只涉及水平方式的对齐方式处理,而单元格中对齐方式则涉及水平和垂直两个方向。

6) 复制和删除表格

表格可以全部或部分的复制,与文字的复制一样,先选中要复制的单元格,单击"复制"命令,把插入点定位到要复制表格的地方,单击"粘贴"命令,刚才复制的单元格形成了一个独立的表。

选中要删除的表格或单元格,按[Backspace]键,弹出一个"删除单元格"对话框,其中的几个选项同插入单元格时的是对应的。

注意 选中单元格后按[Delete]键是删除文字,而按[Backspace]键是删除表格的单元格。

7) 表格属性

表格的格式与段落的设置很相似,有对齐、底纹和边框修饰等。通过设置表格的属性可以对表格中的行列设置、对单元格设置和对整个表格设置。

3. 表格数据的处理

文字处理软件的表格中,提供了一定的计算功能,可以进行求和、求平均值等函数运算,可以实现简单的统计功能。具体方法为:单击"公式"命令,在公式栏中输入公式,格式为

=函数(单元格地址)。

1) 函数

可在下面的"粘贴函数"栏中选择,或手动输入;系统默认为求和 SUM。经常使用的函数有 SUM(求和)、AVERAGE(求平均)。

2) 单元格地址

可填写计算方向:ABOVE(系统默认,上)、BELOW(下)、LEFT(左)、RIGHT(右),常用的为插入点的上面 ABOVE、插入点的左边 LEFT。在此处也可以直接引用单元格地址,单元格地址应该用 A1,A2,B1,B2 这样的形式进行引用。其中,字母代表列,数字代表行:

A1　B1　C1
A2　B2　C2
A3　B3　C3

用逗号分隔表示若干个单元格,如(A1,B1,C3)表示 A1,B1 和 C3 单元格。

用冒号分隔表示一个单元格区域,如(A1:C1)表示 A1 到 C1 单元格区域。

对表格中的数据进行排序可通过"排序"命令,打开"排序"对话框,在对话框中可设置"主要关键字""类型"等排序选项。

4.3.9 长文档的编辑与管理

1. 修订和批注

当用户有一份文档需要经过工作组审阅,并且希望能够控制决定接受或拒绝哪些修改时,用户可以将该文档的副本分发给工作组的成员,以便在计算机上进行审阅并将修改标记出来。文档审阅完毕之后,用户可以区分出不同审阅者所做的修订,因为不同审阅者的修订可以用不同颜色进行标记。查看修订后,用户可以接受或拒绝各项修订。在对文档内容进行相关修订和批注操作之前,可以根据实际需要事先设置批注与修订的用户名、位置、外观等内容。

2. 脚注和尾注

脚注和尾注主要用于在打印文档中为文档中的文本提供解释、批注及相关的参考资料。

在一篇文档中可同时包含脚注和尾注。例如,可用脚注对文档内容进行注释说明,而用尾注说明引用的文献。脚注出现在文档中每一页的底端,尾注一般位于整个文档的结尾。

脚注或尾注由两个互相链接的部分组成:注释引用标记和与其对应的注释文本。用户可以使用自动标记编号,也可以创建自定义的标记。添加、删除或移动了自动编号的注释时,文档将对注释引用标记进行重新编号。

在注释中可以使用任意长度的文本,并像处理任意其他文本一样设置注释文本格式。用户可以自定义注释分隔符,即用来分隔文档正文和注释文本的线条。

3. 题注和索引

文档中经常会使用图像、表格和图表等对象,而对于这些对象又常常需要对其进行编号,有时还需要添加文字进行识别,这可以利用题注功能来实现。对纸质图书来说,索引是帮助读者了解图书价值的关键,能够帮助读者了解文档的实质。

4. 交叉引用

交叉引用是对文档中其他位置的内容的引用,可以为标题、脚注、书签、题注、编号段落等创建交叉引用。如果创建的是联机文档,那么可以在交叉引用中使用超链接,这样读者就可以跳转到相应的引用内容。如果后来添加、删除或移动了交叉引用所引用的内容,那么用户需要手动更新所有的交叉引用。只能引用位于同一文档中的内容。要引用其他文档中的内容,需要先将文档合并到主控文档中。

5. 文档部件

文档部件是对指定文档内容,如文本、图片、表格、段落等文档对象进行封装的一个整体部分,能对其进行保存和重复使用。

域是一种占位符,是一种插入文档中的代码,它可以让用户在文档中添加各种数据或启动一个程序。在文档中创建目录、插入页码等时,会自动插入域,利用文档部件可以手动插入域,通过域自动处理文档。默认情况下,域插入文档中后只能看到域结果,而无法看到域代码。如果需要在文档中显示域代码,可以右击域,在快捷菜单中选择"切换域代码"命令即可。一个完整的域代码一般包括四个部分:域名、域指令、开关和域标识符。例如,CREATEDATA 是域名,即域的名称;yyyy 年 M 月 d 日星期 W HH:mm:ss 为域指令。域开关是在域中能够导致特定操作的特殊指令,如 CREATEDATA 域开关可以在"域专用开关"选项卡中选择设置,也可以在域代码中直接输入开关。域标识符是在文档中插入域时代码开头和结尾的大括号"{}"。

6. 邮件合并

邮件合并指的是在邮件文档(主文档)的固定内容中合并与发送信息相关的一组通信资料(数据源),从而批量生成需要的邮件文档。合并邮件的功能除了能够批量处理信函和信封这些与邮件有关的文档之外,还可以快捷地用于批量制作标签、工资条和成绩单等。在批量生成多个具有类似功能的文档时,邮件合并功能能够大大地提高工作效率。

7. 超链接

超链接的外观既可以是图形,又可以是具有某种颜色或带有下画线的文字。超链接表示为一个"热点"图像或显示的文字,用户单击之后可以跳转到其他位置。这一位置可以在用户的硬盘上或公司的 Intranet 上。创建的超链接可以跳转到另一个文档、文件或 Web 页、指向电子邮件地址、链接到其他文档或 Web 页中的特定位置、指向当前文档或 Web 页中某一位置。

4.4 电子表格

电子表格软件是一种应用程序,其外观是一张庞大的二维表格,通过在表格中输入数据,由程序自动完成计算、统计分析、制表及绘图等功能。电子表格软件使用方便,具有强大的数据处理功能(完备的函数运算、精美的自动绘图、方便的数据库管理等),它主要用来管理、组织和处理各种各样的数据,并以表格、图表、统计图形等多种方式输出最终结果。电子表格软件不仅在商业统计上显示强大威力,而且在工程统计分析等其他领域也得到了广泛的应用。

4.4.1 电子表格概述

工作簿是用于存储并处理数据的文件,工作簿名就是文件名,工作簿名显示在标题栏中。

一个工作簿中可以包含多个不同类型的工作表。当前工作的工作表只有一个,称为活动工作表(或当前工作表),工作表名显示在工作表标签中(工作表区的下端)。电子表格一般由表的标题(表的名称)、表头(行标题、列标题)、单元格和单元格内的数据四个主要部分组成,必要时可以在电子表格的下方或其他地方加上表外附加。

电子表格的上方为表的标题,表示表的名称。表的名称也可以用页眉的形式体现出来。行标题通常在电子表格的第一行,它表示的是所研究问题的类别名称和指标名称,通常也称为"类"。电子表格可以显示行列网格,也可以不显示或根据需要显示一部分。同类型数据为列,数据的增加为行。表外附加通常放在电子表格的下方,主要包括资料来源、指标的注释、必要的说明等内容。

每个工作表是由 256 列和 65 536 行组成,行和列相交处形成单元格。每一列列标由 A,B,C 等表示,每一行行号由 1,2,3 等表示,所以每一单元格的位置由交叉的列标、行号表示。例如,在列 B 和行 5 交叉的单元格可表示为 B5。如图 4-2 所示,在 B5 单元格内的数据是"户晨西"。

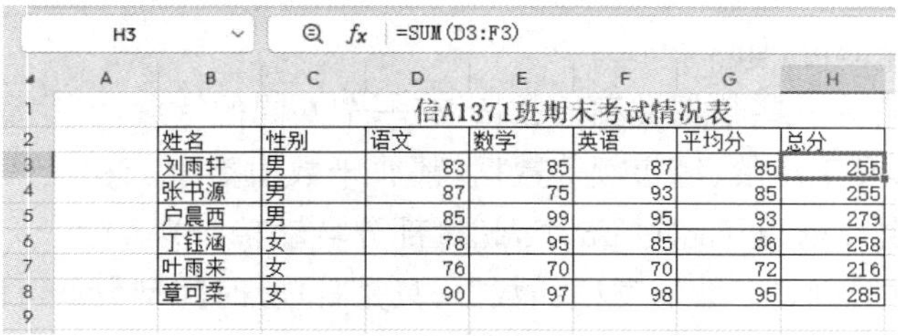

图 4-2 工作表界面

每个工作表中只有一个单元格为当前工作的,称为活动单元格或当前单元格,屏幕上带粗线黑框的单元格就是活动单元格,此时可以在该单元格中输入和编辑数据。

1. 输入数据

建立工作表的第一步应该是输入数据,单元格是存储数据的基本单位,为了便于数据管理,电子表格将其分为不同的数据类型。电子表格能够按照其约定,自动识别所输入的是什么类型的数据,输入的数据能够按照默认的格式存放。

1) 单元格的选取

在执行大多数命令或操作前,必须选定要工作的单元格。选定的单元格将被突出显示出来,随后的操作和命令将作用于选定的单元格。当单一单元格被选取时,其四周将以粗边框包围,此单元格称为活动单元格,同一时刻只有一个活动单元格。

(1) 选定单个单元格:单击所选取的单元格或按下箭头键移动到单元格位置,选定的单元格由粗边框包围。

(2) 选定连续单元格区域:将鼠标指针移动到欲选定区域的任意一个角上的单元格,按下鼠标左键并拖动到欲选定区域的单元格的对角单元格,然后释放鼠标左键。例如,将鼠标指针移到 B5 单元格,按下鼠标左键并拖动到 D8 单元格,然后释放鼠标左键,被选定的单元格以反白显示,而活动单元格仍为白色背景。

(3) 选定整行或整列:要选定某一整行或整列,只要单击行号或列标即可。选定相邻的多行或多列,可单击拖动行号或列标,或者选定第一行或第一列,然后按下[Shift]键,再选择最后一行或最后一列。

(4) 选取非相邻单元格或单元格区域:首先选取第一个单元格或单元格区域,然后按下[Ctrl]键,再选取其他的单元格或单元格区域。

(5) 选取大范围的单元格区域:选取单元格区域的第一个单元格,使用滚动条移动工作表,找到区域的对角单元格,按下[Shift]键的同时单击此单元格。

(6) 选取整个工作表的所有单元格:工作表区的左上角行号和列标交叉位置有一个按钮,称为"全部选取框"按钮,若要选取整个工作表的所有单元格,可单击此按钮。

2) 向单元格中输入数据

在单元格里可以直接输入数据,为了便于数据管理,电子表格将其分为不同的数据类型。内置有常规、数值、货币、日期/时间、百分比、文本、自定义等数据类型,这些数据类型可划分为四类:文字(字符)型、数值(数字)型、日期/时间型、公式与函数。

(1) 文字可以是一个字母、一个汉字,也可以是一个句子,说明性与解释性的数据描述称为文本类型。由数字组成的文本称为数值型文本,如邮政编码、电话号码等,在键入这些资料时,用半角单引号"'"引导即可,如'332000。

(2) 数值可以理解为一些数据类型的数量,有一个共同的特点,就是常用于各种数学计算。工资金额、学生成绩、员工年龄、销售额等数据,都属于数值类型。在默认状态下,所有数值在单元格中均右对齐(数字长度不超过 15 个,超过部分自动转换为 0)。

(3) 日期/时间数据也属于数值类型的数据,只是日期/时间型数据可以含有"年""月""日"这样的字符,也可以含有如 Mon,Sep 这样的英文日期缩写词。工作表中的日期和时间的显示均取决于单元格中所采用的数字显示格式,当电子表格辨认出键入的日期或时间时,单元格的格式就由常规的数字格式变为内部的日期或时间格式,如果不能辨认当前输入的日期或时间,就当作文本处理。若要在同一单元格输入日期和时间,则只需将日期与时间用空格隔开。时间和日期可以进行运算。时间相减将得时间差;时间相加将得到总时间。日期也可以进行相减,相减得到相差的天数;当日期加上或减去一个整数,将得到另一日期。

(4)公式是在单元格中,以等号"="标识开头,描述符合规范要求的,可以被系统执行的算式。因为有了公式,所以使得数据计算和统计分析成为可能。公式是用户按语法格式,手动在单元格中写出来的。在默认状态下,由公式计算获得的数据在单元格中显示,同时均右对齐。

在单元格区域中输入数据的方法如下:选择要输入数据的单元格区域,单元格可以相邻,也可以不相邻;在第一个被选定的单元格输入数字或文本;按[Enter]键完成输入并移动到当前单元格下方的单元格,按[Shift+Enter]快捷键移动到上方单元格,按[Tab]键从左至右移动,按[Shift+Tab]快捷键则从右至左移动。

3)输入、建立序列

在工作表中经常会用到许多序列,如数学序列、日期序列、月份序列等。电子表格不仅提供了输入序列的简便方法,而且用户也可以自己定义序列。

在输入序列时会用到"填充柄",如果选定了一个区域,那么在选定区域的右下角会有一个黑色的小方块,这就是"填充柄",将鼠标指针移到"填充柄",指针会变成黑色的小十字,拖动"填充柄"就可以复制单元格的内容到相邻单元格,或使用数据序列填充相邻的单元格。

填充序列类型可分为以下几种。

(1)时间序列:时间序列包括指定增量的日、星期和月,或诸如星期、月份和季度的重复序列。

(2)等差序列:建立等差序列时,电子表格会根据步长来决定数值的升序或降序。

(3)等比序列:建立等比序列时,电子表格将数值乘以常数因子。

(4)其他序列:包括数字和文本的组合序列及自定义序列。

电子表格可以自动填充日期、时间和数字系列,包括数字和文本的组合系列。在如图4-3所示的"序列"对话框中设置选项可以填充序列。

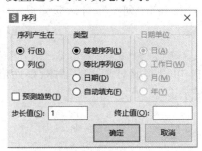

图4-3 "序列"对话框

(1)选择要填充区域的第一个单元格,输入序列的初始值。如果序列的步长不是1,那么在下一个单元格中输入序列的第二个数字,这两个数之间的相差就决定了该序列的步长。

(2)单击拖动"填充柄"到最后一个单元格。

(3)升序填充时向下或向右拖动"填充柄",降序填充时向上或向左拖动"填充柄"。

如果需要按照自定义的文本序列来给电子表格排序,那么可以通过"选项"对话框中"自定义序列"命令,在"输入序列"文本框中输入自定义的文本内容或通过"导入"按钮从单元格导入,添加新的序列,如图4-4所示。

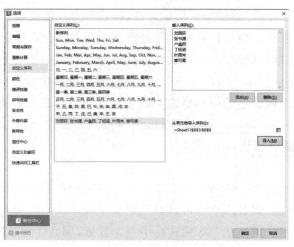

图 4-4　自定义序列

2. 格式化工作表

格式化工作表就是把工作表"打扮"得更漂亮、更美观，从而使工作表更具吸引力和说服力。格式化操作包括调整行高和列宽，改变单元格内容的字体、颜色、对齐方式及单元格边框的线型、颜色和单元格的底纹图案等。

1）调整行高与列宽

有时列宽不能完全显示所有的输入项，或行高不合适，就需要调整行高和列宽，以使显示内容达到最佳状态。

通过鼠标可以调整行高与列宽。将鼠标指针指向欲调整的行（列）的灰色行标题的下（右）方边框线，指针的形状会改变，按下鼠标左键并拖动行（列）标题的边框线上下（左右）移动，以改变行高与列宽。也可以通过"行高"（"列宽"）对话框编辑栏中输入行高（列宽）值来调整行高与列宽。

2）设置单元格格式

在"单元格格式"对话框中，可以完成对文字的字体、单元格中的填充、表格的边框、数字和对齐方式的设置，如图 4-5 所示。

图 4-5　"单元格格式"对话框

(1)字体设置。

字体设置包括字体、字号、字形、下画线、字体颜色等。也可以为单元格设置上、下标等特殊效果。

(2)数字设置。

数字设置包括常规、数值、货币、会计专用、日期、时间、百分比、分数、科学记数、文本、特殊等数字类型,如表4-4所示。如果没有所需选项,可以创建自定义的数字格式。

表4-4 数字格式类型

分类	要求
常规	无特殊的数字格式
数值	要千位分隔符,小数位数和负数格式
货币	要小数位数,货币符号和负数格式
会计专用	货币符号和小数点位数对齐
日期	把日期和时间显示为日期
时间	把日期和时间显示为时间
百分比	百分数的形式
分数	分数的形式
科学记数	科学(记数)格式,E+
文本	文本或把数字作为文本
特殊	邮政编码、电话号码及社会保险号等

内置的数字格式已经可以满足对数据格式设置的绝大多数需要,但是在某些情况下可能需要使用特殊的数字格式,这时就要用到自定义数字格式功能。例如,将图4-6中学生档案表的出生日期显示星期几,身高保留两位小数并以CM为单位,可以在"自定义"选项中将出生日期设置成"yyyy/m/d AAAA",身高设置成"0.00"CM"",设置后表格显示如图4-7所示。

姓名	性别	出生日期	政治面貌	身高
丁钰涵	女	2003/6/22	党员	168
户晨西	男	2003/5/20	团员	178
张书源	男	2002/8/8	团员	175
叶雨来	女	2003/10/10	群众	165
刘雨轩	男	2002/1/20	党员	172
章可柔	女	2003/4/5	党员	167

图4-6 自定义数字格式设置前原始表

姓名	性别	出生日期	政治面貌	身高
丁钰涵	女	2003/6/22 星期日	党员	168.00 CM
户晨西	男	2003/5/20 星期二	团员	178.00 CM
张书源	男	2002/8/8 星期四	团员	175.00 CM
叶雨来	女	2003/10/10 星期五	群众	165.00 CM
刘雨轩	男	2002/1/20 星期日	党员	172.00 CM
章可柔	女	2003/4/5 星期六	党员	167.00 CM

图4-7 自定义数字格式设置后效果表

基本数字格式代码:使用数字格式代码,可以创建所需的自定义数字格式。数字格式代码由四部分组成,每部分用分号分隔。每部分依次定义正数、负数、零值和文本格式。如果只用两部分,那么第一部分将用于正数和零,第二部分用于负数;如果只用一部分,那么所有的数字将使用该格式。如果跳过一个部分,那么应包括分号。表4-5所示列出了可用于创建自定义数字格式的代码类型,这些内容在创建自定义数字格式时非常有用。

表4-5 用于创建自定义数字格式的代码

代码	说明
G/通用格式	默认的"常规"数字格式
0	数字占位符,对于无效数字位以0显示
#	数字占位符,只显示有效数字而不显示0
?	数字占位符,为小数点两侧无意义的0添加空格,还可以将此符号用于具有可变位数的分数
@	文本占位符
.	小数点
,	千位分隔符
%	百分号
*	重复指定字符以填充列宽
\或!	显示字符"\"或"!"的下一个字符
_	保留一个或下一个字符等宽的空格
E−,E+,e−和e+	科学记数符号
"文本内容"	显示双引号之间的内容
−,+,/,(,),$,空格	在单元格中直接显示这些字符
[颜色]	设置格式中某一部分的颜色,可以用文字代替:红色、黄色等
[颜色n]	显示调色板的颜色,n 表示0~56的数字
条件值	使用条件语句指定在符合条件的情况下使用指定的格式

如果格式中包括"AM"或"PM",则按12小时计时,"AM""am""A"或"a"表示从午夜12点到中午12点之间的时间,"PM""pm""P"或"p"表示从中午12点到午夜12点之间的时间,否则按24小时计时。如果在"h"格式代码后马上使用"m",那么将不显示月份而显示分钟,否则将显示月份而不是分钟。若要显示的小时大于24,分或秒大于60,则需要在时间格式的最左端加方括号。例如,时间格式[h]:mm:ss可以显示大于24的小时数。

(3)对齐设置。

对齐设置包括顶端对齐、垂直居中、底端对齐、左对齐、居中和右对齐等对齐方式。文本水平对齐分类如表4-6所示。若要使选定的文本在单元格内垂直对齐,可分别选取"靠上""居中""靠下"或"两端对齐"。若要使选定的文本按行高在单元格中垂直均匀分布,可选取"分散对齐"。各种对齐效果可以参考如图4-8所示的实例。

表 4-6 文本水平对齐分类表

水平对齐分类	分类说明
常规	使文字左对齐,数字右对齐,逻辑值和误差值居中
靠左(缩进)	使选定文本左对齐
居中	使选定文本在本单元格居中对齐
靠右(缩进)	使选定文本右对齐
两端对齐	使选定文本左右都对齐,但至少要有一行折行的文本才能看到调整的效果
跨列居中	使活动单元格中的输入项在选定的多个单元格中跨列居中
分散对齐(缩进)	使选定的文本在单元格中水平均匀分布

图 4-8 文本对齐方式示例

（4）表格边框设置。

默认情况下,工作表中显示的表格线是灰色的,这些灰色的表格线在打印时是不会被打印出来的,如果要打印这些表格线,那么需要为表格添加边框线。在"边框"选项卡中可以设置不同的线型及适当的颜色。

4.4.2 公式

除了能在电子表格中输入常数之外,还可以输入公式和函数,进行计算或解答问题,也正是有了公式和函数,电子表格程序才有了实际的意义,发挥出它强大的功能。公式有助于分析工作表中的数据,对工作表的数值可以进行诸如加、乘或比较等操作,在工作表中需要输入计算值时可以使用公式。公式可以包含下述元素:运算符、单元格引用值、工作表函数及名称。在编辑时键入这些元素的组合即可将公式输入到工作表单元格中,输入公式时必须由等号开始。

1. 公式

公式的语法格式为＝操作数与运算符与函数。

按［Ctrl＋`］快捷键,可以使单元格在显示公式与显示公式的值之间进行切换。

2. 运算符

运算符用于对公式中的元素进行运算操作,在电子表格中主要有下列四种运算符。

(1) 算术运算符:完成基本的数学运算,结合数字数值并产生数字结果。

+　　　加

−　　　减(在数值前面表示负号,如−1)

*　　　乘

/　　　除

%　　　在数值后面,表示百分数,如 20%

^　　　幂

(2) 比较运算符:比较两个数据并且产生逻辑型 TRUE 或 FALSE。

=　　　等于

>　　　大于

<　　　小于

>=　　大于或等于

<=　　小于或等于

<>　　不等于

(3) 文本运算符:将一个或多个文本连接为一个组合文本值。

&　　　连接两个文本值产生一个连续的文本值

(4) 引用运算符:

:　　　区域,对包括两个引用区域在内的所有单元格进行引用

,　　　联合,产生由两个引用合成的引用

空格　　交叉,产生两个引用的交叉引用

3. 引用地址

引用是对工作表的一个或一组单元格进行标识,它告诉电子表格公式使用哪些单元格的值。通过引用,可以在一个公式中使用工作表不同部分的数据,或者在几个公式中使用同一单元格的数值。同样,可以对工作簿的其他工作表中的单元格进行引用,甚至对其他工作簿或其他应用程序中的数据进行引用。对其他工作簿中的单元格的引用称为外部引用;对其他应用程序中的数据的引用称为远程引用。

1) 相对引用

相对引用时单元格引用地址表示的是单元格的相对位置,而非在工作表中的绝对位置,当公式所在的单元格位置变更时,单元格引用也会随之改变。相对地址引用直接以列标和行号表示。例如,E3 单元格中的公式"=C3*D3"表示意义为:E3 单元格中的值为同行第三列单元格中的值乘以同行第四列单元格中的值。

2) 绝对引用

单元格绝对引用的表示法为在行号和列标前加符号"$",如果使用绝对地址引用,那么在进行含有公式的单元格复制时,引用的地址不会发生变化。

3) 混合引用

单元格的混合引用是指在引用地址时行号或列标两者只有一个采用绝对引用,如 $C5,C$5。

按[F4]键可以改变引用地址的表示法。首先将插入点放置在欲改变引用表示法的引用地址上,然后按[F4]键,引用地址将在"相对引用""绝对引用"和"混合引用"之间切换,如按[F4]键,引用C5将依次改变为＄C＄5,C＄5,＄C5,C5。

4) 外部引用

在几个工作簿之间处理大量数据或复杂公式时,可使用外部引用。这些外部引用的创建方式不同,而且在单元格或编辑栏中显示的方式也不同。当无法做到将多个大型工作表模型一起保存在同一个工作簿中时,外部引用特别有用。

如果使用单元格引用创建外部引用,那么也可以将公式应用于这些信息。通过在各种类型的单元格引用之间进行切换,还可以控制在移动外部引用时要链接到的单元格。例如,如果使用相对引用,那么当移动外部引用时,其链接到的单元格会更改,从而反映其在工作表上的新位置。

创建从一个工作簿到另一个工作簿的外部引用时,应该使用一个名称来引用要链接到的单元格。可以使用已定义的名称创建外部引用,也可以在创建外部引用时定义名称。通过使用名称,可以更容易地记住要链接到的单元格内容。使用已定义名称的外部引用在移动它们时不会更改,因为名称引用特定的单元格或单元格区域。如果希望使用已定义名称的外部引用在移动它时更改,那么可以更改外部引用中所使用的名称,也可以更改名称所引用的单元格。

根据源工作簿(为公式提供数据的工作簿)在电子表格中处于打开还是关闭状态,包含对其他工作簿的外部引用的公式具有两种显示方式。当源工作簿在电子表格中处于打开状态时,外部引用包含用方括号括起来的工作簿名称,然后是工作表名称和感叹号,接着是公式要计算的单元格。当源工作簿未在电子表格中打开时,外部引用包含完整路径。如果其他工作表或工作簿的名称中包含非字母字符,那么必须将相应名称(或路径)用单引号括起来。链接到其他工作簿中已定义名称(名称:代表单元格、单元格区域、公式或常量值的单词或字符串)的公式,使用其后跟有感叹号的工作簿名称。

4.4.3 函数

电子表格提供了许多内部函数,可实现对工作表的计算。在工作中灵活使用函数可以节省时间,提高效率。在函数中实现函数运算所使用的数值称为参数,函数返回的数值称为结果。在工作表中通过在公式中输入的方法使用函数。括号告诉电子表格参数从哪里开始,到哪里结束,括号必须成对,并且前后不能有空格。参数可以是数字、文本、逻辑值、数值或引用。当函数的参数本身也是函数时,就是所谓的嵌套。使用函数时,用户可以在编辑栏中直接输入,但必须保证输入的函数名正确无误,并输入必要的参数。电子表格提供的函数很多,有时用户也许记不清函数的名字和参数,为此电子表格提供了函数向导来帮助建立函数。

电子表格提供了大量的标准函数,按其功能分类可分为兼容性函数、多维数据集函数、数据库函数、日期与时间函数、工程函数、财务函数、信息函数、逻辑函数、查找与引用函数、数学与三角函数、统计函数、文本函数、与加载项一起安装的用户定义的函数、Web函数等。表4-7至表4-13分别给出了几种常用类型函数的说明。

表 4-7 日期与时间函数

函数名称	说明
DATE	返回特定时间的系列数
DATEDIF	计算两个日期之间的年、月、日数
DATEVALUE	将文本格式的日期转换为系列数
DAY	将系列数转换为月份中的日
HOUR	将系列数转换为小时
MINUTE	将系列数转换为分钟
MONTH	将系列数转换为月
NOW	返回当前日期和时间的系列数
SECOND	将系列数转换为秒
TIME	返回特定时间的系列数
TIMEVALUE	将文本格式的时间转换为系列数
TODAY	返回当天日期的系列数
WEEKDAY	将系列数转换为星期
YEAR	将系列数转换为年

表 4-8 信息函数

函数名称	说明
INFO	返回有关当前操作环境的信息
ISBLANK	假如值为空,则返回 TRUE
ISERROR	假如值为任何错误值,则返回 TRUE
ISEVEN	假如数为偶数,则返回 TRUE
ISLOGICAL	假如值为逻辑值,则返回 TRUE
ISNONTEXT	假如值不是文本,则返回 TRUE
ISNUMBER	假如值为数字,则返回 TRUE
ISODD	假如数为奇数,则返回 TRUE
ISTEXT	假如值为文本,则返回 TRUE

表 4-9 逻辑函数

函数名称	说明
AND	假如所有参数为 TRUE,则返回 TRUE
FALSE	返回逻辑值 FALSE
IF	指定要执行的逻辑检测
NOT	反转参数的逻辑值
OR	假如任何参数为 TRUE,则返回 TRUE
TRUE	返回逻辑值 TRUE

表 4-10　查找与引用函数

函数名称	说明
CHOOSE	从值的列表中选择一个值
COLUMN	返回引用的列标
COLUMNS	返回引用中的列数
INDEX	使用索引从引用或数组中选择值
LOOKUP	在向量或数组中查找值
MATCH	在引用或数组中查找值
ROW	返回引用的行号
ROWS	返回引用中的行数
VLOOKUP	查找数组的第一列并移过行,然后返回单元格的值

表 4-11　数学与三角函数

函数名称	说明
ABS	返回数的绝对值
ACOSH	返回数的反双曲余弦值
ASIN	返回数的反正弦
CEILING	对数字取整为最接近的整数或最接近的多个有效数字
COS	返回数的余弦
COUNTIF	计算符合给定条件的区域中的非空单元格数
DEGREES	将弧度转换为度
EXP	返回 e 的指定数乘幂
FLOOR	将参数 Number 沿绝对值减小的方向取整
GCD	返回最大公约数
INT	将数向下取整至最接近的整数
LCM	返回最小公倍数
LN	返回数的自然对数
LOG	返回数的指定底数的对数
LOG10	返回以 10 为底的对数
MOD	返回两数相除的余数
PI	返回 Pi 值
POWER	返回数的乘幂结果
PRODUCT	将所有以参数形式给出的数字相乘
RAND	返回 0 和 1 之间的随机数
RANDBETWEEN	返回指定数之间的随机数
ROMAN	将阿拉伯数字转换为文本形式的罗马数字

续表

函数名称	说明
ROUND	将数四舍五入取整至指定数
SIGN	返回数的正负号
SIN	返回数的正弦
SQRT	返回正平方根
SUBTOTAL	返回清单或数据库中的分类汇总
SUM	返回所有数值的和
SUMIF	按给定条件添加指定单元格
SUMPRODUCT	返回相对应的数组部分的乘积和

表 4-12 统计函数

函数名称	说明
AVERAGE	返回参数的平均值
AVERAGEA	返回参数的平均值,包括数字、文本和逻辑值
COUNT	计算参数列表中的数字多少
COUNTA	计算参数列表中的值多少
MAX	返回参数列表中的最大值
MIN	返回参数列表中的最小值
MODE	返回数据集中的出现最多的值
PERCENTRANK	返回数据集中值的百分比排位
RANK	返回某数在数字列表中的排位

表 4-13 文本函数

函数名称	说明
ASC	将字符串中的全角(双字节)英文字母或片假名更改为半角(单字节)字符
DOLLAR	使用当前格式将数字转换为文本
EXACT	检查两个文本值是否相同
FIND	在其他文本值中查找文本值(区分大小写)
LEFT	返回文本值中最左边的字符
LEN	返回文本串中字符的个数
LOWER	将文本转换为小写
MID	从文本串中的指定位置开始返回特定数目的字符
REPLACE	替换文本中的字符
REPT	按给定次数重复文本
RIGHT	返回文本值中最右边的字符
SEARCH	在其他文本值中查找文本值(不区分大小写)

续表

函数名称	说明
SUBSTITUTE	在文本串中使用新文本替换旧文本
TEXT	设置数字的格式并将其转换为文本
TRIM	删除文本中的空格
UPPER	将文本转换为大写
VALUE	将文本参数转换为数值

4.4.4 图表

文字及表格数据固然能够反映问题,但是一张设计良好的图表则更具有吸引力和说服力,图表简化了数据间的复杂关系,描绘了数据的变化趋势,能够使用户更清楚地了解数据所代表的意义。电子表格可绘制多种类型的图表,每一种图表中又包括多种模式,几乎能够满足用户的所有需要。

1. 图表元素

在学习绘制图表前,有必要了解图表中各元素的名称。图表中的某些元素可由用户根据需要决定是否加上。

图表区:整个图表区域。

图形区:图表区中绘制图形的区域。

图表标题:每一张图表都应有一个标题,标题简要地说明了图表的意义。标题应简短、明确地表示数据的含义。

数据系列:每一张图表都由一个或多个数据系列组成,系列就是图形元素(如线、条形、扇区)所代表的数据集合。

坐标轴:除饼图、圆环图、雷达图不需要坐标轴外,其他类型的图表都应有坐标轴。分类 X 坐标轴表示数据系列的分类,数据 Y 坐标轴表示度量单位,每个坐标轴通常有一个标题来表示数据的类别和度量单位。

坐标轴刻度线标记:用来标记分类 X 轴。

网格线:用来标记度量单位的线条,以便于分清各数据点的数值。

图例:当图表表示多个数据系列时,可以用图例来区分各个系列。

2. 图表类型

每种图表类型提供了不同的方法来分析数据和表示数值信息,选择合适的图表类型,有助于分析数据、说明问题。

1)条形图和柱形图

比较项目之间的关系而不是在时间上的变化时,选用柱形图。堆积柱形图可以清晰地显示整体中的各个组成部分。堆积柱形图的特殊情况是"100%"柱形图,它可以表示整体中各个组成部分所占的百分比。条形图与柱形图类似,只是方向为水平方向,适用于显示较长的数值坐标。

2)折线图

折线图用于描述和比较数值数据的变化趋势,有效地表示一个或多个数据集合在时间上的变化,尤其是随时间发生的动态变化。在单个图表中,不宜使用过多的系列,以使图清晰明了。

3) 圆环图和饼图

圆环图和饼图通常用部分在整体中所占的百分比或数值来表示部分与整体的关系。每一个切片可以标记出数值或所占的百分比。当强调一个或多个切片时，可以把它们分离出来，以吸引观众的注意力。

4) XY散点图

散点图中的点一般不连，每一点代表了两个变量的数值，用来分析两个变量之间是否相关。

5) 面积图

面积图可以看作折线图的一种特殊形式，它表示系列数据的总值，而不强调数据的变化情况。

当需要增强图表的视觉效果时，可以使用相应的三维图表，如三维饼图、三维折线图、三维条形图及三维柱形图。

3. 图表的编辑与设置

如果已经创建好的图表不符合用户要求，那么可以对其进行编辑，设置图表元素的格式、调整图表的位置和大小、更改图表的类型、更改数据系列、交换行/列数据、显示或隐藏网格线等，以达到更好的呈现效果。

4.4.5 数据管理与分析

电子表格是专业的数据处理软件，其除了能够方便地创建各种类型的表格和进行各种类型的计算之外，还具有对数据进行分析处理的能力。用户通过对数据进行分析，可以对工作进行安排和规划。

1. 数据的排序

在刚开始建立的数据库中，一般是没有按照某字段排序的。即使建立清单时是按某顺序输入的，但随着记录的增加与修改，原来有序的可能也会变成无序，而且通常必须打印出数据清单，在打印出的页面上，无法使用搜索和筛选功能。因此，建立一份有序的数据清单，将会给查询工作带来很大方便。

电子表格可以根据一列或几列中的数值对数据清单排序。同样，如果数据清单是按列建立的，那么也可以按照某行中的数值对列排序。排序时，电子表格将利用列或指定的排序次序重新设定行、列及各单元格。

1) 单列排序

选择单元格区域中的列字母、数值、日期或时间数据，或者确保活动单元格在包含这些数据的表格列中。单击"升序"命令，将进行升序排序；单击"降序"命令，将进行降序排序。

2) 多列排序

在进行单列排序时，是使用工作表中的某列作为排序条件，如果该列中具有相同的数据，此时就需要使用多列排序进行操作。根据排序要求选择相应的"主要关键字"，可添加"次要关键字"。如果还有排序条件，那么可以继续添加"次要关键字"。

默认情况下，如果按照升序排列，那么将按下面规则进行排序：数字将按照从最小的负数到最大的正数的顺序排列；日期将按照从早到晚的顺序排列；对于逻辑值，FALSE排在

TRUE 的前面,空单元格排在所有非空单元格的后面,错误值的排序优先级相同。

2. 数据筛选

使用记录单查询记录,一次只能显示一个记录,而且在每列中只能设置一个条件。而数据筛选功能可以在清单中集中显示所有符合条件的记录(数据行),不符合条件的记录被隐藏起来。同时,还可以在每列中指定两个以上的条件。

筛选有三种方法,分别为自动筛选、自定义筛选和高级筛选,高级筛选适用于条件比较复杂的筛选。筛选时,根据数据清单中不同字段的数据类型,显示不同的筛选选项。

1) 自动筛选

自动筛选为用户提供了在具有大量记录的数据清单中快速查找符合某种条件记录的功能。在要进行筛选的数据清单中选定单元格,单击"筛选"命令,字段名称将变成一个下拉列表框,此时可以根据需要进行筛选。

2) 自定义筛选

当自带的筛选条件无法满足需要时,也可以根据需要自定义筛选条件。在"自定义自动筛选方式"对话框中,使用同一数据列的一个或两个比较条件来筛选数据清单。要匹配某一个条件,可单击第一个运算项框旁边的箭头,然后选择所要使用的比较运算符。要匹配两个条件,可单击"与"或"或"单选按钮,然后在第二个比较运算项和列标题框中,选择所需的运算项和数值。

3) 高级筛选

在进行工作表筛选时,如果需要筛选的字段比较多,且筛选的条件也比较复杂,那么使用自动筛选操作将比较麻烦,此时可以使用高级筛选功能来完成符合条件的筛选操作。进行高级筛选时,首先要指定一个单元格区域放置筛选条件,然后以该区域中的条件来进行筛选。

例如,如图4-9所示,筛选出"语文>85且英语大于90"的记录行,操作步骤如下:

图4-9 建立匹配条件

(1) 在任一空白单元格中,键入或复制要用来筛选数据清单的条件标题(字段名称),这些应该与要筛选的列的标题一致;

(2) 在条件标题下面的行中,键入要匹配的条件;

(3) 单击数据清单中的单元格;

(4) 单击"高级筛选"命令;

(5) 在弹出的"高级筛选"对话框中,设置"列表区域"为"＄B＄2:＄I＄8","条件区域"为"＄K＄2:＄L＄3",将筛选结果复制到"＄B＄11";

(6) 返回工作表后可见按照条件筛选后的结果。

"高级筛选"条件示例:要对不同的列指定多重条件,可在条件区域的同一行中输入所有的

条件。例如，条件区域

语文	英语
>85	>90

将显示所有满足“语文大于 85 且英语大于 90”条件的记录行。

要对不同的列指定一系列不同的条件，可在条件区域的不同行中键入条件。例如，条件区域

语文	英语
>85	
	>90

将显示所有满足“语文大于 85 或英语大于 90”条件的记录行。

3. 数据分类汇总

在用户对工作表中的数据进行处理时，经常要对某些数据进行求和、求平均值等运算。电子表格提供了对数据清单进行分类汇总的方法，能够很方便地按用户指定的要求进行汇总，并且可以对分类汇总后不同类别的明细数据进行分级显示。分类汇总的前提是先要将数据按分类字段进行排序，再进行分类汇总，否则汇总后的信息无意义。

1）创建分类汇总

如果要建立数据清单的分类汇总，那么可以按照下列步骤进行：

(1)对需要进行分类汇总的字段进行排序，如对图 4－9 中数据清单按“性别”进行排序。

(2)在数据清单中选择任意单元格。

(3)在“分类汇总”对话框中选择要进行分类汇总的数据组的数据列，选择的数据列要与步骤(1)中的排序的列相同。

(4)在“汇总方式”列表框中选择进行分类汇总的函数。

(5)在“选定汇总项”列表框中，选定要分类汇总的列。数据列中的分类汇总是以“分类字段”框中所选择列的不同项为基础的。

(6)若要用新的分类汇总替换数据清单中已经存在的所有分类汇总，则需选中“替换当前分类汇总”复选框。若要在每组分类汇总数据之后自动插入分页符，则须选中“每组数据分页”复选框。若要在明细数据下方插入分类汇总行和总汇总行，则须选中“汇总结果显示在数据下方”复选框。

(7)设置完毕后，单击“确定”按钮，如图 4－10 所示就是分类汇总的结果。

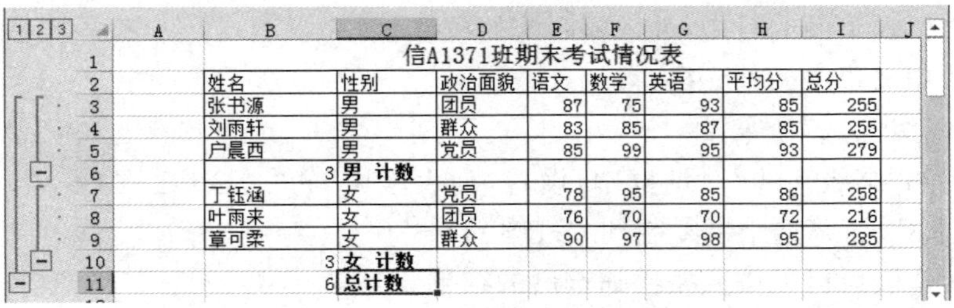

	A	B	C	D	E	F	G	H	I
1		信A1371班期末考试情况表							
2		姓名	性别	政治面貌	语文	数学	英语	平均分	总分
3		张书源	男	团员	87	75	93	85	255
4		刘雨轩	男	群众	83	85	87	85	255
5		户晨西	男	党员	85	99	95	93	279
6		3	男 计数						
7		丁钰涵	女	党员	78	95	85	86	258
8		叶雨来	女	团员	76	70	70	72	216
9		章可柔	女	群众	90	97	98	95	285
10		3	女 计数						
11		6	总计数						

图 4－10　分类汇总结果

2) 分级显示

要想在前面的分类汇总的基础之上再次进行分类汇总,选中数据区域中的任意单元格,在"分类汇总"对话框中勾选需要汇总的项。在图 4-10 中可以看到,对数据清单进行分类汇总后,在行号的左侧出现了分级显示符号,主要用于显示或隐藏某些明细数据。

为了显示总和与列标,则需单击行级符号 1。为了显示分类汇总与总和,则需单击行级符号 2。这里,单击行级符号 3,会显示所有的明细数据。

单击"隐藏明细数据"按钮 -,表示将当前级的下一级明细数据隐藏起来;单击"显示明细数据"按钮 +,表示将当前级的下一级明细数据显示出来。

3) 删除分类汇总

如果用户在进行"分类汇总"操作后,觉得不需要进行分类汇总,那么可以选中数据区域中的任意单元格,在"分类汇总"对话框中左下角单击"全部删除"按钮,再单击"确定"按钮即可。

4. 数据分析

电子表格具有十分强大的数据分析功能,它提供很多工具帮助用户分析工作表中的数据。例如,用户可以使用模拟运算表来分析公式中某些数值的变化对计算结果的影响,还可以使用单变量求解或规划求解来对数据进行分析处理计算,从而得出合理的结果。

1) 使用模拟运算表分析数据

模拟运算表作为工作表中的一个单元格区域,可以显示公式中某些数值的变化对计算结果的影响。模拟运算表为同时求解某一运算过程中所有可能变化值的组合提供了捷径,并且它还可以将不同的计算结果同时显示在工作表中,便于查找和比较。

(1) 创建单变量模拟运算表。

如果在工作表中有几个输入单元格,这些单元格中数值的变化将影响到一个或多个公式的计算结果,那么这时可以创建单变量模拟运算表来观察计算结果所受到的影响。

下面举例说明创建单变量模拟运算表的步骤。

① 在工作表中输入如图 4-11 所示的内容,其中 D3 和 D6 单元格中公式为"=＄D＄1＊＄D＄2"。

	A	B	C	D	E
1			本金	10000	
2			年利率	2.00%	
3			年利息	200	
4					
5				年利息	
6			年利率	200	
7					

图 4-11 用于创建单变量模拟运算表的数据

② 选定作为模拟运算表的区域,如图 4-12 所示。要创建的模拟运算表是以 D2 单元格作为输入单元格,用 C7:C12 单元格区域中的数据来替换输入单元格中的数据,D7:D12 单元格区域中显示输入单元格数据的变化对 D6 单元格中的公式产生的影响。

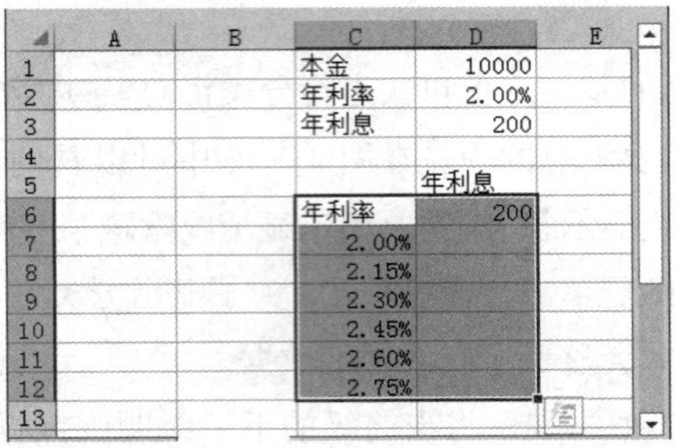

图 4-12 选定模拟运算表的单元格区域

③选择"模拟运算表"命令。因为这里是用一列数据替换输入单元格中的数据,所以单击"输入引用列的单元格"文本框,然后在工作表上单击拾取单元格 D2。

④单击"确定"按钮,建立的单变量模拟运算表如图 4-13 所示。

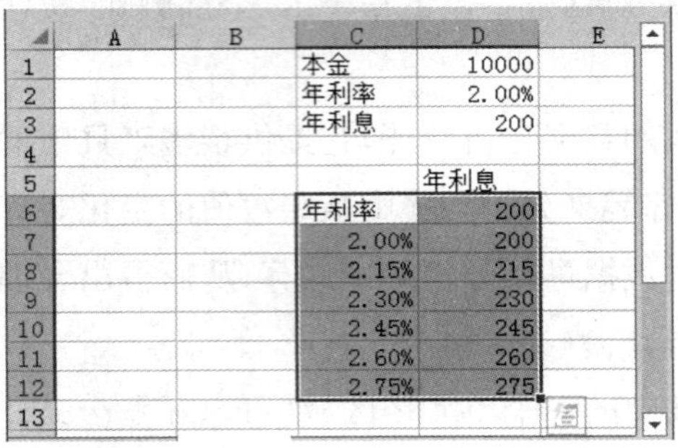

图 4-13 建立的单变量模拟运算表

(2) 创建双变量模拟运算表。

上面创建了单变量模拟运算表,这个表中本金是 10 000 元。通过模拟运算表,可以看出单个变量(年利率)对计算结果(年利息)的影响。如果希望观察本金和年利率同时变化对计算结果的影响,那么可以创建双变量模拟运算表。

下面举例说明创建双变量模拟运算表的步骤。

①在工作表中输入如图 4-14 所示的内容,其中 D6 单元格中显示计算结果(年利息),它的公式为"=＄D＄1*＄D＄2"。

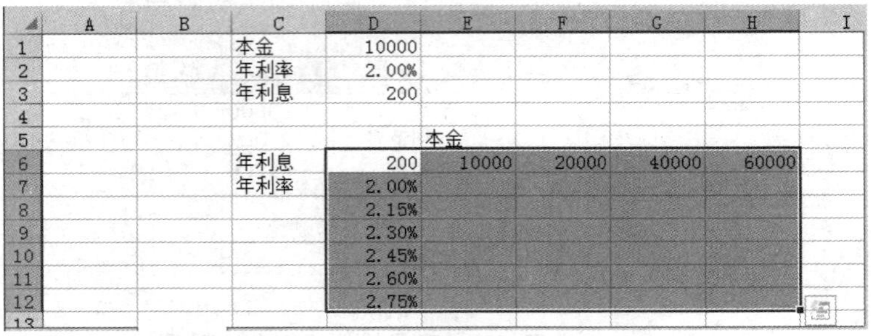

图 4-14 用于创建双变量模拟运算表的数据

②选择"模拟运算表"命令。因为这里用一行数据代替输入单元格 D1(本金),用一列数据代替输入单元格 D2(年利率),所以在"输入引用行的单元格"文本框中输入单元格引用"＄D＄1",在"输入引用列的单元格"文本框中输入单元格引用"＄D＄2"。

③单击“确定”按钮，建立的双变量模拟运算表如图 4－15 所示。

	A	B	C	D	E	F	G	H	I
1			本金	10000					
2			年利率	2.00%					
3			年利息	200					
4									
5					本金				
6			年利息	200	10000	20000	40000	60000	
7			年利率	2.00%	200	400	800	1200	
8				2.15%	215	430	860	1290	
9				2.30%	230	460	920	1380	
10				2.45%	245	490	980	1470	
11				2.60%	260	520	1040	1560	
12				2.75%	275	550	1100	1650	

图 4－15 建立的双变量模拟运算表

(3)清除模拟运算表的计算结果和清除整个模拟运算表。

若要清除模拟运算表的计算结果，则必须选定模拟运算表的所有计算结果，然后执行清除操作。若只清除个别计算结果，则电子表格会给出错误提示。若只想清除计算结果而不想清除整个模拟运算表，则应确认选定的清除区域中不包括输入了公式的单元格。若要清除整个模拟运算表，则需选定包括所有公式、输入数值、计算结果、格式及批注等在内的单元格，然后按[Delete]键就可以清除整个模拟运算表。

2)目标(单变量)求解

单变量求解就是数学上的求解一元方程，它通过调整可变单元格中的数值按照给定的公式来满足目标单元格中的目标值。利用单变量求解有助于解决一些实际工作中遇到的问题。例如，一本书的单价是 30 元，购买 20 本需要花费 600 元，现在买书花了 4 500 元，一共买了多少本书？利用单变量求解可以得出这个问题的答案。

①在工作表中输入如图 4－16 所示的内容，其中 B3 单元格中的公式为“＝＄B＄1＊＄B＄2”。

	A	B	C	D	E
1	单价	30			
2	数量	20			
3	金额	600			

图 4－16 需要进行单变量求解的工作表

②选择“单变量求解”命令，打开“单变量求解”对话框。

③在“目标单元格”文本框中输入已填入计算公式的单元格地址“B3”，在“目标值”文本框中输入“4500”，在“可变单元格”文本框中输入书本数量所在单元格地址“＄B＄2”。

④单击“确定”按钮，得到求解结果。

⑤单击“单变量求解状态”对话框中的“确定”按钮，在工作表中可以看到求解的结果。

4.4.6 数据透视表和数据透视图

数据透视表和数据透视图是电子表格提供的一种简单、形象、实用的数据分析工具，使用它可以生动、全面地对数据清单重新组织和统计数据。

1. 数据透视表

数据透视表实际上是一种交互式表格，能够方便地对大量数据进行快速汇总，并建立交叉列表。使用数据透视表，不仅能通过转换行和列显示源数据的不同汇总结果，而且能显示不同页面以筛选数据,同时还能根据用户的需要显示区域中的细节数据。

1) 创建数据透视表

创建数据透视表的步骤大致分为两步,第一步是选择数据来源,第二步是设置数据透视表的布局。打开要创建数据透视表的工作表,在工作表中单击选择需要放置数据透视表的单元格。

单击"数据透视表"命令,在打开的"创建数据透视表"对话框中,选择要分析的数据所在单元格区域。选择数据透视表存放的位置,完成设置后单击"确定"按钮关闭对话框。此时,电子表格将自动打开"数据透视表字段"窗格,勾选添加到报表的字段,选中字段复选框的顺序与数据透视表的显示效果有关,默认情况下,当向数据透视表中添加多个文本字段时,会以首先选中的字段作为汇总字段。

2) 设置数据透视表选项

默认情况下,数据透视表中的值字段是以求和作为汇总方式的,如果要修改值字段的汇总方式,一般有三种方法:(1) 在数据透视表中直接进行修改;(2) 在"数据透视表字段列表"窗格中进行设置;(3) 在"数据透视表工具"选项卡中进行设置。

打开"值字段设置"对话框,此时可修改值汇总方式及值显示方式。

2. 数据透视图

数据透视图以图形的形式表示数据透视表中的数据,如同在数据透视表中那样,可以更改数据透视图的布局和数据。数据透视图通常有一个使用相应布局的相关联的数据,数据透视图和数据透视表中的字段相互对应,如果更改了某一报表的某个字段位置,那么另一报表中的相应字段位置也会改变。

创建数据透视图首先选择单元格区域中的一个单元格并确保单元格区域具有列标题,或者将插入点放在一个表格中,再单击"数据透视图"命令下拉按钮,在下拉列表中选择"数据透视图"命令。与标准图表一样,数据透视图也具有系列、分类、数据标签和坐标轴等元素。由于数据透视图与数据透视表的操作基本一致,因此这里不做详细介绍。如图 4-17 所示为根据"信 A1371 班期末考试情况表"创建的统计不同政治面貌的男、女生人数数据透视表及数据透视图。

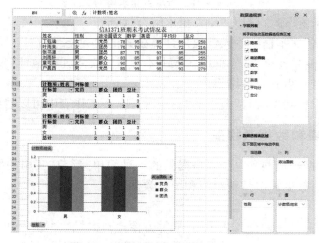

图 4-17 数据透视表及数据透视图

4.5 演示文稿

演示文稿软件是制作和演示幻灯片的软件,能够制作出集文字、图形、图像、声音及视频剪辑等多媒体元素于一体的演示文稿,用于设计制作专家报告、教师授课、产品演示、广告宣传的电子版幻灯片。制作的演示文稿可以通过计算机屏幕或投影机播放。

在现在这个竞争非常激烈的时代,要想让别人接受一项计划或建议,则必须清楚地将其描述出来,设计精致而又引人入胜的幻灯片来完成这样的任务是最好的选择。演示文稿的核心是一套可以在计算机屏幕上演示的幻灯片,这种幻灯片中可以含有文本、图表、图片、音频、视频,甚至可以插入超链接。这些幻灯片集可以按一定顺序播放。设计制作完演示文稿后,可以将这种文稿制成实际的幻灯片,也可以制成投影片,在通用的幻灯机上使用;还可以用与计算机相连的大屏幕投影仪直接演示,甚至可以通过网络以会议的形式进行交流。这种电子文稿和交流方式在当今极为流行,可以将用户所要讲述的信息最大限度地可视化。

4.5.1 演示文稿的基本概念

1. 制作演示文稿的基础知识

幻灯片是演示文稿的一个个单独的部分。一个演示文稿文档由若干张幻灯片组成,每张幻灯片是背景与对象的组合体,每张幻灯片上可以存放许多对象元素,如占位符、图片、文本框、音频、视频等。可以通过切换视图对幻灯片进行编辑或操作,可以使用模板、主题、母版、配色方案和幻灯片版式等方法来设计幻灯片外观。

如果演示文稿用计算机演示,每张幻灯片就是一个单独的屏幕显示。如果演示文稿用投影机放映,每张幻灯片就是一张 35 mm 的幻灯片。

2. 内容

1) 占位符

占位符是指创建新幻灯片时带有虚线或阴影线的方框。这些方框作为放置幻灯片标题、文本、图片、图表、表格等对象的位置,实际上它们是预设了格式、字形、颜色、图形、图表位置的文本框。

2) 其他对象

幻灯片中可以根据需要插入一些对象,如文本框、图形、图片、剪贴画、艺术字、页眉和页脚、OLE(对象链接与嵌入)等。另外,还可以根据需要插入一些多媒体对象,如音频、视频、Flash 动画等。

3. 视图

演示文稿软件提供了多种视图,分别用于突出编辑过程的不同部分。改变视图可用"视图"选项卡中相应的视图模式命令进行切换,或使用屏幕下方状态栏右侧的视图按钮进行切换。

1) 普通视图

在普通视图中,系统把文稿编辑区分成三个窗格,分别为幻灯片窗格、大纲/幻灯片浏览窗格和备注窗格。幻灯片窗格显示出当前幻灯片,可以进行幻灯片的编辑、对象的插入和格式化处理、输入文本和改变文本级别等;在备注窗格可以查看和编辑当前幻灯片的演讲者备注文字。在普通视图模式下可以对幻灯片的整体结构和单张幻灯片进行编辑。普通视图是系统默认的视图模式。

2)幻灯片浏览视图

在幻灯片浏览视图中,主窗口中以缩略图显示演示文稿中的多张幻灯片,这种视图用于按几种不同的效果来浏览演示文稿。例如,可以在窗口中按缩略图的方式顺序排列幻灯片,以便于对多张幻灯片同时进行删除、复制和移动;也可以通过双击某张幻灯片来快速地定位到它;另外,还可以设置幻灯片的动画效果,调节各张幻灯片的放映时间。

3)阅读视图

在阅读视图中可以查看演示文稿的放映效果,预览演示文稿中设置的动画和声音,并观察每张幻灯片的切换效果,它将以全屏动态方式显示每张幻灯片的效果。

4)幻灯片放映视图

幻灯片放映视图用于播放幻灯片。在幻灯片放映视图中,不能对幻灯片进行编辑。这种视图实际上只是播放幻灯片的屏幕状态。可以通过选择"从头开始"命令或"从当前幻灯片开始"命令确定从第几张幻灯片开始播放。按[Esc]键可以退出这种视图。

4. 格式

设计幻灯片格式可以使用模板、主题、母版和幻灯片版式等方法。

1)模板

模板是指预先设计了外观、标题、文本图形格式、位置、颜色及演播动画的幻灯片的待用文档。演示文稿为用户免费提供了多种实用的模板资源。

2)主题

要改变演示文稿的外观,最容易、最快捷的方法就是应用另一种主题。主题是一组统一的设计元素,可以作为一套独立的选择方案应用于演示文稿中,是颜色、字体和图形背景效果三者的组合。使用主题可以简化演示文稿的设计过程,使演示文稿具有某种风格。因此,主题也是模板,但它更突出内容来表达一个主题。

3)母版

母版用来设计幻灯片的共有信息和版面设置。母版分为幻灯片母版、讲义母版和备注母版。幻灯片母版是特殊的幻灯片,是幻灯片层次结构中的顶层幻灯片,存储着有关演示文稿的主题和幻灯片版式的信息,包括背景、颜色、字体、效果、占位符大小和位置等。每个演示文稿至少包含一个幻灯片母版,修改幻灯片母版,可以实现对演示文稿中的每张幻灯片进行统一的样式更改。用户也可以自己在母版中添加占位符。

(1)幻灯片母版。

幻灯片母版是一张包含格式占位符的幻灯片,这些占位符是为标题、主要文本和所有幻灯片中出现的背景项目而设置的。在幻灯片母版视图中,包括几个虚线标注的区域,分别是标题区、对象区、日期区、页脚区和数字区,也就是前面所说的占位符。用户可以编辑这些占位符,如改变标题的版式,设置标题的字体、字号、字形、对齐方式等,用同样的方法可以设置其他文本的样式。用户也可以通过"插入"选项卡将对象(如图片、图表、艺术字等)添加到幻灯片母版中。

每个幻灯片母版都包含一个或多个标准或自定义的版式集。当用户创建空白演示文稿时,将显示名为"标题幻灯片"的默认版式,还有其他的标准版式可供使用。如果找不到符合用户需求的母版和版式,那么可以添加与自定义新的母版和版式。此外,用户还可以对幻灯片母版和版式进行复制和重命名等各种操作。

(2)讲义母版。

讲义是演示文稿的打印版本,讲义母版的操作与幻灯片母版的操作相似,只是进行格式化的是讲义而不是幻灯片。讲义母版用于编排讲义的格式,还包括设置页眉页脚、占位符格式等。讲义母版视图包括页眉区、页脚区、日期区及页码区四个占位符。

讲义母版视图页面中包括许多虚线边框,表示的是每页所包含的幻灯片缩略图的数目。用户可以改变每页幻灯片的数目。

(3)备注母版。

备注母版用于控制备注窗格的版式及备注文字的格式。备注窗格用于用户输入对幻灯片的注释内容。利用备注母版可以控制备注窗格中输入的备注内容与外观。备注母版上方是幻灯片缩略图,可以改变缩略图的大小和位置,也可以改变其边框的线型和颜色。缩略图的下方是注释部分,用于输入对相应幻灯片的附加说明,其余空白处可以添加背景对象。

4)幻灯片版式

幻灯片版式是演示文稿软件预先设计好的,创建新幻灯片时,用户可以从中选择需要的版式,不同的版式对标题和副标题文本、列表、图片、表格、图表、自选图形和视频等元素有不同的排列方式。有的版式有两项元素,有的版式有三项或更多的项,每一项属于一个占位符。用户可以移动或重置占位符的大小和格式,使它与幻灯片母版不同。应用一个新版式时,所有的文本和对象仍都保留在幻灯片中,但是要重新排列它们,以适应新的版式。

5. 幻灯片背景

一般情况下,在制作演示文稿时,其中所有的幻灯片都有相同的背景。但在实际工作中,也有可能出现同一文档中的几张幻灯片背景不同的情况,也完全有可能每张幻灯片的背景都不同。或者设置一种背景后可能又觉得不满意,这也需要改变幻灯片的背景。

选择要改变背景的幻灯片,单击"设置背景格式"命令,可以为幻灯片设置"纯色填充""渐变填充""图片或纹理填充""图案填充"等,即可将背景格式应用于选定的格式。

4.5.2 编辑演示文稿

1. 处理幻灯片

1)选定幻灯片

处理幻灯片之前,需要先选择幻灯片,可以选择一张或多张幻灯片。在普通视图的幻灯片浏览窗格中单击幻灯片缩略图,可选择单张幻灯片。在幻灯片浏览视图中单击第一张幻灯片缩略图,使幻灯片的周围出现边框,按住[Shift]键并单击最后一张幻灯片缩略图可以选定多张连续的幻灯片。要选定多张不连续的幻灯片,可以按住[Ctrl]键,再分别单击要选定的幻灯片缩略图。

2)插入幻灯片

一般情况下演示文稿都是由多张幻灯片组成,在演示中用户可以根据需要在任意位置手动插入新的幻灯片。单击"新建幻灯片"命令,或者右击幻灯片缩略图,在弹出的快捷菜单中选择"新建幻灯片"命令,将会在当前幻灯片的后面快速插入一张新幻灯片。

3)复制幻灯片

在幻灯片浏览视图中,选定要复制的幻灯片,按住[Ctrl]键,再单击并拖动选定的幻灯片到要复制的新位置后释放鼠标左键,再松开[Ctrl]键,即可将选定的幻灯片复制到目的位置。此外,还可以使用"复制"和"粘贴"命令实现。

4)移动幻灯片

要在幻灯片浏览视图中调整幻灯片的顺序,可以选定要移动的幻灯片,单击并拖动到新位置后释放鼠标左键,选定的幻灯片将出现在插入点所在的位置。此外,还可以使用"剪切"和"粘贴"命令来调整幻灯片的顺序。

5)删除幻灯片

选定要删除的幻灯片,在弹出的快捷菜单中选择"删除幻灯片"命令即可,或者选定要删除的幻灯片,按[Delete]键。

2. 输入文本

在幻灯片中添加文字的方法有很多,最简单的方式就是直接将文本输入到幻灯片的占位符和文本框中。

1)在占位符中输入文本

当创建一个空白演示文稿时,系统会自动插入一张"标题幻灯片"。在该幻灯片中有两个占位符。在占位符中会显示"单击此处添加标题"和"单击此处添加副标题"的字样。将插入点移至占位符中,单击输入文字即可。

2)在文本框中输入文本

如果要在占位符之外的其他位置输入文本,那么可以在幻灯片中插入文本框。选择"文本框"命令,在幻灯片的适当位置拖出文本框的位置,此时就可以在文本框的插入点处输入文本了。文本框默认的是"横排文本框",如果需要竖排文字,可以单击"文本框"命令下拉按钮,选择"竖排文本框"命令。

3)编辑文本格式

选择文本或文本占位符,可以对字体、字号、颜色等进行设置,还能单击"加粗""倾斜""下画线""文字阴影"等命令为文本添加相应的效果。

3. 编辑图片、图形

用户除了可以在演示文稿中输入文字信息以外,还可以插入图片,并且可以利用系统提供的绘图工具绘制自己需要的图形对象。

1)插入图片

演示文稿允许插入各种来源的图片文件。单击"图片"命令,在下拉列表中选择"此设备",系统会显示"插入图片"对话框。选择所需要的图片后,单击"插入"按钮即可。插入图片后,用户也可以根据需要对图片进行各种编辑处理,可以对图片样式进行设置。

2)插入自选图形

选择"形状"命令,系统会显示自选图形列表框,其中包括线条、矩形、基本形状、箭头总汇、标注、动作按钮等。单击选择所需的形状,然后在幻灯片中拖出所选的形状。

3)插入图表

选择"图表"命令,在打开的"插入图表"对话框中会显示一些常用的图表形式。选中其中一种类型的图表,此时自动启动电子表格,用户可以在工作表的单元格中直接输入数据,图表会根据数据自动更新。输入数据后,关闭电子表格窗口即可。图表设置完成后,可以设置图表的格式,包括调整图表大小和位置、修改图表数据、更改图表类型等。

4. 使用表格

如果需要在演示文稿中添加有规律的数据,那么可以使用表格来完成。

1)插入表格

选择"表格"命令,在打开的下拉列表中拖动鼠标选择表格行列数,或者打开"插入表格"对话框,在其中输入表格所需的行数和列数,确认后即可完成插入。

插入表格后即可在其中输入文本和数据,并可以根据需要对表格和单元格进行编辑操作,如插入新行新列、合并和拆分单元格等。

2)设置表格格式

演示文稿可以快速设置表格的格式。通过"表格样式"可以选择一种样式,单击右侧下拉按钮,滚动查看其他的样式。还可以为表格添加边框、填充颜色等。

此外,音频和视频也是演示文稿中非常常见的多媒体元素,选择"音频"或"视频"命令,就可以在幻灯片中插入各种音频和视频文件。

4.5.3 放映演示文稿

当演示文稿和幻灯片讲义都设计好后,就要对幻灯片进行放映方面的设置了。放映时可以使用幻灯片的切换效果,设置超链接等。演示文稿提供了许多种动画效果,不但可以为幻灯片设置动画,而且可以为幻灯片中的对象设置动画效果。

1. 设置放映方式

根据演示文稿的播放环境,用户可以选择不同的放映方式。默认情况下,演示者需要手动放映演示文稿,按任意键完成从一张幻灯片到另一张幻灯片的切换。此外,还可以创建自动播放演示文稿,这种情况多用于商务展示。

打开"设置放映方式"对话框,如图4-18所示,在"放映类型"框架中主要有两种放映类型可供选择。

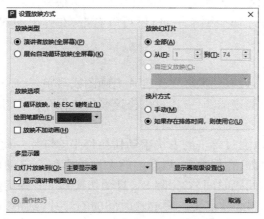

图4-18 "设置放映方式"对话框

1)演讲者放映(全屏幕)

这是最常用的放映类型。选择此选项可以运行全屏显示的演示文稿。这时演讲者具有完整的控制权,可采用自动或手动方式进行放映。演讲者可以决定放映速度和换片时间,将演示文稿暂停,添加会议细节或即席反应,还可以在放映过程中录下旁白。如果希望演示文稿自动放映,那么可以使用"幻灯片放映"选项卡中的"排练计时"命令来设置放映时间,让其自动播放。当需要将幻灯片放映投射到大屏幕上或使用演示文稿会议时可以使用此方式。

2)展台自动循环放映(全屏幕)

选择此选项可以自动运行演示文稿。在展览会场或会议中心经常使用这种方式,它可以实现在无人管理的情况下自动播放。在这种方式下,除了使用鼠标按动超链接和动作按钮外,大多数控制都失效,这样观众就不能改动演示文稿。当自动运行的演示文稿结束,或者当某张手动操作的幻灯片闲置 5 min 以上,它都自动重新开始。

2. 幻灯片放映

打开演示文稿后,就可以启动幻灯片放映功能了。在放映过程中,可以隐藏不需要显示的幻灯片,可以控制幻灯片放映过程,设置放映时间,还可以进行幻灯片标注和录制等各项操作。

1)启动幻灯片放映

常用的启动幻灯片放映的方式有以下几种:

(1)选择"从头开始""从当前幻灯片开始"或"自定义幻灯片放映"命令。

(2)按[F5]键,此时从第一张幻灯片开始放映。

(3)单击状态栏右下角的"幻灯片放映"按钮,此时从演示文稿的当前幻灯片开始放映。

2)隐藏或显示幻灯片

如果放映幻灯片的时间有限,那么用户可以根据需要将某些幻灯片隐藏起来而不必将其删除。如果要重新显示这些幻灯片,那么只要取消隐藏即可。

单击"隐藏幻灯片"命令,系统就会将选中的幻灯片设置为隐藏状态。如果需要重新显示被隐藏的幻灯片,那么在选中该幻灯片后,再次单击"隐藏幻灯片"命令,或者在幻灯片缩略图上右击,在弹出的快捷菜单中选择"隐藏幻灯片"命令即可。

3)控制幻灯片的放映过程

在幻灯片放映时,可以用鼠标和键盘来控制翻页、定位等操作。例如,可以用[Space]键、[Enter]键、[Page Down]键、[→]键、[↓]键将幻灯片切换到下一页;也可以用[Backspace]键、[←]键、[↑]键将幻灯片切换到上一页;还可以右击,在弹出的快捷菜单中选择相关命令执行。

4)在放映中标注幻灯片

在幻灯片放映过程中,可以用鼠标在幻灯片上画图或写字,从而对幻灯片中的一些内容进行标注。标注时可以选择墨迹的颜色,还可以将这些墨迹保存在幻灯片上。

5)设置放映时间

在放映幻灯片时,可以通过单击的方法手动切换每张幻灯片。此外,还可以为每张幻灯片设置自动切换的特性。例如,在展会上,展台前的大型投影仪会自动切换每张幻灯片,这时需要手动设置切换幻灯片的间隔时间(如每隔 8 s 自动切换到下一张幻灯片)。

进入幻灯片浏览视图中,选定要设置放映时间的幻灯片,选中"设置自动换片时间"复选框,然后在右侧的文本框中输入希望幻灯片在屏幕上显示的秒数。如果单击"应用到全部"按钮,那么所有幻灯片的切换间隔相同;否则,设置的是选定幻灯片切换到下一张幻灯片的时间间隔。设置完成后,在幻灯片浏览视图中,会在幻灯片缩略图的右下角显示每张幻灯片的放映时间。

除了可以使用这种人工设置方法以外,还可以使用系统提供的排练计时功能,在排练时自动记录幻灯片的切换时间间隔。

3. 设置幻灯片切换效果

所谓幻灯片的切换,就是从前一张幻灯片到下一张幻灯片之间的过渡,设计切换效果也就是设置过渡的形式,即当前页以何种形式消失,下一页以何种形式出现。使用切换效果,可使幻灯片之间的衔接更加自然、生动。

设置幻灯片切换效果的操作步骤如下:

(1)单击"切换"选项卡,选择某种切换方式;

(2)输入幻灯片切换的速度值可以设置幻灯片切换效果的速度;

(3)在"声音"下拉列表中可以选择幻灯片切换时的声音;

(4)在"换片方式"栏中可以设置幻灯片切换的方式,如"单击鼠标时"或"设置自动换片时间";

(5)若选择应用到全部,则会将切换效果应用于整个演示文稿。

4. 使用幻灯片动画效果

用户可以为幻灯片上的文本、形状、声音和其他对象设置动画效果从而起到突出重点、控制信息流程的作用,并提高演示文稿的趣味性。

1)利用系统提供的标准方案快速创建动画

演示文稿提供了"标准动画"功能,可以快速创建基本的动画。

在普通视图中,幻灯片编辑区中选择要设置动画的对象,单击"动画"选项卡中的"添加动画"命令,在打开的下拉列表框中选择某一类型动画下的动画选项即可。为幻灯片对象添加动画效果后,系统将自动在幻灯片编辑窗口中对设置了动画效果的对象进行预览放映,且该对象左上角会出现数字标识,数字顺序代表播放动画的顺序。

2)自定义动画

如果想为同一个对象同时添加进入、强调、退出和动作路径四种类型中的任意动画组合,那么还可以为幻灯片的文本或对象自定义动画。

在普通视图中,显示要设置动画的幻灯片,单击"添加动画"命令,弹出下拉菜单。

(1)"进入":用于设置文本或对象进入放映界面时的动画效果。

(2)"强调":用于对需要强调的部分设置动画效果。

(3)"退出":用于设置幻灯片放映时相关内容退出时的动画效果。

(4)"动作路径":用于指定相关内容放映时动画所通过的运动轨迹。

用户可以根据需要选择相应的选项进行动画设置。此外,用户还可以设置动画的运动方向。单击"效果选项"命令,在下拉列表框中选择动画的运动方向。

为幻灯片项目或对象添加了动画效果以后,单击"动画窗格"命令会显示该动画的效果选项,用户可以对刚刚设置的动画进行修改,如设置动画播放参数、调整动画的播放顺序和删除动画等,使这些动画效果在播放时更具条理性。

动画的开始方式一般分为三种:单击时、与上一动画同时、在上一动画之后。选择"单击时"选项,当前动画在上一动画播放后,通过单击开始播放;选择"与上一动画同时"选项,当前动画与上一动画同时开始播放;选择"上一动画之后"选项,当前动画在上一动画播放后自动开始播放。

5. 超链接

超链接是指从一张幻灯片到另一张幻灯片、一个网页或一个文件的连接。创建超链接时，源点可以是任意对象，包括文本、形状、表格、图形或图片，超链接能跳转到演示文稿中任何其他位置，也能跳转到另一个演示文稿、另一个程序或跳转到 Internet 中的某个地址。只有在幻灯片放映时，超链接才能激活。可以附加不同的动作或声音到相同的对象上，并根据单击对象或鼠标移动来选择要运行的动作。文本超链接带有下画线，并且显示成配色方案所指定的颜色。可以在不破坏超链接的情况下，编辑或更改超链接的目标，也可以改变代表超链接的对象。如果删除了所有文本或整个对象，那么超链接也将被破坏。

1）添加超链接

在普通视图中，选定要作为超链接的文本或图形对象。单击"超链接"命令，弹出"插入超链接"对话框，如图 4-19 所示。在"链接到"栏中选择超链接的类型。

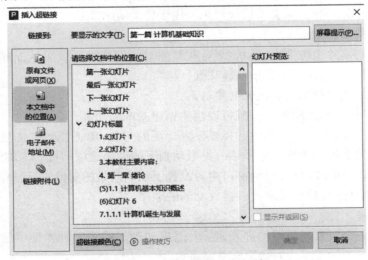

图 4-19 "插入超链接"对话框

2）添加动作按钮

除了上述的可以在幻灯片上添加超链接外，演示文稿还允许在幻灯片上添加动作按钮。有时需要在幻灯片中通过单击一个按钮来执行相应的动作，可以通过设置动作按钮来执行。动作按钮在幻灯片中起到指示、引导或控制播放的作用。

演示文稿提供了一些标准的动作按钮，包括"第一张幻灯片""上一张幻灯片""下一张幻灯片""最后一张幻灯片"等。

4.5.4 打印演示文稿

用户可以打印彩色或黑白的演示文稿、幻灯片、大纲、演讲者备注及观众讲义。打印的一般过程是：先打开要打印的演示文稿，并选择打印幻灯片、讲义、普通或大纲；然后指定要打印的幻灯片及打印份数。另外，用户可以将幻灯片打印成投影片，也可在讲义的每一页上打印最多 9 个幻灯片缩略图。

本章小结

办公软件使传统的办公方式发生了深刻变化,工作效率大大提高,并且使用办公软件解决日常工作学习中的文字编辑、表格计算、内容展示已成为必须掌握的基本技能。

办公软件包是为办公自动化服务的系列套装软件,常用的软件包有微软公司的 Office、金山公司的 WPS 和永中公司的永中 Office。这些办公软件都具有很强的办公处理能力和方便实用的界面设计,深受广大用户的喜爱。本章重点介绍了文字处理、电子表格、演示文稿等软件的基本概念、功能设计及操作原理。

文字处理软件是一款文档编辑和排版应用软件。用户可以输入文字,并对输入文字进行排版,如设置字体、字号、字间距、行间距等,还可以在文档中插入文字表格,并能对表格中的内容进行一般的处理。文字处理软件还可以在文档中插入图片,使用户能方便快捷地制作出图文并茂、形式活泼多样的文稿。文档管理主要包括文件的建立、打开、保存、编辑。文档格式设置主要有字符、段落、页面、样式的设置。长文档的编辑与管理主要包括批注、题注、尾注、交叉引用、超链接等。

电子表格软件是指能够将数据表格化显示,并且对数据进行计算与统计分析及图表化分析的计算机应用软件。电子表格的编辑包括在工作表中输入文字、数字、日期和时间;对工作表进行字体、字形、字号、颜色、边框等格式方面的设置;对工作表进行各种插入、删除、复制等编辑操作。电子表格软件还可以利用工作表的数据建立简洁明了的图表及对图表进行修饰。通过页面设置可以将工作表打印输出,利用系统提供的功能进行单变量求解、进行模拟运算表等数据管理工作,利用系统内部提供的数据库进行数据库的创建、查询、筛选、排序、汇总等操作,能够创建数据透视表及数据透视图,能够运用各种方法进行数据处理。

演示文稿软件主要用来制作演示文稿。一个演示文稿由若干张幻灯片组成,每张幻灯片是背景与对象的组合体,每张幻灯片上可以存放许多对象元素。通过切换视图可以对幻灯片进行编辑或操作,通过使用模板、主题、母版、配色方案和幻灯片版式等方法可以设计幻灯片的外观,通过动画、幻灯片切换、超链接、动作按钮等可以实现对幻灯片及片内对象的动态效果设置。

第5章 程序设计基础

5.1 程序和程序设计

5.1.1 程序的概念

计算机程序是一组计算机能识别和执行的有序指令的集合。它是为让计算机执行某些操作或解决某个问题而编写的。例如,我们想要制作演示文稿,需要让办公软件程序帮助设计版面、输入文字、增加动画效果等,然后保存或播放出来;我们想要通过计算机跟他人聊天,就需要即时通信程序将想说的话通过计算机传递给对方。通俗地讲,程序就像一个"传令官",将我们的指令传达给计算机,然后让计算机去执行。

程序不仅存在于大家熟悉的计算机、平板电脑及智能手机上,而且还广泛应用于很多普通家用电器或电子设备中,如车载电脑、智能家居、智能手表及智能手环等。

5.1.2 程序设计的步骤

程序设计,简单地讲就是编写"程序"的过程,程序设计是计算机科学的重要部分。

程序设计是一个复杂且需要专业知识的过程,属于创造性劳动。在进行程序设计时,它要求程序员建立合适的数据结构,设计合适的算法,灵活运用程序设计的规范和原则,并使用正确的编程语言实现。

程序设计可以分为以下几个步骤。

1. 分析问题

在分析问题阶段,程序员需要认真地分析任务或问题的具体情况,理解问题的本质和目标,研究给定的各种限制和条件,明确程序需要做什么,以及它如何与用户和其他系统交互,找出解决问题的规律。可以利用IPO(input,process,output)方法辅助分析问题,即明确问题的输入、输出和对处理的要求。

2. 设计算法

算法是指为了解决一个问题而采取的方法和步骤。对于简单的问题,输入和输出之间的关系比较直观,程序结构比较简单,直接选择或设计算法即可。对于复杂的问题,往往会有多种解题方法,为了有效地解决问题,不仅要保证算法正确,而且还要考虑算法质量,要求算法简单、运算步骤少、效率高,能够迅速得出正确的结果。根据问题的具体情况和算法的目标,设计合适的算法,这包括选择合适的数据结构、确定算法的流程和控制结构、考虑算法的时间复杂度和空间复杂度等因素。为了提高算法的健壮性和可维护性,需要遵循一些基本的原则,如正确性、可读性、健壮性、高效率与低存储量等。这些原则可以帮助我们设计出更加合理、高效和可靠的算法。

3. 编写程序

选择一门计算机程序设计语言,将算法用程序设计语言实现出来。不同的任务可能需要不同的语言,语言的选择需要根据每种语言自身的特性和语法。例如,底层和系统级编程,或者对运行速度有较高要求的适合选用 C 语言;数据分析、机器学习及自动化脚本的编写适合选用 Python 语言。

4. 调试测试

程序的调试和测试是程序设计过程中非常重要的环节,它可以帮助我们找出并修复代码中的问题。一般来说,即使是经验丰富的程序员编写的程序也会存在错误(通常称为 bug),因此需要检查并排除代码中的错误,这个过程称为调试。

程序测试则包括单元测试、集成测试、性能测试、安全测试等,通过采用这些步骤与技巧,来验证程序是否按照预期运行,并找出和修复潜在的问题,从而提高程序的质量和可靠性。

5.2 数据结构

程序中通常需要存储和操作数据。客观世界中的数据多种多样,又十分复杂,数据结构就是一门研究如何组织和存储数据的学问。数据结构与程序有着密切的关系,在实际应用中,选择适当的数据结构可以提高程序的运行效率(时间复杂度)和存储效率(空间复杂度)。因此,对任何想要在计算机科学领域中从事开发或研究工作的人员来说,深入理解和掌握数据结构十分重要。

数据结构是指相互之间存在一种或多种特定关系的数据元素的集合,一般涉及三个方面的内容:数据的逻辑结构、数据的物理结构(存储结构)及数据结构上的运算。数据的逻辑结构是指数据元素之间的关系和组织方式,与存储无关,是独立于计算机的;数据的物理结构是指数据元素在计算机中的存储形式;数据结构上的运算通常包括结构的建立与读取、结构中查找满足某条件的数据元素、结构中插入新元素、结构中删除某元素,以及遍历结构内的数据元素等。

数据的逻辑结构分为线性数据结构(线性表、链表、队列、栈等)、树形数据结构(二叉树、多叉树、森林等)、图形数据结构(无向图、有向图等)等。

数据的物理结构分为顺序存储、链式存储、索引存储、散列存储等。

5.2.1 线性表

1. 概念

线性表(linear list)是最简单、也是最常用的一种线性数据结构。

线性表是 n 个具有相同特性的数据元素的有限序列$(a_0, a_1, \cdots, a_i, \cdots, a_{n-1})$,数据元素之间存在一对一的线性关系。线性表(非空)必须同时满足以下三个条件:

(1) 有且只有一个根结点 a_0,它无前驱结点。

(2) 有且只有一个终端结点 a_{n-1},它无后继结点。

(3) 除了根结点与终端结点外,其他所有结点有且只有一个前驱结点,也且只有一个后继结点。

日常生活中,线性表的例子有很多。例如,26 个英文字母的字母表(A,B,C,…,Z)是一个线性表,每个字母都是一个数据元素,字母之间按照线性关系排列,除了字母 A 和 Z 外,每个字母都有一个前驱结点和一个后继结点。

线性表是逻辑结构,它在计算机上的存储方式有顺序存储结构和链式存储结构。

2. 线性表的顺序存储结构

线性表的顺序存储结构是指将数据元素按照顺序存放在一组地址连续的存储单元中。这样逻辑结构上相邻的数据元素,物理位置上也相邻的线性表称为顺序表。

顺序表的存储有如下特点:

(1) 只要确定了存储线性表的起始位置,线性表中任一数据元素都可随机存取。

(2) 长度变化较大时,需要按最大空间分配。

(3) 表的容量难以扩充。

线性表的顺序存储结构的主要运算有插入运算和删除运算。

1) 插入运算

线性表的插入运算是指在顺序表的指定位置插入一个新的数据元素,使原线性表的长度加 1。

插入运算会导致数据元素之间的逻辑关系发生变化。在线性表的顺序存储结构中,由于逻辑上相邻的数据元素在物理位置上也是相邻的,因此除非在顺序表的末尾插入,否则必须移动元素才能反映这个逻辑关系的变化(见图 5-1)。

具体操作步骤如下:

(1) 确定插入位置;

(2) 将插入位置及其之后的所有元素向后移动一个位置,为新元素移出空位;

(3) 将要插入的新元素放入指定位置;

(4) 顺序表的长度加 1。

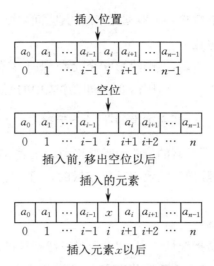

图 5-1 顺序表的插入操作

如果插入位置在顺序表的末尾,即在第 n 个元素之后插入新元素,则不需要移动顺序表中的其他任何元素。如果插入位置在顺序表的第 1 个元素之前,则需要移动顺序表中的所有元素。如果插入位置在第 $i(2 \leqslant i \leqslant n)$ 个元素之前,则原来的第 i 个元素之后(包括第 i 个元素)的所有元素都必须移动。在平均情况下,要在顺序表中插入一个新元素,需要移动顺序表中的一半元素。

2) 删除运算

线性表的删除运算是指删除顺序表中指定位置的数据元素,使原线性表的长度减 1(见图 5-2)。

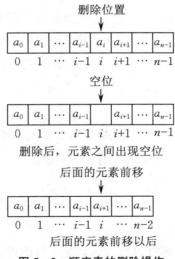

图 5-2 顺序表的删除操作

具体操作步骤如下:
(1)确定删除位置;
(2)将删除位置后面的元素依次向前移动一个位置;
(3)顺序表的长度减 1。

当在线性表中某个位置上删除一个数据元素时,其时间主要耗费在移动元素上,而移动元素的个数取决于删除元素的位置。

如果删除位置在顺序表的末尾,即删除第 n 个元素,则不需要移动顺序表中的其他元素。如果删除位置在顺序表的第 1 个元素,则需要移动顺序表中的所有元素。在平均情况下,要删除顺序表中的一个元素,需要移动顺序表中的 $\frac{n-1}{2}$ 个元素。

由上可知,插入与删除数据元素的位置与需要移动的元素个数之间存在一定关系,当顺序表的长度很长时,其插入与删除运算的效率是比较低的。通常定义一个一维数组来表示顺序表的顺序存储空间。

3. 线性表的链式存储结构

线性表的链式存储结构是指线性链表,它是通过一组指针链接在一起的结点来表示的。

在链式存储方式中,每个结点由两部分组成:一部分用于存放数据元素值,称为数据域;另一部分用于存放指针,称为指针域。其中,指针用于指向该结点的直接后继(后一个结点)的地址。线性链表中的每个结点包含一个指向后一个结点的指针,因此可以通过指针链接的顺序来遍历线性链表中的元素,从而实现数据元素的逻辑顺序。

线性链表的表示形式如图 5-3 所示。

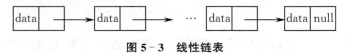

图 5-3 线性链表

线性链表有如下存储特点:
(1) 不要求存储空间连续,数据元素之间的关系使用"链"来连接,不能随机存取。
(2) 线性链表不需要预先分配固定大小的空间,可以随着元素的增加自动扩容。
(3) 线性链表的存储空间是动态申请和释放的,因此空间的利用率较高。

线性表的链式存储结构的主要运算有查找运算、插入运算和删除运算。

1) 查找运算

在对线性链表进行插入或删除的运算中,总是需要先找到插入或删除的位置,这就需要对线性链表进行遍历,寻找包含指定元素值的前一个结点。

具体操作步骤如下:

(1) 从线性链表的头指针指向的结点开始,逐个遍历每个结点,直到找到目标元素或遍历到线性链表的末尾;
(2) 在遍历过程中,每个结点都需要与目标元素进行比较,如果相等,则返回该结点的位置信息,否则继续遍历后一个结点;
(3) 如果遍历到线性链表的末尾仍然没有找到目标元素,则返回空值或错误信息。

2) 插入运算

在线性链表指定位置插入新结点的操作如图 5-4 所示。

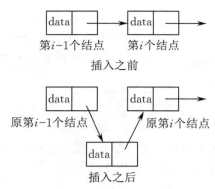

图 5-4　线性链表的插入操作

具体操作步骤如下：

(1) 创建一个新结点，并将要插入的数据赋值给该结点的数据域；

(2) 找到要插入位置的前一个结点，将新结点的指针域指向前一个结点的后继结点，然后将前一个结点的指针域指向新结点；

(3) 如果要插入的位置是线性链表的头部，则需要将新结点的指针域指向原线性链表的头结点，并将线性链表的头指针指向新结点；

(4) 如果要插入的位置是线性链表的尾部，则需要将新结点的指针域设置为空，并将原线性链表的尾结点的指针域指向新结点。

3) 删除运算

在线性链表中删除指定元素的结点的操作如图 5-5 所示。

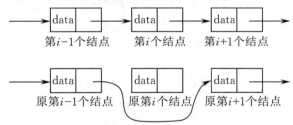

图 5-5　线性链表的删除操作

具体操作步骤如下：

(1) 找到要删除结点的前一个结点，将该结点的指针域指向要删除结点的后一个结点；

(2) 如果要删除的结点是线性链表的头部，则需要将线性链表的头指针指向要删除结点的后一个结点；

(3) 如果要删除的结点是线性链表的尾部，则需要将线性链表的尾结点的指针域设置为空；

(4) 释放要删除结点的内存空间。

从上面的讨论可以看出，线性链表上实现插入和删除运算，无须移动结点，只需修改指针。

实际上，每个结点只有一个指向后一个结点的指针的线性链表称为单链表。在单链表中，遍历元素或结点需要从头结点开始，逐个遍历每个结点，直到找到目标元素。这种数据结构在某些情况下具有局限性，例如，当我们需要逆序访问单链表中的元素时，时间复杂度会很高。为了改善这种局限性，常见的链式存储结构又有双向链表和循环链表。

(1)双向链表。

双向链表是在单链表的基础上增加了一个指针,使得每个结点都有两个指针,一个指向前一个结点,另一个指向后一个结点。这样,就使得线性链表中有两个方向不同的链,故称为双向链表,如图5-6所示。

图5-6 双向链表

双向链表允许在两个方向上遍历元素或结点,因此它在某些情况下更加灵活和方便。例如,查找前一个结点时可以直接使用前一个结点的指针。

(2)循环链表。

线性链表的尾结点的指针域不为空,而是指向头结点,形成一个闭环,这种头尾相接的线性链表称为循环链表,如图5-7所示。

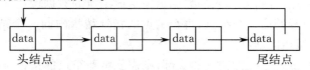

图5-7 循环链表

在循环链表中,从任何一个结点的位置出发可以遍历表中的其他所有结点。循环链表在数据存储和操作上具有较高的效率和灵活性。

5.2.2 栈

栈(stack)是一种特殊的线性表,限定仅在线性表的一端进行操作。因为最后一个被放入栈的元素是第一个被取出的,所以栈是一种先进后进(first in last out,FILO)或后进先出(last in first out,LIFO)的数据结构。在栈中,允许操作的一端称为栈顶,而不允许操作的另一端称为栈底,如图5-8所示。

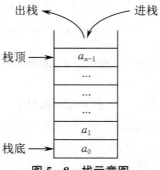

图5-8 栈示意图

在计算机科学中,栈有许多应用。例如,当一个函数调用另一个函数时,操作系统通常会将调用函数的代码和数据存储在一个栈中,然后在被调用的函数完成后,从栈中恢复原始的环境。

此外,栈也用于实现深度优先搜索算法,解析和编译计算机程序,以及处理HTML和XML等文法中的语法分析等。

栈的主要运算包括进栈、出栈和读取栈顶。

进栈(push):在栈不满的情况下,向栈顶添加一个新元素。

出栈(pop):在栈不空的情况下,从栈顶移除一个元素。

读取栈顶(gettop):在栈不空的情况下,将栈顶元素赋值给一个指定变量,不改变栈的状态。

除以上操作外,栈的运算还包括判空、判满、置栈空等。对于不同的存储方式,如顺序存储和链式存储,栈的基本操作实现可能会有所不同。

5.2.3 队列

队列(queue)也是一种特殊的线性表,限定仅在一端进行删除操作,而在另一端进行插入操作。因为第一个被放入队列的元素也是第一个被取出的,所以队列是一种先进先出(first in first out,FIFO)或后进后出(last in last out,LILO)的数据结构。在队列中,允许插入的一端称为队尾,而允许删除的一端称为队头,如图5-9所示。

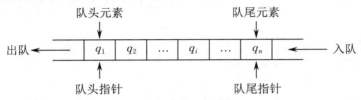

图5-9 队列示意图

在计算机科学中,队列有许多应用。例如,操作系统中的任务调度通常会使用队列,等待打印的文件也会被放入打印队列中。

队列的主要运算包括入队、出队和读取队头。

入队(enqueue):在队列不满的情况下,在队列的尾部添加一个元素。

出队(dequeue):在队列不空的情况下,从队列的头部移除一个元素。

读取队头(queue front):在队列不空的情况下,将队列的头部元素赋值给一个变量,不改变队列的状态。

将普通队列存储空间的最后一个位置绕到第一个位置,形成逻辑上的环状空间,供队列循环使用,这样形成的队列就是循环队列。循环队列中,队列的尾部连接到头部,利用它的环形结构,使得在队列满的情况下,仍然可以存储一个元素。相比普通队列,它避免了浪费一个存储单位的空间,从而提高了空间利用率。在循环队列中,当一个元素出队时,只需移动头指针,而不是移动整个元素序列。因此,元素出队的效率较高。循环队列可以应用于需要处理大量数据的场景。

总的来说,循环队列在空间利用率、元素出队效率和应用范围方面有明显的优势,是一种非常实用的数据结构。

5.2.4 树

1. 树的概念

树结构(tree structure)是一种非线性的数据结构,用来表示数据元素之间的一对多关系。树结构以分支关系定义了层次结构,其基本特征如下(见图5-10):

(1)在一个树结构中,有且仅有一个结点没有直接前驱,这个结点就是树的根结点。

(2) 除根结点外,其余每个结点有且仅有一个直接前驱。

(3) 每个结点可以有任意多个直接后继。

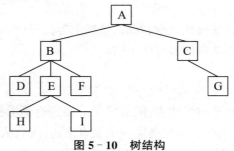

图 5-10 树结构

树结构的基本概念包括以下几种。

父结点和子结点:一个结点含有的子树的根结点称为该结点的子结点,相应地,该结点称为其子结点的父结点。

兄弟结点:具有同一父结点的子结点。

结点的度:一个结点所包含子树的数量。

树的度:该树所有结点中最大的度。

叶结点(终端结点):树中度为 0 的结点。

分支结点(非终端结点):树中度不为 0 的结点。

结点的层数:结点的层数从树根开始计算,根结点为第 1 层,依次向下为第 $2,3,\cdots,n$ 层(树是一种层次结构,每个结点都处在一定层次上)。

树的深度:树中结点的最大层数。

有序树:树中各结点的子树(兄弟结点)是按一定次序从左向右排列的。

无序树:树中各结点的子树(兄弟结点)没有按一定次序排列。

树结构在计算机科学中被广泛应用,如在文件系统、数据库系统、编译原理等领域都有应用。同时,树结构也在实际生活中被广泛使用,如描述组织机构、生物分类等。

在计算机科学中,有许多不同类型的树,如二叉树(binary tree)、n 叉树(n-ary tree)、B 树(B tree)、红黑树(red-black tree)、AVL 树(AVL tree)等。

2. 二叉树

二叉树是一种特殊的树,非空二叉树只有一个根结点,如图 5-11 所示,其中每个结点最多有两个子结点,通常称为左子结点和右子结点。二叉树的存储结构及其算法都较为简单,因此二叉树是树结构的一个重要类型,也是许多实际问题抽象出来的数据结构,在计算机科学、数据结构等领域有广泛的应用。

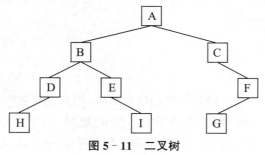

图 5-11 二叉树

满二叉树是特殊的二叉树,满二叉树是指除最后一层无任何子结点外,每一层上的所有结点都有两个子结点。

完全二叉树也是一种特殊的二叉树,完全二叉树是指除最后一层之外,每一层上的结点数均达到了最大值,在最后一层上只缺少右边的若干个结点。

3. 二叉树的存储结构

树的存储结构可以根据树的特点和需求进行不同方式的存储。以下是常见的几种二叉树的存储结构。

(1)顺序存储结构:用一段连续的存储单元存放二叉树中的结点,一般是按照二叉树结点从上到下、从左到右的顺序依次存储。对于满二叉树和完全二叉树,因为中间没有空结点,所以空间利用率非常高,但对于其余的二叉树则会造成空间浪费。

(2)链式存储结构:用链表来表示一棵二叉树,链表中的每个结点包含一个数据域和两个指针域。数据域用于存储结点的值,两个指针域分别存储左子结点和右子结点的地址。这种存储方式对于任意二叉树都适用,它的优点是在进行插入和删除操作时不需要移动,只需修改指针,缺点是需要分配额外的空间来存储指针,因此空间占用较大。

对于简单和平衡的二叉树,顺序存储和链式存储结构的效果都比较好。然而,对于具有许多结点的复杂树,可能需要更复杂的存储结构来更有效地表示树。

4. 二叉树的遍历

二叉树的遍历是指按照某种规则访问二叉树的每个结点,二叉树的遍历主要有以下四种方法。

前序遍历(preorder traversal):先访问根结点,然后遍历左子树,最后遍历右子树。

中序遍历(inorder traversal):先遍历左子树,然后访问根结点,最后遍历右子树。

后序遍历(postorder traversal):先遍历左子树,然后遍历右子树,最后访问根结点。

层次遍历(level traversal):按照树的层次从上到下、从左到右遍历结点。

以图5-11所示的二叉树为例,分别进行前序、中序、后序、层次遍历的顺序如下。

前序:ABDHEICFG。

中序:HDBEIACGF。

后序:HDIEBGFCA。

层次:ABCDEFHIG。

树在计算机科学和数学中有着广泛的应用,以下是一些树的应用示例。

文件系统:树是一种常见的文件系统的目录结构。例如,Linux操作系统中的目录结构就是一种树。在树中,每个结点都可以包含子结点,这样可以形成一个层次结构,方便对文件和目录进行管理。

数据库系统:树可以用于表示数据库中的数据关系。例如,在面向对象的关系型数据库中,可以使用树来表示对象之间的继承关系。

路由协议:树的算法可以用于路由协议的计算。例如,SPF最优树算法可以用于计算最短路径,以确保网络中的数据传输最优。

数据压缩:树的结构可以用于数据压缩。例如,哈夫曼树(Huffman tree)是一种最优二叉树,它的权值最小,可以用于数据压缩。

搜索算法:树可以用于搜索算法。例如,二叉搜索树可以在 $O(\log n)$ 的平均时间复杂度内完成搜索,这比线性搜索的 $O(n)$ 时间复杂度要更优。

决策树:决策树是一种树状结构,用于表示基于数据的决策过程,如分类、回归和聚类等机器学习任务。

5.2.5 图

图(graph)是一种非线性结构,用来表示数据元素之间的多对多关系。在图结构中,任意两个元素之间都可能存在关系,即图中任意两个元素之间都可能有关联。这种任意关联性导致了图结构中数据关系的复杂性。

图是一种由顶点(vertex)和连接这些顶点的边(edge)组成的数据结构。所有的顶点构成一个顶点集合,所有的边构成边集合,一个完整的图结构由顶点集合和边集合组成。通常用 G=(V,E) 来表示一个图,其中 G 表示一个图,V 是图 G 中顶点的集合,E 是图 G 中边的集合。图可以是有向的或无向的。在有向图中,边从一个顶点指向另一个顶点,每条边都有一个方向;而在无向图中,边只是连接两个顶点,每条边都没有方向。

图是网络理论中的一个基本概念,被广泛应用于计算机科学、数学、电气工程和物理学等领域。在计算机科学中,图论是一个专门研究图的性质和算法的领域。图论中的一些问题包括图的连通性、图的遍历、图的染色、图的剖分等,这些问题在计算机科学、人工智能、网络科学等领域有广泛的应用。

下面列举一些图的典型应用。

社交网络:在社交网络中,顶点可以代表人,边可以代表人与人之间的联系。通过分析图,可以发现社交网络中的社区结构、社交圈子、人际关系的密集程度等。

交通规划:在交通网络中,每个道路交叉口是一个顶点,道路是连接交叉口的边。通过分析交通网络图,可以优化交通流量、减少道路拥堵等。

网页排名:搜索引擎使用图算法来对网页进行排名。顶点可以代表网页,边可以代表网页之间的链接关系。通过这种图结构,可以评估网页的重要性,提高搜索结果的准确性。

电路设计:在电路设计中,顶点可以代表电路组件(如电阻、电容、电源等),边可以代表电路组件之间的连接关系。通过分析图的性质,可以优化电路的设计,提高电路的性能和可靠性。

推荐系统:推荐系统可以使用图来表示用户和物品之间的关联关系。例如,在电子商务中,通过分析图的性质,可以为用户推荐感兴趣的产品或服务,推荐系统被广泛用于预测用户的行为和兴趣。

自然语言处理:在自然语言处理中,可以使用图来表示句子、文章等文本的结构和语义关系。通过分析图的性质,可以进行文本分类、情感分析、语义理解等任务。

这些应用实例只是图的一部分应用领域,图的思维方式和方法在许多其他领域也有广泛的应用。

5.3 算 法

算法是程序设计和问题解决的基础。理解算法的概念、特点和评估方法,掌握算法的设计和分析技巧,是计算机科学学习者的重要任务之一。

算法的主要目的是对数据进行操作或转换,如查找、排序、转换等。算法可以应用于各种不同的领域,如计算机科学、数学、工程等。在计算机科学中,算法是程序设计的核心,它可以视为计算机程序的灵魂。

5.3.1 算法基础

简单来说,算法就是问题求解的步骤。具体来说,算法是一系列解决问题的清晰定义的操作步骤。算法的主要目标是解决特定问题,并且每个步骤都必须明确和一致。

算法应具有以下特性。

(1)确定性:算法的每一个步骤都应该是明确的,不会出现歧义。

(2)有穷性:算法在有限的步骤之后会自动停止,而不会进入死循环。

(3)可行性:算法的每一个步骤都应该是能够执行的,并且在有限的时间内能够执行成功。

(4)输入项:算法可以接受一些输入参数或没有输入参数,这取决于算法执行过程中是否需要。

(5)输出项:算法必须有一个或多个输出,这些输出是算法执行的结果。

1. 算法描述

算法可以通过自然语言、伪代码、算法流程图、N-S 图等多种方式进行描述,描述的目的是为了使算法可以被人理解,并在理解的基础上用计算机程序设计语言实现。对于算法而言,实现的语言并不重要,算法可以有不同的语言描述实现版本。

(1)自然语言作为人类交流的工具,显然也可以作为描述算法的一种方法。但是,自然语言中存在大量的同义词、近义词和不同语境,这可能会导致算法描述存在歧义性,不能反映算法的确定性,同时对于大规模算法或抽象问题,自然语言描述可能会变得复杂和困难,常常需要辅以公式、图形等手段。

例如,"输入两个值,输出其中较大值"的自然语言描述如图 5-12 所示。

- ◆ 第一步:两次输入数据,分别保存在变量 a 和 b 中
- ◆ 第二步:判断 a 和 b 的大小,如果 a 大于 b,则将 a 保存在变量 max 中;反之,则将 b 保存在变量 max 中
- ◆ 第三步:输出变量 max 的值

图 5-12 自然语言描述

(2)伪代码是一种非特定编程语言的代码表示形式,主要用于描述算法。伪代码并不是真正的代码,它介于自然语言和程序语言之间,有自然语言的方便性又可以克服自然语言的不准确性,有程序语言一样的结构性又不拘泥于通过特定符号程序语言的语法形式,因此被认为是一种理想的算法描述工具。

例如,"输入两个值,输出其中较大值"的伪代码描述如图 5-13 所示。

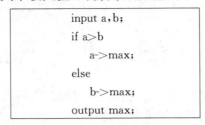

图 5-13 伪代码描述

(3)算法流程图是一种以图形符号表示算法的方法,通过将算法中的各种操作抽象成图形,按照操作的先后顺序用箭头线连接起来,从而形成一个完整的算法流程图。

算法流程图常用的图形符号包括以下几种。

①起止框(圆弧形框):表示流程开始或结束。

②处理框(矩形框):表示一般的处理功能,如数据的计算等。

③输入/输出框(平行四边形框):表示数据的输入和输出操作。

④判断框(菱形框):表示对一个给定的条件进行判断,根据给定的条件是否成立决定如何执行其后的操作,它有一个入口,两个出口。

⑤连接点(圆圈):用于将画在不同地方的流程线连接起来,可以避免流程线的交叉或过长,使流程图清晰。

算法用流程图表示具有直观化、可视化、易于理解、简化程序、提高效率等优点,但也具有不易维护、不适合表达大规模算法等缺点。

例如,"输入两个值,输出其中较大值"的算法流程图如图 5-14 所示。

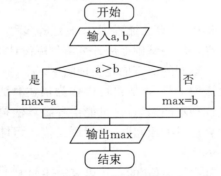

图 5-14 算法流程图

(4)N-S 图就是无线的流程图,又称为盒图。

例如,"输入两个值,输出其中较大值"的 N-S 图如图 5-15 所示。

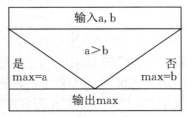

图 5-15 N-S 图

2. 算法效率

对于同一个问题,可能有不同的实现算法,而不同的算法的效率可能也是不一样的。一个好的算法通常能够使程序的执行效率更高,占用更少的内存和计算资源。算法的效率可以从算法执行所需要的时间和空间两个方面来分析,即算法的时间复杂度和空间复杂度。

1) 时间复杂度

时间复杂度是衡量算法运行速度的一个重要指标。它描述了算法在输入规模增大时,执行时间增长的速率。一般而言,算法的时间效率是问题规模 n 的某个函数,我们使用 O 来表示时间复杂度。例如,一个排序算法的时间复杂度可能是 $O(n\log n)$,这表示随着输入规模 n 的增大,算法的运行时间将以 $n\log n$ 的速度增长。

2) 空间复杂度

空间复杂度是衡量算法所需额外空间的一个重要指标。它描述了算法在运行过程中所需额外空间的增长速率。与时间复杂度类似,空间复杂度也使用 O 来描述,即将算法的额外空间使用与输入规模的关系用函数来描述。例如,一个需要存储递归调用栈的算法的空间复杂度可能是 $O(\log n)$,这表示随着输入规模 n 的增大,算法所需的额外空间将以 $\log n$ 的速度增长。

总的来说,算法的执行效率分析是评估算法性能的重要工具,它可以帮助我们选择适合特定问题的最优算法。对于大规模输入,通常更关注时间复杂度,因为处理时间可能变得非常昂贵。对于小规模输入,空间复杂度也可能成为关注的重点,因为额外的空间使用可能导致更高的内存消耗。

5.3.2 算法的设计方法

算法的设计是一项技术活动,需要通过对问题的分析、对数据结构的选取、对算法的描述和优化等方面进行考虑。以下是一些常用的算法设计技术。

1. 穷举法

穷举法的基本思想是不重复、不遗漏地枚举所有可能情况,并从中找出那些符合要求的候选解作为问题的解。这是一种简单直接解决问题的方法,常用于密码破解、数学、逻辑推理等问题。穷举法是很重要的算法设计思想。

例如,《张丘建算经》中有这样一个"百鸡问题":"今有鸡翁一,值钱五;鸡母一,值钱三;鸡雏三,值钱一。凡百钱买鸡百只,问鸡翁、母、雏各几何?"其意为:公鸡每只 5 元,母鸡每只 3 元,小鸡 3 只一元,现要求用 100 元买 100 只鸡(三种类型的鸡都要买),问公鸡、母鸡、小鸡各买几只?

假设公鸡 x 只,母鸡 y 只,小鸡 z 只,则

$$\begin{cases} (\text{百钱})5x+3y+\dfrac{z}{3}=100, \\ (\text{百鸡})x+y+z=100。 \end{cases}$$

穷举法就是通过枚举 x,y,z 的所有可能情况,从 0 开始,逐渐将公鸡、母鸡、小鸡的数量加 1,直至 100 钱买 100 只鸡的条件成立。

穷举法的主要优点在于算法简单,比较直观,易于理解,保证能够搜索到所有可能的解,因此能够找到最优解或符合条件的解,其能够求解各种难点问题,尤其是在面对离散的问题时效果非常显著。

穷举法也存在一些缺点,主要表现在穷举法需要遍历所有元素,时间性能往往是最低的;部分问题的解空间很难找到或没有固定的解空间,导致穷举法无从下手;穷举法也没有明确的评估标准,求得的解无法与其他算法进行比较。

我们可以基于穷举法设计出一些优化算法,这些优化算法是可用且具有实用价值的。

2. 迭代法

迭代法是通过不断地迭代来逼近问题的解。迭代法是用计算机解决问题的一种基本方法,它利用计算机运算速度快、适合做重复性操作的特点,让计算机对一组指令或一定步骤进行重复执行,在每次执行这组指令或这些步骤时,都从变量的原值推出它的一个新值。迭代法是一种常用的算法设计方法。

例如,如果一对兔子从出生起满两个月就有繁殖能力,并且每月繁殖一对小兔子。假设只考虑出生不考虑死亡,问一对兔子一年能繁殖多少对兔子?

由分析可知,第二个月时,幼兔长成成兔;第三个月时这对成兔生下一对幼兔,兔子总数变成了两对;第四个月时,这对成兔又生下一对幼兔,兔子总数变成了三对……每月兔子的数量如表5-1所示。

表5-1 兔子月份繁殖表

月份	1	2	3	4	5	6	7	8	9	10	11	12	…
幼兔对数	1	0	1	1	2	3	5	8	13	21	34	55	…
成兔对数	0	1	1	2	3	5	8	13	21	34	55	89	…
总体对数	1	1	2	3	5	8	13	21	34	55	89	144	…

从表5-1可以看出,每个月兔子的总数可以用以下数列表示:1,1,2,3,5,8,13,21,34,55,89,144,…。这个数列以斐波那契(Fibonacci)的名字命名,数列中的每一项称为斐波那契数。从斐波那契数的构造明显看出:斐波那契数列从第三项起,每项都等于前面两项的和。

迭代法的主要优点是实现简单(迭代法的计算过程非常简单,只需考虑递推公式即可)、收敛速度快(迭代法的收敛速度要比其他方法更快,尤其是在某些非线性问题中,迭代法表现出了其优异的收敛性)、适用范围广(迭代法可以用于解决各种类型的数学问题,包括求解非线性方程组、求解最优化问题及求解微积分方程等)。

迭代法的缺点主要在于不容易理解、代码复杂度较高、在空间和时间上都需要更多的额外开销。

3. 贪婪算法

贪婪算法也叫作贪心算法,在对问题求解时,总是在每一步选择中都选取当前状态下的最优解,而不考虑全局最优解。贪婪算法是一种局部最优的算法设计方法,常见的贪婪算法包括哈夫曼编码、普里姆(Prim)算法等。

贪婪算法的基本设计思想是当追求的目标是一个问题的最优解时,设法把对整个问题的求解工作分成若干步骤来完成,在其中的每一个步骤都选择从局部看是最优的方案,以期望通过各阶段的局部最优选择来达到整体的最优。

例如,给定一定面值的钱币和要找的钱数,找出最少需要的钱币数量。

利用贪婪算法,优先选择面值大的钱币,以此类推,直到凑齐总金额。假如现在有20,10,5,1这四种数额的钱币,需要找36元零钱。先看需要几张20元的,这里需要1张,还剩36-20=16元;再看需要几张10元的,这里需要1张10元,还剩16-10=6元;继续看需要几张5元的,这里需要1张5元,还剩6－5＝1元;最后需要1张1元。最后得到的解决方案是想要凑齐36元最少需要4张钱币。

贪婪算法的主要优点有以下几种。

(1)易于理解和实现:贪婪算法的思想直观,易于理解和实现。

(2)执行效率高:由于贪婪算法在每一步都采取当前最优的策略,因此在某些情况下,它可以比其他算法更快速地找到最优解。

(3)局部最优解质量高:由于贪婪算法总是试图在当前状态下做出最好的选择,因此其得到的局部最优解通常质量较高,这有助于提高整体最优解的质量。

贪婪算法的主要缺点有以下几种。

(1)不一定能够得到全局最优解:贪婪算法的核心思想是在每一步都尝试得到当前状态下的最优解,但并不考虑整体最优解。因此,在某些情况下,贪婪算法可能无法得到全局最优解。例如,在找零问题中,假如现在有10,9,1这三种数额的钱币,需要找18元零钱。根据贪婪算法,需要1张10元和8张1元的钱币,即需要9张钱币。实际上,我们知道用2张9元的钱币才是全优方案。

(2)对问题实例的敏感性强:贪婪算法的性能受问题实例的影响较大。对于某些问题实例,贪婪算法可能会表现出色,而对于其他问题实例,则可能无法得到满意的结果。

(3)需要精确的问题模型:贪婪算法需要明确的问题模型,对于一些模糊或不确定的问题,贪婪算法可能无法发挥其优势。

总之,贪婪算法是一种高效的算法策略,但并不适用于所有问题。在实际应用中,需要根据具体问题和实际情况进行选择。

4. 回溯法

回溯法也称为试探法,它的基本思想是采用深度优先策略,一步一步向前试探的方法。当某一步有多种选择时,可以先任意选择一种,继续向前试探。一旦发现到达某步后无法再前进,说明上一步做的选择有问题,就后退到上一步重新选择,这就称为回溯。回溯法的特点是可以避免穷举法的盲目搜索,从而可能减少问题求解的搜索时间。

例如,迷宫问题和八皇后问题都可以采用回溯法来设计求解算法。

回溯法有以下优点。

(1)解决问题范围广:回溯法可以用来解决许多类型的问题,如八皇后问题、图的着色问题、旅行商问题等。通过适当构建问题的解空间,回溯法可以应用于许多不同领域。

(2)逻辑简单易懂:回溯法的核心思想是探索问题的所有可能解,并在探索过程中进行剪枝来提高效率。这种策略的逻辑相对简单,容易理解和实现。

(3)适用性较强:对于一些不确定性的问题,回溯法具有良好的适用性。它可以通过试探和撤销的方式,逐步构建问题的解。

回溯法有以下缺点。

(1)时间复杂度高:回溯法需要穷举问题的所有可能解,因此当问题的解空间非常大时,回溯法的运算时间会非常长。对于一些复杂问题,可能需要考虑优化算法和剪枝策略来提高效率。

(2)空间复杂度高:回溯法需要存储问题的所有可能解及相关的状态信息,因此当解空间非常大时,可能需要占用大量的内存空间。对于一些内存受限的问题,需要考虑优化算法和压缩存储策略来降低空间复杂度。

(3) 容易陷入死循环：在某些情况下，回溯法可能会陷入死循环，导致算法无法终止。这通常是由于解空间存在环路或算法实现有误引起的。为了防止死循环，需要对问题的解空间进行分析和判断，或者添加额外的终止条件。

(4) 需要人工设定终止条件：回溯法的终止条件通常需要根据问题的具体情况进行手动设定。在一些情况下，很难确定合适的终止条件，这可能会导致算法的运行时间过长或无法终止。因此，对于一些问题，需要考虑如何自动设定合适的终止条件或改进算法的设计。

5. 分治法

分治法的基本思想是把一个规模较大的问题分成两个或多个较小的与原问题相似的子问题，并分别解决子问题，最终合并子问题的解得到原问题的解。常见的分治法包括归并排序、快速排序等。

例如，有 n 枚硬币，其中有一枚是假币，且假币重量比其他正常硬币轻。现只有一个天平，要求用尽量少的比较次数找出这枚假币。

首先将硬币等分成两堆，放在天平的两边比较两堆的重量。因为假币分量较轻，所以天平较轻的一侧中一定包含假币。再将较轻的那堆硬币等分成两堆，重复上述做法。直到剩下两枚硬币，比较后轻的硬币即为假币。

分治法是一种非常经典的算法思想，在很多问题中都可以应用。通过将问题分解成若干个子问题，并对子问题进行递归求解，可以降低问题的复杂度，提高算法的效率。

以上是一些常用的算法设计技术，但实际的问题可能需要结合多种技术进行设计。算法的设计需要根据问题的特点进行选择和优化，以达到最优的解决方案。

5.3.3 常见的查找算法

常见的查找算法有以下几种。

(1) 顺序查找（线性查找）：从数据结构线形表的一端开始，顺序扫描，依次将扫描到的结点关键字与给定值 k 相比较，若相等则表示查找成功；反之，若扫描结束仍没有找到关键字等于 k 的结点，表示查找失败。

举例说明顺序查找。

假设有一个数组 arr = [5,13,9,4,10]，需要查找元素 4 在数组中的位置。

从数组的第一个元素开始，依次比较每个元素是否等于 4：

arr[0] = 5，不等于 4；

arr[1] = 13，不等于 4；

arr[2] = 9，不等于 4；

arr[3] = 4，等于 4。

找到了元素 4，它在数组中的位置为 3。

顺序查找的基本思想就是从数组的第一个元素开始，依次比较每个元素是否等于要查找的元素，直到找到或遍历完整个数组为止。顺序查找的时间复杂度为 $O(n)$，其中 n 为数组的长度。

(2) 二分查找（折半查找）：二分查找仅适用于事先已经排好序的顺序表。这里直接给出其算法实现。

举例说明二分查找。

假设有一个有序数组 arr=[1,3,5,7,9,11,13,15,17,19],需要查找元素 11 在数组中的位置。

首先,定义三个指针 low,mid 和 high,分别指向数组的第一个元素、中间元素和最后一个元素。初始时,low=0,mid=4,high=9。

然后,比较 mid 指针所指向的元素与要查找的元素 11 的大小。

如果 mid 指针所指向的元素等于 11,则查找成功,返回 mid 指针的位置 4。

如果 mid 指针所指向的元素小于 11,则说明要查找的元素在 mid 指针的右侧,将 low 指针更新为 mid+1,重新计算 mid 指针的位置。

如果 mid 指针所指向的元素大于 11,则说明要查找的元素在 mid 指针的左侧,将 high 指针更新为 mid-1,重新计算 mid 指针的位置。

重复上述步骤,直到查找成功或 low 指针大于 high 指针,表示要查找的元素不存在于数组中。

在这个例子中,第一次比较时,mid 指针所指向的元素为 9,小于要查找的元素 11,因此将 low 指针更新为 mid+1=5,重新计算 mid 指针的位置为(low+high)/2=7。

第二次比较时,mid 指针所指向的元素为 15,大于要查找的元素 11,因此将 high 指针更新为 mid-1=6,重新计算 mid 指针的位置为(low+high)/2=5。

第三次比较时,mid 指针所指向的元素为 11,等于要查找的元素 11,因此查找成功,返回 mid 指针的位置 5。

综上所述,通过二分查找,可以在有序数组中快速查找指定元素的位置。二分查找是一个时间效率极高的算法,尤其是面对大量的数据时,其查找效率极高,时间复杂度是 $O(\log n)$。

(3)插值查找:在有序数组中,随机选取一个元素作为关键字,然后与数组的第一个元素进行比较,判断是否是要查找的元素,若是则返回该元素在数组中的位置,否则根据比较结果判断要查找的元素在哪个区域,然后对这个区域再进行插值查找。

(4)斐波那契查找:一种改进的二分查找,通过斐波那契数列来确定每次查找的区间范围,能够更快速地找到目标元素。

(5)二叉排序树查找:二叉排序树(binary sort tree)是一种动态树表。二叉排序树的性质:按中序遍历二叉排序树,所得到的中序遍历序列是一个有序递增序列。在二叉排序树上查找和二分查找类似,也是一个逐步缩小查找范围的过程。

这些查找算法各有优缺点,具体使用哪种算法取决于数据结构及特定应用的需求。

5.3.4 常见的排序算法

常见的排序算法包括以下几种。

1. 冒泡排序

冒泡排序(bubble sort)是因为越小的元素会经由交换以升序或降序的方式慢慢浮到数列的顶端,就如同碳酸饮料中二氧化碳的气泡最终会上浮到顶端一样,故名冒泡排序。

冒泡排序的具体步骤如下:

(1)从第一个元素开始一个一个地比较相邻的元素,如果第一个比第二个大(a[1]>a[2]),就彼此交换;

(2)从第一对到最后一对,对每一对相邻元素做一样的操作,此时在最后的元素应该会是最大的数(我们称这样的一遍操作为一轮冒泡排序);

(3) 针对所有的元素重复以上的步骤,每一轮得到的最大值都放在最后,下一次操作则不需要将此最大值纳入计算;

(4) 持续对每次对数越来越少的元素重复上面的步骤;

(5) 所有的数字都比较完成并满足条件 a[i]<a[i+1],即完成冒泡排序。

假设有一个数组[9,7,8,5,1,6],需要将其按照从小到大的顺序进行排序,冒泡排序的图示过程如图 5-16 所示。

图 5-16 冒泡排序

冒泡排序的基本思想就是通过重复走访要排序的数列,依次比较相邻的两个元素,如果它们的顺序错误就把它们交换过来,直到没有再需要交换的元素为止。这样每一轮都会将最大的元素冒泡到最后面,经过 $n-1$ 轮排序后,所有的元素都会变得有序。

2. 选择排序

选择排序(selection sort)中,在未排序序列中找到最小(或最大)元素,存放到排序序列的起始位置,然后从剩余的未排序元素中继续寻找最小(或最大)元素,存放到已排序序列的末尾。以此类推,直到所有元素均排序完毕。

选择排序是一种简单直观的排序算法,它从待排序的数据元素中选出最小或最大的一个元素,存放在排序序列的起始位置,然后从剩余的未排序元素中寻找到最小或最大元素,存放到已排序序列的末尾。以此类推,直到全部待排序的数据元素的个数为 0。

选择排序的具体步骤如下:

(1) 首先设置两个记录 i 和 j,i 从数组第一个元素开始,j 从数组第 i+1 个元素开始;

(2) j 遍历整个数组,选出整个数组中最小的值,并让这个最小的值和 i 的位置交换;

(3) i 选中下一个元素(i++),重复进行(2)的选择排序;

(4) 持续上述步骤,使得 i 到达第 n-1 个元素处,即完成排序。

假设有一个数组[9,7,8,5,1,6],需要将其按照从小到大的顺序进行排序,选择排序的图示过程如图 5-17 所示。

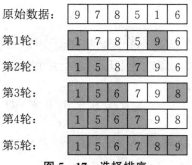

图 5-17 选择排序

选择排序的基本思想就是通过每一轮从未排序的元素中选择最小(或最大)的元素,放到已排序的序列的末尾,直到所有的元素都排序完毕。这样每一轮都会选出最小(或最大)的元素,经过 $n-1$ 轮排序后,所有元素都会变得有序。

3. 插入排序

在插入排序(insertion sort)中,每次将一个待排序的元素,按其值的大小插入到它前面已经排序的序列中的适当位置,直到该元素已排序完成。插入排序是一种最简单的排序方法,对于少量元素的排序,它是一个有效的算法。

插入排序的具体步骤如下:

(1) 将一个元素插入到已经排好序的有序序列中,从而得到一个新的、元素数加 1 的有序序列;

(2) 每一步将一个待排序的元素,按其排序码的大小插入到前面已经排好序的一组元素的适当位置上去,直到元素全部插入为止。

可以选择不同的方法在已经排好序的有序序列中寻找插入位置。根据查找方法不同,有多种插入排序方法,下面介绍直接插入排序。

(1) 每次从无序序列中取出第一个元素,把它插入到有序序列的合适位置,使得有序序列仍然有序;

(2) 第 1 轮比较前两个元素,然后把第二个元素按大小插入到有序序列中;

(3) 第 2 轮把第三个元素与前两个元素从后向前扫描,把第三个元素按大小插入到有序序列中;

(4) 依次进行下去,进行了 $n-1$ 轮扫描以后就完成了整个排序过程。

假设有一个数组[9,7,8,5,1,6],需要将其按照从小到大的顺序进行排序,插入排序的图示过程如图 5-18 所示。

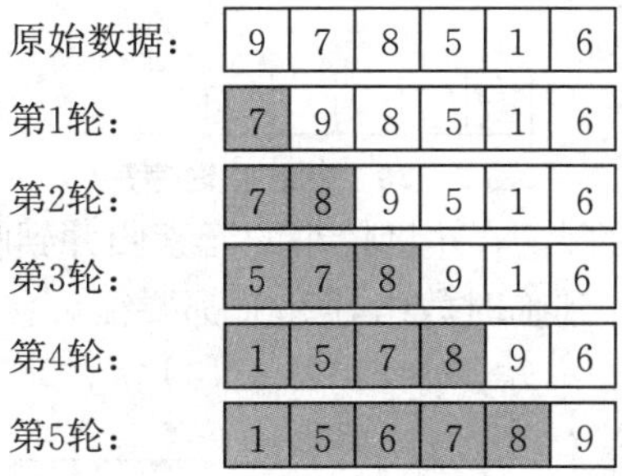

原始数据:	9	7	8	5	1	6
第1轮:	7	9	8	5	1	6
第2轮:	7	8	9	5	1	6
第3轮:	5	7	8	9	1	6
第4轮:	1	5	7	8	9	6
第5轮:	1	5	6	7	8	9

图 5-18 插入排序

插入排序的基本思想就是通过每次将未排序的元素插入到已排序的序列的合适位置,直到所有的元素都排序完毕。这样每一轮都会将未排序的元素插入到合适的位置,经过 $n-1$ 轮排序后,所有元素都会变得有序。

4. 归并排序

在归并排序(merge sort)中,将待排序的序列分成若干个子序列,分别对子序列进行排序,然后将两个已排序的子序列合并成一个有序序列。这个过程可以递归进行,直到子序列的长度为1,然后将这些长度为1的子序列合并成一个有序序列。

假设有一个数组[9,7,8,5,1,6],需要将其按照从小到大的顺序进行排序,归并排序的图示过程如图 5-19 所示。

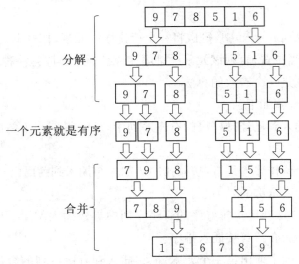

图 5-19　归并排序

以图 5-19 的最后一次合并为例说明它们的合并排序方法,其中[7,8,9]和[1,5,6]为两个有序子序列。

(1)变量 i 和变量 j 分别指向两个有序序列的起始位置,同时创建一个临时数组保存合并后的序列,变量 k 指向临时数组的起始位置(见图 5-20)。

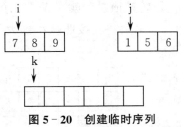

图 5-20　创建临时序列

(2)比较 i 和 j 指向的元素的大小,并将较小的元素归并到临时数组,对应下标往后移动一个位置,此时 1 小于 7,将 1 归并到临时数组,j 和 k 都要往后移动一个位置(见图 5-21)。

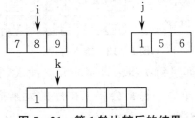

图 5-21　第 1 轮比较后的结果

(3)继续比较 i 和 j 指向的元素的大小,此时 5 小于 7,将 5 归并到临时数组,j 和 k 都要往后移动一个位置(见图 5-22)。

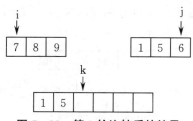

图 5-22 第 2 轮比较后的结果

(4)不断比较 i 和 j 指向的元素的大小,直到 i 和 j 任何一个超出比较范围,则比较结束,将另一个序列剩余的元素直接归并到临时数组。

归并排序的时间复杂度为 $O(n\log n)$,是一种高效的排序算法。

5. 快速排序

在快速排序(quick sort)中,通过一趟排序将待排序的序列分割为左右两个子序列,左边子序列中的所有数据都比右边子序列中的数据小,然后对左右两个子序列继续进行排序,直到整个序列有序。

具体步骤如下:从序列中任意选择一个元素(一般选择第一个元素),把该元素作为基准元素,然后将小于等于基准元素的所有元素都移到基准元素的左侧,把大于基准元素的元素都移到基准元素的右侧。这样,以基准元素为界,划分出两个子序列,左侧子序列中的所有元素都小于右侧子序列。基准元素不属于任一子序列,并且基准元素当前所在位置就是该元素在整个排序完成后的最终位置。这样一个划分左右子序列的过程就称为快速排序的一轮排序,或称为一次划分。

假设有一个数组[9,7,18,25,1,6],需要将其按照从小到大的顺序进行排序,一轮排序的过程如下:

(1)选取第一个元素 9 为基准元素,然后设置两个指针,一个 low 指针指向左侧第一个位置,一个 high 指针指向右侧最后一个位置。

| 9 | 7 | 18 | 25 | 1 | 6 |

(2)取出基准元素 9,此时 low 指针指向的位置留出一个空位。

| | 7 | 18 | 25 | 1 | 6 |

(3)可以规定,指向空的指针不移动,去操作另一个指针。此时,应该操作 high 指针,如果 high 指针指向的元素大于基准元素 9,那么 high 指针左移;如果 high 指针指向的元素小于基准元素 9,那么将 high 指针指向的元素放到 low 指针指向的空位处。显然,当前 high 指针指向的元素 6 小于 9,所以把 6 放到 low 指针指向的位置,此时 high 指针指向为空。

| 6 | 7 | 18 | 25 | 1 | |

(4)high 指针指向为空,此时应该操作 low 指针。如果 low 指针指向的元素小于基准元素 9,那么 low 指针右移;如果 low 指针指向的元素大于基准元素 9,那么把 low 指针指向的元素放到 high 指针指向的空位处。显然,当前 low 指针指向的元素 6 小于 9,则 low 指针右移。

| 6 | 7 | 18 | 25 | 1 | |

(5)low 指针指向的元素 7 小于基准元素 9,则 low 指针右移。

| 6 | 7 | 18 | 25 | 1 | |

(6) low 指针指向的元素 18 大于基准元素 9，则把 low 指针指向的元素 18 放到 high 指针指向的空位处，此时 low 指针指向为空。

| 6 | 7 | | 25 | 1 | 18 |

(7) high 指针指向的元素 18 大于基准元素 9，则 high 指针左移。

| 6 | 7 | | 25 | 1 | 18 |

(8) high 指针指向的元素 1 小于基准元素 9，则将 high 指针指向的元素放到 low 指针指向的空位处。

| 6 | 7 | 1 | 25 | | 18 |

(9) high 指针指向为空，此时应该操作 low 指针。low 指针指向的元素 1 小于基准元素 9，则 low 指针右移。

| 6 | 7 | 1 | 25 | | 18 |

(10) low 指针指向的元素 25 大于基准元素 9，则把 low 指针指向的元素 25 放到 high 指针指向的空位处，low 指针指向为空。

| 6 | 7 | 1 | | 25 | 18 |

(11) high 指针指向的元素 25 大于基准元素 9，则 high 指针左移。

| 6 | 7 | 1 | | 25 | 18 |

(12) low 指针和 high 指针指向同一个位置，此时将基准元素插入。

| 6 | 7 | 1 | 9 | 25 | 18 |

此时，基准元素 9 将序列分割为左右两个子序列，左边子序列中的所有数据都比右边子序列中的数据小，然后递归此划分过程，直到整个序列有序。

快速排序算法是对冒泡排序算法的一种改进，在当前所有内部排序算法中，快速排序算法被认为是最好的排序算法之一。

6. 谢尔排序

谢尔排序(Shell sort)也称为递减增量排序，是插入排序的一种更高效的改进版本。

谢尔排序是非稳定排序算法，在对几乎已经排好序的数据操作时，效率极高，可以达到线性排序的效率。具体步骤如下：

(1) 选择一个增量序列 $t_1, t_2, \cdots, t_k$，其中 $t_i > t_j (i > j)$，$t_k = 1$；

(2) 按增量序列个数 k，对序列进行 k 轮排序；

(3) 每轮排序，根据对应的增量 t_i，将待排序列分割成若干长度为 m 的子序列，分别对各个子序列进行插入排序。当增量因子为 1 时，整个序列作为一个表来处理，表长度即为整个序列的长度。

假设有一个数组 [9,7,18,25,1,6]，需要将其按照从小到大的顺序进行排序，谢尔排序的图示过程如图 5-23 所示。

9	7	18	25	1	6	初始序列
9			25			
	7			1		分成3组
		18			6	
9			25			
	1			7		组内排序
		6			18	
9	1	6	25	7	18	第1轮序列结果
9		6		7		分成2组
	1		25		18	
6		7		9		组内排序
	1		18		25	
6	1	7	18	9	25	第2轮序列结果
6	1	7	18	9	25	组内排序
1	6	7	9	18	25	第3轮序列结果

图 5-23　谢尔排序

谢尔排序的基本思想就是通过选择一个增量 d 将待排序的序列分成多个子序列，对每个子序列进行插入排序，然后缩小增量 d，重复这个过程，直到增量 d 为 1 时，对整个序列进行插入排序。谢尔排序的时间复杂度为 $O(n^{1.3})$，相对于直接插入排序有所改进，但仍然不够理想。

这些排序算法各有优缺点，适用于不同的情况和需求。在实际应用中，需要根据具体情况选择合适的排序算法。

5.4　Raptor 程序设计

Raptor(用于有序推理的快速算法原型工具)是一种基于流程图的可视化编程开发环境。流程图是一系列相互连接的图形符号的集合，其中每个符号代表要执行的特定类型的指令。符号之间的连接决定了指令的执行顺序。Raptor 开发环境在最大限度地减少语法要求的情形下，帮助用户编写正确的程序指令。使用 Raptor 的目的是进行算法设计和运行验证，从而使初学者理解和真正掌握计算思维。Raptor 开发环境是可视化的，是为易用性而设计的，更容易为初学者所理解。访问 Raptor 官网（https://raptor.martincarlisle.com）可以下载 Raptor。

5.4.1　Raptor 基本程序环境

1. 基本界面

Raptor 启动后，程序的开发环境如图 5-24 所示。

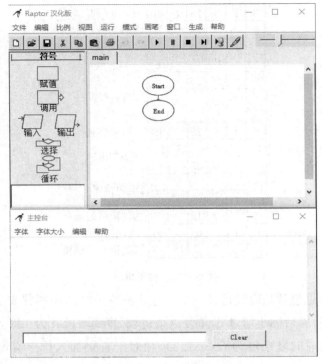

图 5‑24　Raptor 开发环境

Raptor 的界面包括主窗口和主控台。

主窗口包含符号区、变量观察区、编程区、工具栏等。

(1) 符号区列出了 Raptor 提供的 6 种符号，程序设计时将这些符号拖动到编程区，Raptor 程序执行时，从开始(Start)符号起步，并按照箭头所指方向执行程序，执行到结束(End)符号时停止。

(2) 变量观察区用于在程序运行过程中查看变量值。

(3) 编程区用于编辑程序。

(4) 工具栏中的 ▶ ‖ ■ ▶| 四个按钮控制程序的运行方式。▶ 按钮控制程序正常运行，‖ 按钮控制程序暂停运行，■ 按钮终止程序运行，▶| 按钮单步运行可以了解每条指令运行后变量的变化情况。

主控台用于显示运行结果。

2. 符号

Raptor 有 6 种符号，每种符号代表一个独特的指令类型，包括赋值、调用、输入、输出、选择和循环。这些符号说明如表 5‑2 所示。

表 5‑2　6 种 Raptor 符号说明

目的	符号	名称	说明
赋值	□	赋值语句	使用某些类型的数学计算来更改变量的值

续表

目的	符号	名称	说明
调用		过程调用	执行一组在命名过程中定义的指令。在某些情况下，过程中的指令将改变一些参数的值
输入		输入语句	允许用户输入的数据，每个数据存储在一个变量中
输出		输出语句	显示变量的值（或保存到文件中）
选择		选择控制	根据条件来决定是否执行某些语句
循环		循环控制	允许重复执行一条或多条语句

3. 变量

变量表示的是计算机内存中的位置，用于保存数据值。变量在任一时刻只能存放一个值。但是，在程序执行过程中，变量的值可以改变。当程序开始时，没有任何变量存在，赋值语句建立变量并赋予初始值。任何变量在被引用前必须存在并赋值，否则会出现 Variable X not found! 错误。变量的数据类型（数值、字符串、字符）由最初的赋值语句所给的数据决定。

变量的数据类型如表 5-3 所示。

表 5-3 变量的数据类型

名称	说明	举例
数值	数字型数据	如 10, 2.56, -0.125
字符串	多个字符组成的数据	如"Hello"
字符	单个字符数据	如'a','7','#'

设置变量的值的方法有以下几种。

(1) 使用赋值语句符号给某个变量赋值：将赋值语句符号拖入右侧编程区连线上相应位置，然后双击，在打开的"Assignment"对话框的"Set"框中输入变量名（如"x"），"to"框中输入被赋值 1，单击"完成"按钮后会在编程区出现赋值符号且里面出现"x←1"，表示把 1 赋值给变量 x（见图 5-25）。

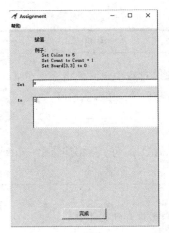 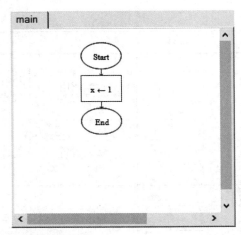

图 5-25 赋值语句设置变量

(2)通过输入语句符号实现变量值的设置:将输入语句符号拖入右侧编程区连线上相应位置,然后双击,在打开的"输入"对话框的"输入提示"框中输入提示信息(如""please:""),注意加上英文引号,且 Raptor 不支持汉字,尽可能用英文;在"输入变量"框中输入变量名(如"x")。单击"完成"按钮后会在编程区出现输入符号,效果如图 5-26 所示,表示程序运行到此处等待用户输入变量 x 的数据。

 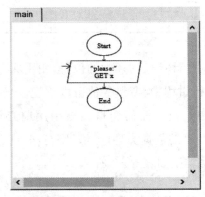

图 5-26 输入语句设置

4. 表达式

表达式是由常量、变量、内置函数及运算符组成的式子。

在 Raptor 中有各种类型的表达式,包括算术表达式、关系表达式、布尔表达式等。Raptor 常见运算符如表 5-4 所示。

表 5-4 Raptor 常见运算符

名称	说明	举例
算术运算	+(加),-(减),*(乘),/(除),或**(乘方),rem 或 mod(求余)	2**3 的结果为 8 10 mod 4 的结果为 2
关系运算	==或=(等于),!=或/=(不等于),<(小于),<=(小于或等于),>(大于),>=(大于或等于)	5==7 结果为 false 5<=7 结果为 true 5!=7 结果为 true

续表

名称	说明	举例
逻辑运算	and(与),or(或),not(非),xor(异或)	5＞7 and 5＜10 结果为 false 5＞7 or 5＜10 结果为 true not 5＜10 结果为 false

在表 5-4 中,关系运算符的运算对象必须是两个相同的数据类型值才可以进行比较。逻辑运算符 and 两边运算对象都为真,运算结果才为真;or 两边运算对象只要有一个为真,运算结果为真;not 与其后的运算对象相反;xor 两边运算对象相异,运算结果才为真。

注意 表示数学上的 $50 \leqslant x \leqslant 60$,应该使用 x＞=50 and x＜=60。

Raptor 内置函数如表 5-5 所示。

表 5-5 Raptor 内置函数

名称	说明	举例
数学函数	abs(绝对值),sqrt(开平方),log(以 e 为底的自然对数),ceiling(向上取整),floor(向下取整)	abs(-6)的结果为 6 sqrt(9)的结果为 3 log(2.72)的结果约为 1 ceiling(5.12)的结果为 6 floor(5.12)的结果为 5
三角函数	sin(正弦),cos(余弦),tan(正切),cot(余切),arcsin(反正弦),arccos(反余弦),arctan(反正切),arccot(反余切)	sin(pi/2)的结果为 1 tan(pi/4)的结果为 1.0000 arcsin(1)的结果为 1.5708
随机函数	random(生成[0,1)之间的小数)	
长度函数	length_of(返回数组元素的个数或字符串中字符的个数)	length_of("hello")的结果为 5

表达式的计算是按照预先定义的"优先顺序"进行。一般性的"优先顺序"如下:
(1)计算所有函数;
(2)计算括号中的表达式;
(3)计算乘幂(^,* *);
(4)从左到右,计算乘法、除法和求余;
(5)从左到右,计算加法和减法;
(6)关系运算;
(7)逻辑运算(not,and,or,xor 从高到低的顺序)。

例如,表达式 3 * 4 * * 2 / 8 mod abs(-5)的计算结果为 1。

运算符或函数指示计算机对一些数据执行计算。运算符必须放在操作数据之间,而函数必须使用括号来表示正操作的数据。在执行时,运算符和函数执行各自的计算,并返回其结果。

在赋值语句中表达式的结果必须是一个数值或一个字符串。大部分表达式用于计算数值,但也可以用加号进行简单的文字处理,把两个或两个以上的文本字符串合并成单个字符串。用户还可以将字符串和数值变量组合成一个单一的字符串。

5. 输出语句

在 Raptor 中,执行输出语句将导致程序执行时在主控台显示输出结果。当定义一条输出语句时,在"输出"对话框中指定输出信息和是否换行两项,然后在"输出"对话框中添加输出语句,单击"完成"按钮,运行程序后在主控台的效果如图 5-27 所示。

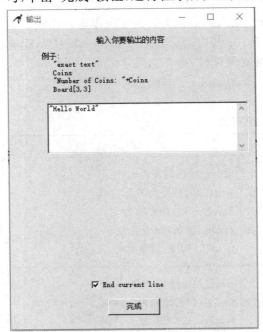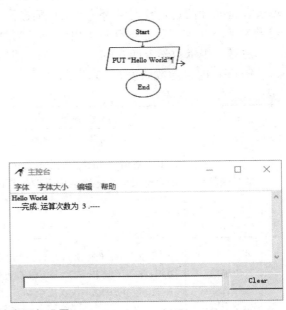

图 5-27 输出语句设置

如果要显示文本"Hello World","输出"对话框中输入的要输出的内容需包含在双引号内以区分文本和计算值,在这种情况下,引号不会显示在主控台输出窗口。

6. 数组

在 Raptor 中,数组是一种特殊的变量类型,可以用来存储一系列相同类型的值。例如,要输入 10 个数,求它们的平均值和最大值并输出结果,如果不使用数组来存储,那么语句会很复杂且重复语句很多。

数组是有序数据的集合,数组中的每一个元素一般都属于同一数据类型。数组最大的优点在于用统一的数组名和下标来唯一地确定某个数组元素,而且下标值可以参与计算,这为动态进行数组元素的遍历访问创造了条件。

像 Raptor 的普通变量一样,数组也是第一次使用时自动创建的,它用来存储 Raptor 中的数据值。在 Raptor 中,数组是在输入和赋值语句中通过给一个数组元素赋值而产生的。创建的数组,其大小由赋值语句中给定的最大元素下标来决定。未赋值的数值型数组元素的值默认为 0。例如,在赋值语句中输入 arr[10]←80,创建 arr 数组,有下标从 1~10 的 10 个元素 arr[1]~arr[10],其中前 9 个元素因为没有被赋值,所以它们的值默认为 0,最后一个元素 arr[10]的值为 80(见图 5-28)。

Raptor 目前最多只支持二维数组,例如,在赋值语句中输入 arr[2,5]←80 表示创建了一个 2 行 5 列的二维数组,数组元素的个数为 10,各数组元素的值如图 5-29 所示。

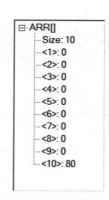
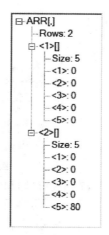

图 5-28 一维数组　　　　　图 5-29 二维数组

对于排序、统计等问题,往往需要数组来实现。数组还可以和循环及条件语句结合起来自动执行重复或复杂的任务。

5.4.2 Raptor 流程控制

编程最重要的工作之一是控制语句的运行流程。控制结构/控制语句使程序员可以确定程序语句的运行顺序,这些控制结构可以做以下两点:

(1)跳过某些语句而执行其他语句;
(2)条件为真时重复执行一条或多条语句。

1. 顺序控制

顺序结构是最简单的流程结构,它本质上就是把每条语句按顺序排列,程序运行时,从开始语句顺序运行到结束语句。箭头连接的语句描绘了运行流程。如果程序包括多个基本命令,那么它会顺序运行这多条语句,然后退出。

顺序控制是一种默认的控制,流程图中的每条语句自动指向下一个。顺序控制除了把语句按顺序排列,不需要做任何额外的工作。顺序控制只能完成极为简单的任务。

例如,使用 Raptor 求圆的面积,程序实现的流程如图 5-30 所示。

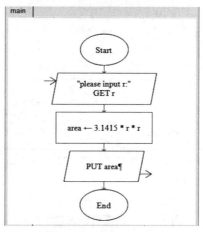

图 5-30 求圆面积的流程图

程序运行后,在如图 5-31 所示的"输入"对话框中输入半径"5",单击"确定"按钮。

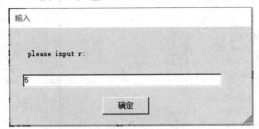

图 5-31 输入对话框设置

程序运行结束后,在主控台窗口显示如图 5-32 所示的结果。

图 5-32 求圆面积的运行结果

2. 选择控制

一般情况下,程序需要根据一些条件来决定某些语句是否应该运行。选择控制语句可以使程序根据条件的当前状态,选择两条路径中的一条来运行。Raptor 的选择控制语句,呈现出一个菱形的符号,用"Yes/No"表示对问题的决策结果及决策后程序语句运行指向。当程序运行时,如果决策的结果是"Yes"(True),则运行左侧分支;如果决策的结果是"No"(False),则运行右侧分支。

例如,使用 Raptor 输入任一个数并判断它的奇偶性,程序实现的流程如图 5-33 所示。

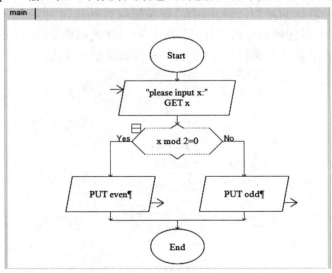

图 5-33 判断奇偶性的流程图

程序运行时,输入 x 的值后,对 x 除以 2 的余数是否为 0 这个条件进行判断。是则输出偶数,否则输出奇数。

3. 循环控制

循环控制语句允许重复运行一条或多条语句,直到某些条件变为 True。在 Raptor 中一个椭圆和一个菱形符号用来表示一个循环。循环运行的次数,由菱形符号中的表达式来控制。在运行过程中,菱形符号中的表达式结果为 No,则运行 No 的分支,这将导致重复运行循环控制语句。要重复运行的语句可以放在菱形符号上方或下方。

例如,使用 Raptor 求 $1+2+\cdots+100$ 的和,程序实现的流程如图 5-34 所示。

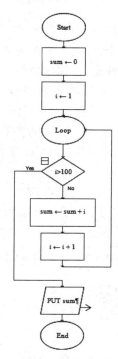

图 5-34 循环求和的流程图

5.4.3 Raptor 子程序和子图

复杂任务程序设计的方法是将任务按功能进行分解,自顶向下、逐步求精。当一个任务十分复杂以至无法描述时,可按功能划分为若干个基本模块,各模块之间的关系尽可能简单,在功能上相对独立。如果每个模块的功能都能实现,那么复杂任务也就得以解决。

在 Raptor 中,实现程序模块化的主要手段是子程序和子图。一个子程序是一个编程语句集合,用以完成某项任务。调用子程序时,首先暂停当前程序的运行,运行子程序中的程序指令,然后在先前暂停的程序的下一条语句恢复运行原来的程序。子程序可以被反复调用,以节省相同功能语句段的重复出现。

要正确使用子程序,用户需要知道以下两点:

(1) 子程序的名称;

(2) 完成任务所需要的数据值,也就是所谓的参数。

Raptor 中子图的定义与调用基本上与子程序类似,但无须定义和传递任何参数。Raptor

中默认直接有一个 main 子图。所有子图与 main 子图共享所有变量，在 main 子图中可以反复调用其他某个子图，以节省相同功能语句段的重复出现。由于子图具有名称且能实现模块功能，因此可以将大的程序编写得令人容易理解。

例如，求 100 以内的素数之和。

这里把判断是否是素数功能写成子程序以便反复调用。

首先选择"模式"菜单下的"中级"命令，Raptor 切换到中级模式，在此模式下可以建立"子程序"，然后在 main 子图标签上右击，在弹出的快捷菜单中选择"增加一个子程序"命令，打开"创建子程序"对话框。

在"创建子程序"对话框中输入子程序名和参数，如果没有参数可以不填写，Raptor 中一个重要的限制是参数数量不能超过 6 个，任何参数都可以是单个的变量或数组，都可以定义为 in,in out 和 out 三种形式中的任何一种输入/输出属性。任何参数只要是有 in(输入 input 参数)属性，那么在程序调用该子程序前，必须准备好这个参数(已经初始化并且有值)；而只有 out(输出 output 参数)属性的参数，是由子程序向调用子图或子程序返回的变量，在调用该子程序前，一般可以不做任何准备；兼有 in,out 属性的参数，实际上可以充当 Raptor 的全局变量，因为只有对变量进行这样的定义，子程序与调用该子程序的子图或子程序才能共享和修改这些变量的内容。

如图 5-35 所示，子程序名为 isPrime，参数有两个：一个为输入 input 参数 n(要判断是否为素数的数由此传入子程序)，另一个为输出 output 参数 flag(同此传出判断结果)。

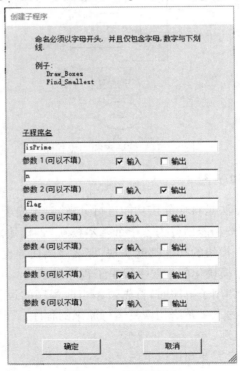

图 5-35 创建子程序

main 子图调用子程序 isPrime 如图 5-36 所示，调用 isPrime 子程序时使用过程调用语句。

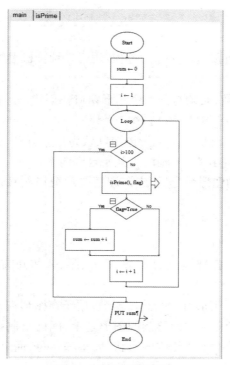

图 5‑36　调用子程序

子程序设置如图 5‑37 所示。当一个过程调用显示在 Raptor 中时，可以看到被调用的过程名称和参数值，如图 5‑36 中的 isPrime(i, flag)。设计者可以双击"过程调用"符号书写或修改过程名称和参数值。

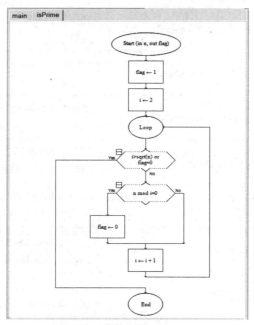

图 5‑37　子程序设置

5.4.4 图形编程

Raptor 绘图函数是一组预先定义好的过程,用于在计算机上绘制图形对象。

1. 图形窗口

要使用 Raptor 绘图函数,必须打开一个图形窗口。创建图形窗口的函数为

Open_Graph_Window(X_Size,Y_Size),

其中 X_Size 和 Y_Size 为窗口的大小,图形窗口默认为白色背景,(X,Y)坐标系的原点在窗口的左下角,X 轴由 1 开始从左到右,Y 轴由 1 开始自底向上。

当程序执行完成所有的图形命令后,应该调用图形窗口删除过程关闭图形窗口。关闭图形窗口的函数为

Close_Graph_Window。

2. 绘图命令

可以在图形窗口中绘制各种颜色的线条、矩形、圆、弧和椭圆,也可以在图形窗口中显示文本。

如表 5-6 所示,Raptor 图形有 9 个绘图函数,用于在图形窗口中绘制形状。最新的图形命令执行后所绘制的图形覆盖在先前绘制的图形之上,因此绘制图形的顺序是很重要的。所有的图形程序需要设置参数指定要绘制的形状、大小和颜色,而且如果它覆盖了一个区域,则需说明是一个轮廓或实心体。

表 5-6 绘图命令与说明

形状	过程调用	描述
单个像素	Put_Pixel(x,y,color)	设置单个像素为特定的颜色
线段	Draw_Line(x1,y1,x2,y2,color)	在(x1,y1)和(x2,y2)之间画出特定颜色的线段
矩形	Draw_Box(x1,y1,x2,y2,color,filled)	以(x1,y1)和(x2,y2)为对角画出特定颜色的一个矩形
圆	Draw_Circle(x,y,radius,color,filled)	以(x,y)为圆心,radius 为半径画出特定颜色的圆
椭圆	Draw_Ellipse(x1,y1,x2,y2,color,filled)	以(x1,y1)和(x2,y2)为对角的矩形范围内画出特定颜色的椭圆
弧	Draw_Arc(x1,y1,x2,y2,startx,starty,endx,endy,color)	在以(x1,y1)和(x2,y2)为对角的矩形范围内画出特定颜色的椭圆的一部分
为一个封闭区域填色	Flood_Fill(x,y,color)	在一个包含(x,y)坐标的封闭区域内填色(如果该区域没有封闭,则整个窗口全部被填色)
绘制文本	Display_Text(x,y,"text",color)	在(x,y)位置上,落下首先绘制的特定颜色的文字串,绘制方式从左到右,水平伸展
绘制数字	Display_Number(x,y,number,color)	在(x,y)位置上,落下首先绘制的特定颜色的数值,绘制方式从左到右,水平伸展

此外,还有如表 5-7 所示的两个修改图形窗口的过程中的某个绘图区域。

表 5-7 两个修改图形窗口的过程中的某个绘图区域

效果	过程调用	描述
清除窗口	Clear_Window(color)	使用指定的颜色清除(擦除)整个窗口
绘制图像	Draw_Bitmap(bitmap, x, y, width, height)	绘制(通过 Load_Bitmap 调用载入)图像,(x,y)定义左上角的坐标,width 和 height 定义图形绘制的区域

如图 5-38 所示是一个 Raptor 图形编程的例子,绘图效果是如图 5-39 所示的笑脸。

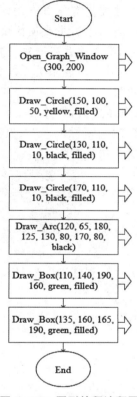

图 5-38 图形编程流程图

图 5-39 图形编程效果

本 章 小 结

程序设计是计算机科学的重要领域,本章主要涵盖了程序和程序设计的基本概念、数据结构的分类与基本操作及程序的核心算法等内容。

程序是为了实现特定目标或解决特定问题而编写的,由计算机语言描述的一系列严格执行的语句和指令组成。程序的特点是完成特定的任务,使用某种程序设计语言描述完成任务的方法,并存储在计算机中,通过运行才能发挥作用。

数据结构是计算机存储、组织数据的方式,主要包括线性结构和非线性结构。线性结构如线性表、链表、栈和队列等,具有数据元素之间存在一对一关系的特点;非线性结构则包括树和图等,其数据元素之间存在一对多或多对多的复杂关系。插入、删除、查找等基本操作在不同的数据结构中有不同的实现方式和效率。

在算法部分,首先介绍了算法的基本定义,即算法是为了解决特定问题而设计的一系列明确步骤的集合。算法具有确定性、有穷性、可行性、输入项和输出项等特性。算法的设计和实现对于程序的性能和效率具有至关重要的影响。

另外,Raptor是一款流程图编程软件,用户可以通过绘制流程图来创建程序,无须编写复杂的代码。Raptor是一个很好的程序设计入门工具,可以帮助初学者快速上手并理解程序设计的基本概念。

第6章

计算机网络基础

计算机网络是计算机和通信技术这两大现代技术密切结合的产物,它代表了目前计算机体系结构发展的一个极其重要的方向。计算机网络技术包括了硬件、软件、网络体系结构和通信技术。计算机网络化是计算机进入第四个时代的标志,几乎所有的计算机都面临着网络化的问题。从某种意义上讲,计算机网络的发展水平不仅反映了一个国家的科学技术水平,而且已经成为衡量其综合国力及现代文明程度的重要标志之一。

本章主要介绍计算机网络基础知识,包括计算机网络的定义、组成、分类和应用等内容。在计算机网络的体系结构中阐述了网络的分层和各层的协议,以及 Internet 的基本知识。

6.1 计算机网络基础知识

6.1.1 计算机网络的形成与发展

20 世纪 50 年代中期,美国的半自动地面防空系统(semi-automatic ground environment, SAGE)是计算机技术和通信技术相结合的最初尝试,当时 SAGE 将远距离的雷达和测控设备的信息经过通信线路汇集到一台 IBM 计算机上进行处理和控制。而世界上公认的第一个最成功的远程计算机网络是由美国原高等研究计划局(Advanced Research Project Agency,ARPA)于 1969 年组织和成功研制的 ARPANET(Advanced Research Project Agency network)。ARPANET 在 1969 年建成了具有 4 个结点的试验网络,1971 年 2 月建成了具有 15 个结点、23 台主机的网络并投入使用,这就是世界上最早出现的计算机网络之一,现代计算机网络的许多概念和方法都来源于它。目前,人们通常认为它就是网络的起源,同时也是 Internet 的起源。我们一般将计算机网络的形成与发展进程分为四代。

拓展资料

第一代:计算机技术与通信技术结合,形成了计算机网络的雏形。此时的计算机网络是指以单台计算机为中心的远程联机系统,也称之为"面向终端的计算机通信网络"。美国在 1963

年投入使用的飞机订票系统 SABRE-1,就是这类系统的典型代表之一。此系统以一台中心计算机为网络的主体,将全美范围内的 2 000 多个终端通过电话线连接到中心计算机上实现并完成了订票业务。

第二代:在计算机通信网络的基础上,完成了计算机网络体系结构与协议的研究,形成了计算机网络,当时的计算机网络应当称为"初级计算机网络"。20 世纪 60 年代后期和 20 世纪 70 年代初期发展起来的 ARPANET 就是这类系统的典型代表,此时的计算机网络是由若干个计算机互联而成。同时,ARPANET 将一个计算机网络划分为"通信子网"和"资源子网"两大部分,当今的计算机网络仍沿用这种组合方式,如图 6-1 所示。在计算机网络中,计算机通信子网完成全网的数据传输和转发等通信处理工作;计算机资源子网承担全网的数据处理业务,并向网络用户提供各种网络资源和网络服务。

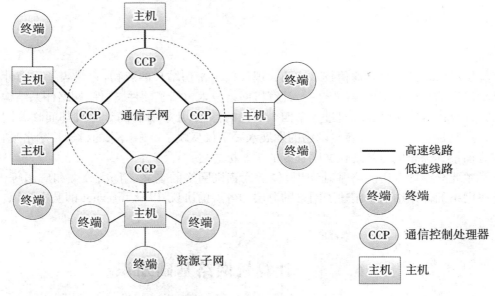

图 6-1 计算机网络的组合

第三代:在解决了计算机联网和网络互联标准问题的基础上,提出了开放系统的互联参考模型与协议,促进了符合国际标准化的计算机网络技术的发展。因此,第三代计算机网络指的是 20 世纪 70 年代末至 20 世纪 90 年代形成的"开放式的标准化计算机网络"("开放式"是指相对于那些只能符合独家网络厂商要求的各自封闭的系统而言的)。在开放式网络中,所有的计算机和通信设备都遵循着共同认可的国际标准,从而可以保证不同厂商的网络产品可以在同一网络中顺利地进行通信。事实上,目前存在着两种占主导地位的网络体系结构,一种是国际标准化组织(International Standards Organization,ISO)的开放系统互联(open system interconnection,OSI)体系结构;另一种是传输控制协议/互联网协议(transmission control protocol/internet protocol,TCP/IP)体系结构。

第四代:计算机网络向全面互联、高速和智能化发展,并将得到广泛的应用。这是目前正在研究与发展中的"新一代的计算机网络"。由于 Internet 的进一步发展面临着带宽(网络传输速率和流量)的限制、网上安全管理、多媒体信息(尤其是视频信息)传输的实用化和 Internet 上地址紧缺等各种困难,因此新一代计算机网络应满足高速、大容量、综合性、数字信息传递等多方位需求。有一种观点认为第四代计算机网络是以宽带综合业务数字化网络和异步传输方式(asynchronous transfer mode,ATM)技术为核心来建立的。

6.1.2 计算机网络的定义

通常,人们对计算机网络的定义是:为了实现计算机之间的通信交往、资源共享和协同工作,采用通信手段,将地理位置分散的、各自具备自主功能的一组计算机"有机"地联系起来,并且由网络操作系统进行管理的计算机复合系统。

从这个简单的定义可以看出,计算机网络涉及以下三个要点。

(1)一个计算机网络可以包含多台具有"自主"功能的计算机。所谓"自主",是指这些计算机离开计算机网络之后,也能独立地工作和运行。因此,通常将这些计算机称为主机,在网络中又叫作结点或站点。在网络中的共享资源(硬件资源、软件资源和数据资源)均分布在这些计算机中。

(2)人们构建计算机网络时需要使用通信手段,把有关的计算机(结点)"有机"地连接起来。所谓"有机"连接,是指连接时彼此必须遵循所规定的约定和规则,这些约定和规则就是通信协议。每一个厂商生产的计算机网络产品都有自己的许多协议,这些协议的总体就构成了协议集。

(3)建立计算机网络的主要目的是为了实现通信的交往、信息资源的交流、计算机分布资源的共享,或者是协同工作。一般将计算机资源共享作为网络的最基本特征。例如,联网之后,为了提高工作效率,用户可以联合开发大型程序。

6.1.3 计算机网络的基本组成

计算机网络由网络软件和网络硬件两大部分组成。

1. 网络软件

在网络系统中,网络上的每个用户都可以共享系统中的各种资源,所以系统必须对每个用户进行控制,否则就会造成系统混乱、数据破坏和丢失等。为了协调系统资源,系统需要通过软件工具对网络资源进行全面的管理,进行合理的调度和分配,并采取一系列的安全保密措施,防止用户对数据和信息的非法访问,防止数据和信息的破坏与丢失。

网络软件是实现网络功能所不可缺少的软环境。网络软件通常包括以下内容。

(1)网络协议和协议软件:通过协议程序实现网络协议功能。

(2)网络通信软件:通过网络通信软件实现网络工作站之间的通信。

(3)网络操作系统:用以实现系统资源共享,管理用户的应用程序对不同资源的访问,是最主要的网络软件。

(4)网络管理及网络应用软件:网络管理软件是用来对网络资源进行管理和对网络进行维护的软件;网络应用软件是为网络用户提供服务,以使网络用户能在网络上解决实际问题。

网络软件最重要的特征是:网络软件所研究的重点不是网络中所互联的每台独立的计算机本身的功能,而是研究如何实现网络特有的功能。

2. 网络硬件

网络硬件是计算机网络系统的物质基础。要构成一个计算机网络系统,要将计算机及其附属硬件设备与网络中其他计算机系统连接起来,实现物理连接。不同的计算机网络系统在硬件方面是有差别的。随着计算机技术和网络技术的发展,网络硬件日趋多样化,且功能更强、更复杂。

6.1.4 计算机网络的功能及应用

1. 计算机网络的功能

计算机网络的功能主要表现在以下几个方面。

(1)资源共享。充分利用计算机的软硬件资源是计算机网络开发的主要目的之一。计算机网络的出现使用户可以方便地共享和访问分散在不同地域的各种信息资源、计算机和外围设备。

(2)数据通信。分布在各地的多个计算机系统之间可以通过网络进行数据通信是网络的基本功能。资源之间的访问就是通过数据之间的传输实现的。

(3)信息的集中和综合处理。通过计算机网络可以将分散在各地的计算机系统中的数据信息进行集中或分级管理,并经过综合处理形成各种图表、情报,提供给网络用户。例如,随着计算机网络的不断普及,通过公用计算机网络向社会提供的各种信息服务、咨询越来越多,这都是信息集中综合处理的结果。

(4)资源调剂。对于超大负荷的高性能计算和信息处理任务,可以采用适当的算法,通过计算机网络将任务分散,由不同的计算机协作完成,以便对计算机资源进行调剂,均衡负荷,提高效率。

(5)提高系统可靠性和性价比。通过计算机网络,可以将网络中重要的数据在多台计算机中备份,这样在一台计算机出现故障时,可实现快速恢复,从而不会影响到整个网络的使用,提高了系统的可靠性。性价比是衡量一个系统实用性的重要指标,即性能与价格的比值。性价比越高则实用性越强,越经济实惠。计算机网络可以通过调剂资源、优选算法等手段提高整体的性能,以降低造价成本,提高性价比。

随着计算机网络的不断发展,它的功能越来越多,应用也越来越广泛,已经深入社会的各个领域,在网络通信、电子商务、办公自动化、企业管理、文教卫生、金融等领域的应用也都在飞速发展。

2. 计算机网络的应用

由于计算机网络具有资源共享、数据通信和协同工作等基本功能,因此成为信息产业的基础,并得到了日益广泛的应用。下面将列举一些常用的计算机网络应用系统。

1)管理信息系统

管理信息系统(management information system,MIS)是基于数据库的应用系统。人们建立计算机网络,并在网络的基础上建立管理信息系统,这是现代化企业管理的基本前提和特征。因此,现在 MIS 被广泛地应用于企事业单位的人事、财会和物资等科学管理上。例如,使用 MIS,企业可以实现市场经营管理、生产制造管理、物资仓库管理、财务与审计管理和人事档案管理等,并能实现各部门动态信息的管理、查询和部门间的报表传递。因此,可以大幅度改进、提高企业的生产管理水平和工作效率,同时为企业的决策与规划部门及时提供决策依据。

2)办公自动化系统

办公自动化系统(office automation system,OAS)可以将一个机构办公用的计算机、其他办公设备(如传真机和打印机等)连接成网络,这样可以为办公室工作人员提供各种现代化手段,从而改进办公条件,提高办公业务的效率与质量,及时向有关部门和领导提供相应的信息。

OAS通常包含文字处理、电子报表、文档管理、小型数据库、会议演示材料的制作、会议与日程安排、电子函件和电子传真、文件的传阅与审批等。

3)信息检索系统

随着全球性网络的不断发展,人们可以方便地将自己的计算机联入网络中,并使用信息检索系统(information retrieval system,IRS)检索向公众开放的信息资源。因此,IRS是一类具有广泛应用的系统。例如,各类图书目录的检索、专业情报资料的检索与查询、生活与工作服务的信息查询(如气象、交通、金融、保险、股票、商贸、产品等),以及公安部门的罪犯信息和人口信息查询等。IRS不仅可以进行网络上的查询,还可以实现网络购物、股票交易等网上贸易活动。

4)销货点系统

销货点系统(point of sale system,POS)被广泛地应用于商业系统,它以电子自动收款机为基础,并与财务、计划、仓储等业务部门相连接。POS是现代化大型商场和超级市场的标志。

5)分布式控制系统

分布式控制系统(distributed control system,DCS)广泛地应用于工业生产过程和自动控制系统。使用DCS可以提高生产效率和质量、节省人力和物力、实现安全监控等目标。常见的DCS有电厂和电网的监控调度系统,冶金、钢铁和化工生产过程的自动控制系统,交通调度与监控系统等。这些系统联网之后,一般可以形成具有反馈的闭环控制系统,从而实现全方位的控制。

6)计算机集成制造系统

计算机集成制造系统(computer integrated manufacturing system,CIMS)实际上是企业中的多个分系统在网络上的综合与集成。它根据本单位的业务需求,将企业中各个环节通过网络有机地联系在一起。例如,CIMS可以实现市场分析、产品营销、产品设计、制造加工、物料管理、财务分析、售后服务及决策支持等一个整体系统。

7)电子数据交换系统和电子商务系统

电子数据交换系统(electronic data interchange system)的主要目标是实现无纸贸易,目前已经开始在国内的贸易活动中流行。在电子数据交换系统中,涉及海关、运输、商业代理等相关的许多部门。所有的贸易单据都以电子数据的形式在网络上传输。因此,要求系统具有很高的可靠性与安全性。电子商务系统(e-commerce system)是电子数据交换系统的进一步发展,如电子数据交换系统可以实现网络购物和电子拍卖等商务活动。

8)信息服务系统

随着Internet的发展和使用,信息服务业也随之诞生并迅速发展,而信息服务业是以信息服务系统(information service system)为基础和前提的。广大网络用户希望从互联网上获得各类信息服务,例如,信息服务系统可以实现在浏览器上采集各种信息、收发电子邮件、从网络上查找与下载各类软件资源、欣赏音乐与电影、进行联网娱乐游戏等。

6.1.5 计算机网络的分类

对计算机网络进行分类的标准很多,如按拓扑结构分类、按网络协议分类、按信道访问方式分类、按数据传输方式分类等。但是,这些标准都只能给出网络某一方面的特征。这里给出一种能反映网络技术本质特征的分类标准,即按计算机网络的分布距离来分类。

按照分布距离的长短,可以将计算机网络分为局域网(local area network,LAN)、城域网(metropolitan area network,MAN)、广域网(wide area network,WAN)和因特网(Internet)。它们所具有的特征参数如表 6-1 所示。

表 6-1 各类计算机网络的特征参数

网络分类	英文名	分布距离大约	处理机位于同一	传输速率范围
局域网	LAN	10 m	房间	10 Mbps~10 Gbps
		100 m	建筑物	
		几千米	校园	
城域网	MAN	10 km	城市	50 kbps~100 Mbps
广域网	WAN	100 km	国家	9.6 kbps~45 Mbps
因特网	Internet	1 000 km	洲或洲际	

在表 6-1 中,大致给出了各类网络的传输速率范围。总的规律是距离越长,速率越低。局域网距离最短,传输速率最高。一般来说,传输速率是关键因素,它极大地影响着计算机网络硬件技术的各个方面。例如,广域网一般采用点对点的通信技术,而局域网一般采用广播式通信技术。在距离、速率和技术细节的相互关系中,距离影响速率,速率影响技术细节。这便是我们按分布距离划分计算机网络的原因之一。

1. 局域网

LAN 的分布范围一般在几千米以内,最大距离不超过 10 km,它是一个部门或单位组建的网络。LAN 是在小型计算机和微型计算机大量推广使用之后才逐渐发展起来的计算机网络。一方面,LAN 容易管理与配置;另一方面,LAN 容易构成简洁整齐的拓扑结构。LAN 传输速率高,延迟时间短。因此,网络站点往往可以对等地参与对整个网络的使用与监控。再加上 LAN 具有成本低、应用广、组网方便和使用灵活等特点,因此深受广大用户的欢迎。LAN 是目前计算机网络技术中发展最快也是最活跃的一个分支。

1)LAN 的典型应用场合

LAN 的典型应用场合包括以下几种:

(1)同一房间内的所有主机,覆盖距离为 10 m 的数量级。

(2)同一楼宇内的所有主机,覆盖距离为 100 m 的数量级。

(3)同一校园、厂区、院落内的所有主机,覆盖距离为 1 000 m 的数量级(这种情况又称为校园网)。

2)LAN 的基本特征

LAN 的基本特征如下:

(1)在 LAN 网络中所有的物理设备分布在半径几千米的有限地理范围内,因此通常不涉及远程通信的问题。

(2)整个 LAN 通常为同一组织单位和机构部门所拥有。

(3)在 LAN 中可以实现高速率的数据传输,数据传输速率范围一般在 1 Mbps~1 000 Mbps,常用的传输速率为 10 Mbps~100 Mbps。

(4)网络的连接结构很规整,遵循着严格的标准。

2. 广域网

WAN(也称为远程网)一般跨越城市、地区、国家甚至洲,它往往以连接不同地域的大型主机系统或 LAN 为目的。在 WAN 中,网络之间的连接大多采用租用的专线,或者是自行铺设的专线。所谓"专线",是指某条线路专门用于某一用户,其他的用户不准使用。

1) WAN 的典型应用场合

WAN 中的所有主机与工作站点的物理设备分布的地理范围一般在几千米以上,包括 10 km,100 km 和 1 000 km 以上的数量级,如分布在同一城市、同一国家、同一洲,甚至几个洲等。一些大的跨国公司,如 IBM,SUN,DEC 等计算机公司都建立了自己的企业网,它们通过通信部门的通信网络来连接分布在世界各地的子公司。国内这样的网络也很多,如海关总署的骨干网也是这种典型的企业广域网。

2) WAN 的基本特征

WAN 的基本特征如下:

(1)在 WAN 中信息的传输距离相对很长,一般都在几千米以上,甚至高于 1 000 km。

(2) WAN 通常分属于多个单位和部门所有,其资源子网与通信子网一般分别由不同的部门自行管辖,如一般通信子网由中华人民共和国工业和信息化部管辖。

(3)由于 WAN 中的数据传输距离较长,因此通信线路上的传输速率较低,一般在 1 kbps~2 Mbps 左右的数量级。21 世纪初,随着我国通信技术产业的迅猛发展,国内使用的 WAN 的传输速率有望达到 1 Gbps 的数量级。

(4)网络的互联结构很不规整,有较大的随意性和盲目性,有待于必要地调整。

3. 城域网

MAN 原本指的是介于 LAN 与 WAN 之间的一种大范围的高速网络。因为随着 LAN 的广泛使用,人们逐渐要求扩大 LAN 的使用范围,或者要求将已经使用的 LAN 互相连接起来,使其成为一个规模较大的城市范围内的网络。因此,MAN 设计的原本目标是要满足几十千米范围内的大量企业、机关、公司与社会服务部门计算机的联网需求,并实现大量用户、多种信息的传输。

由于各种原因,MAN 的特有技术没能在世界各国迅速地推广。反之,在实践中,人们通常使用 WAN 的技术去构建与 MAN 目标范围、大小相当的网络,这样反而显得更加方便与实用。因此,这里不对 MAN 做更为详细的介绍。

4. 因特网

Internet(也称为国际互联网)其实并不是一种具体的物理网络技术,而是将不同的物理网络技术按某种协议统一起来的一种高层技术。Internet 是 WAN 与 WAN,WAN 与 LAN,LAN 与 LAN 进行互联而形成的网络,它采用的是局部处理与远程处理、有限地域范围的资源共享与广大地域范围的资源共享相结合的网络技术。目前,世界上发展最快,也最热门的网络就是 Internet,它是世界上最大的、应用最广泛的计算机网络。

6.2 计算机网络的拓扑结构

6.2.1 计算机网络拓扑结构的定义

为了进行复杂的计算机网络结构设计,人们引用了拓扑学中的拓扑结构的概念。在网络设计中,网络拓扑的设计选型是计算机网络设计的第一步。因为拓扑结构是影响网络性能的主要因素之一,也是实现各种协议的基础,所以网络拓扑结构直接关系到网络的性能、系统可靠性、通信和投资费用等因素。

通常,我们将通信子网中的通信处理器和其他通信设备称为结点,通信线路称为链路,而将结点和链路连接而成的几何图形称为该网络的拓扑结构。因此,计算机网络拓扑结构是指它的通信子网的拓扑构型,它反映出通信网络中各实体之间的结构关系。

6.2.2 计算机网络拓扑结构的分类

计算机网络拓扑结构根据其通信子网的通信信道类型,通常分为两类:广播信道通信子网和点-点线路通信子网。

常见的基本拓扑结构有总线型、星型、环型、树型、网状型等,如图6-2所示。

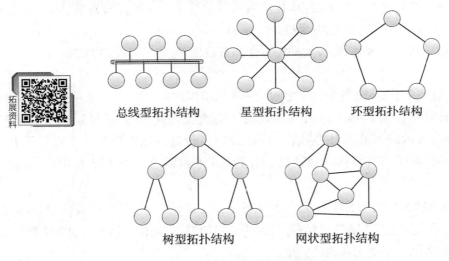

图6-2 常见的计算机网络拓扑结构

1. 广播信道通信子网

利用广播通信信道完成网络通信任务时,必须解决两个基本问题:

(1)确定谁是通信对象;

(2)解决多结点争用公用通信信道的问题。

采用广播信道通信子网的基本拓扑构型有四种:总线型、树型、无线通信型与卫星通信型。

2. 点-点线路通信子网

在点-点线路通信子网中，每条物理线路连接一对结点。如果两个结点之间没有直接连接的物理线路，那么它们之间的通信只能通过其他结点转接。采用点-点线路通信子网的基本拓扑构型有四种：星型、环型、树型和网状型。

1) 星型拓扑结构的主要特点

在星型拓扑结构中，每个结点都由一个单独的通信线路连接到中心结点上。中心结点控制全网的通信，任何两个结点的相互通信都必须经过中心结点。

星型拓扑结构的主要优点是结构简单、容易实现、管理方便；缺点是中心结点控制着全网的通信，它的负荷较重，是网络的瓶颈，一旦中心结点发生故障，将导致全网瘫痪。

2) 环型拓扑结构的主要特点

在环型拓扑结构中，各个结点通过通信线路，首尾相接，形成闭合的环型。环中的数据沿一个方向传递。

环型拓扑结构的主要优点是结构简单、容易实现、传输延迟时间固定；缺点是各个结点都可能成为网络的瓶颈，环中的任何一个结点发生故障，都会导致全网瘫痪。

3) 树型拓扑结构的主要特点

树型拓扑结构可以看成星型拓扑结构的扩展。它的各个结点按层次进行连接，信息的交换主要在上下结点间进行，相邻的结点之间一般不进行数据交换或交换量很小。这种拓扑结构适用于分级管理的场合或控制型网络。

树形拓扑结构的主要优点是易于拓展、易于隔离故障；缺点是若根结点出现故障，则会引起全网不能正常工作。

4) 网状型拓扑结构的主要特点

在网状型拓扑结构中结点之间的连接是任意的、无规律的。每两个结点之间的通信链路可能有多条，因此必须使用"路由选择"算法进行路径选择。

网状型拓扑结构的主要优点是系统可靠性高、易于故障诊断；缺点是结构和配置复杂、投资费用高、必须采用"路由选择"算法与"流量控制"算法。目前，远程计算机网络大都采用网状型拓扑结构将若干个局域网连接在一起。

6.3 网络的体系结构及相应的协议

为了研究方便，人们把网络通信的复杂过程抽象成一种层次结构模式，如图 6-3 所示。假定用户从实体 1 的终端上操作，需要用实体 2 的应用程序进行计算或控制。为了达到这个目的，除了通过公用载波线路将这两个实体连接起来之外，还要考虑在工作过程中两个实体内部相互通信的过程，这个过程比较复杂。图 6-3 将这个复杂的过程划分为四个层次，下面将说明这四个层次的大致工作过程。

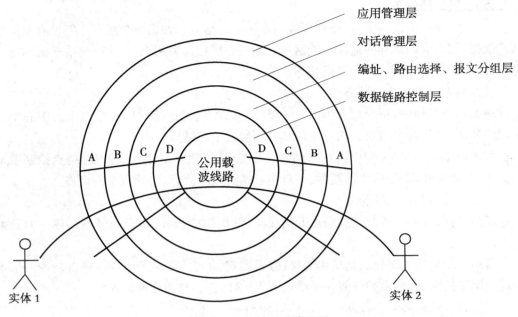

图 6-3 层次模式表示图

用户从实体 1 的终端上输入各种命令,这些命令在应用管理层中得到解释和处理,然后把结果提交给对话管理层,要求建立与实体 2 的相互联系;对话建立以后转入下一层,要求对要传送的内容进行编址,并进行路由选择和报文分组等工作;分组传送的报文经数据链路控制层,变成二进制的脉冲信号,沿公用传媒介质(信道)发送出去。这就是说,用户从实体 1 输入的命令,要经过 A,B,C,D 四个层次的处理才发送到物理信道中去。

实体 2 从信道中接收信号时,首先要经过数据链路控制层将二进制脉冲信号接收下来,然后根据编址情况,将分组的报文重新组合在一起,再送到对话管理层去建立相互联系,最后送到应用管理层去执行应用程序。也就是说,接收方的实体 2 也要经过 D,C,B,A 四个层次才能完成接收任务。

网络的分层体系结构层次模型,包含两个方面的内容:(1)将网络功能分解为许多层次,在每一个功能层次中,通信双方共同遵守许多约定和规程,这些约定和规程称为同层协议(简称协议);(2)层次之间逐层过渡,上一层向下一层提出服务要求,下一层完成上一层提出的要求。上一层次必须做好进入下一层次的准备工作,这种两个相邻层次之间要完成的过渡条件,叫作接口协议(简称接口)。接口可以是硬件,当然也可以采用软件实现,如数据格式的变换、地址的映射等。

网络分层体系结构模型的概念为计算机网络协议的设计和实现提供了很大方便。各个厂商都有自己产品的体系结构,不同的体系结构有不同的分层与协议,这就给网络的互联造成了困难。为此,国际上出现了一些团体和组织为计算机网络制定了各种参考标准,而这些团体和组织有的可能是一些专业团体,有的则可能是某个国家政府部门或国际性的大公司。下面将介绍三个为网络制定标准的组织及其相应的标准。

6.3.1 网络的三个著名标准化组织

1. 国际标准化组织

(1)组成：国际标准化组织由美国国家标准研究所（American National Standards Institute，ANSI）及其他各国的国家标准组织的代表组成。

(2)主要贡献：开放系统互连参考模型，也就是七层网络通信模型的格式，通常称为"七层模型"。

2. 电气电子工程师学会

(1)组成：电气电子工程师学会（Institute of Electrical and Electronics Engineers，IEEE）由美国电气工程师学会（American Institute of Electrical Engineers，AIEE）和无线电工程师学会（Institute of Radio Engineers，IRE）合并而成，是世界上最大的专业组织之一。

(2)主要贡献：对网络而言，IEEE 一项最了不起的贡献就是对 IEEE 802 协议进行了定义。802 协议主要用于 LAN，其中比较著名的有 802.3：CSMA/CD 和 802.5：Token Ring。

3. 美国国防部高级研究计划局

美国国防部高级研究计划局（Defense Advanced Research Projects Agency，DARPA）的最主要贡献是 TCP/IP 通信标准。DARPA 从 20 世纪 60 年代开始致力于研究不同类型计算机网络之间的互相连接问题，成功地开发出著名的 TCP/IP 协议。它是 ARPANET 网络结构的一部分，提供了连接不同厂家计算机主机的通信协议。事实上，TCP/IP 通信标准是由一组通信协议所组成的协议集。其中，两个主要协议是传输控制协议（TCP）和网际协议（IP）。

6.3.2 ISO 的七层参考模型——OSI

ISO 对网络的最主要贡献是建立并颁布了开放系统互联参考模型（open systems interconnection reference model，OSI-RM），即七层网络通信模型的格式，通常称为"七层模型"。它的颁布促使所有的计算机网络走向标准化，从而具备了互联的条件。OSI-RM 最终被开发成全球性的网络结构。

1. OSI-RM 层次划分的原则

OSI-RM 将协议组织成为分层结构，每层都包含一个或几个协议功能，并且分别对上一层负责。具体来讲，ISO 的 OSI-RM 符合分而治之的原则，将整个通信功能划分为七个层次，划分的原则如下：

(1)网络中所有结点都划分为相同的层次结构，每个相同的层次都有相同的功能。

(2)同一结点内各相邻层次之间通过接口进行通信。

(3)每一层使用下层提供的服务，并向上层提供服务。

(4) 不同结点之间的同等层按照协议实现对等层之间的通信。

ISO 正是通过上述准则制定了著名的 OSI-RM，如图 6-4 所示。

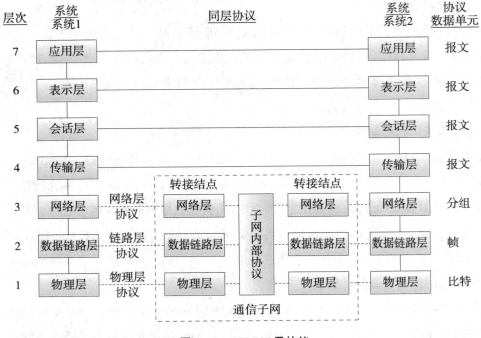

图 6-4　OSI-RM 及协议

2. OSI-RM 的结构和特点

OSI-RM 有如下的结构和特点：

(1) 每一层都对整个网络提供服务，因此是整个网络的一个有机组成部分，不同的层次定义了不同的功能。

(2) 每一层在逻辑上都是独立的，是根据该层的功能定义的。

(3) 每一层实现的时候可以各不相同，某一层实现时并不影响其他各层。

3. OSI-RM 中的数据流

计算机利用协议进行相互通信，根据设计准则，OSI-RM 工作时，若两个网络设备通信，则每一个设备的同一层同另一个设备的类似层次进行通信。不同结点通信时，同等层次通过附加该层的信息头来进行相互的通信。

发送方的每个结点内，在它的上层和下层之间传输数据。每经过一层都对数据附加一个信息头部，即封装。该层的功能正是通过这个"控制头"（附加的各种控制信息）来实现的。由于每一层都对发送的数据发生作用，因此真正发送的数据越来越大，直到构成数据的二进制位流在物理介质上传输。

在接收方，这七层的功能又依次发挥作用，并将各自的"控制头"去掉，即拆装，同时完成相应的功能，如检错、传输等。OSI-RM 中发送/接收数据的数据流如图 6-5 所示。

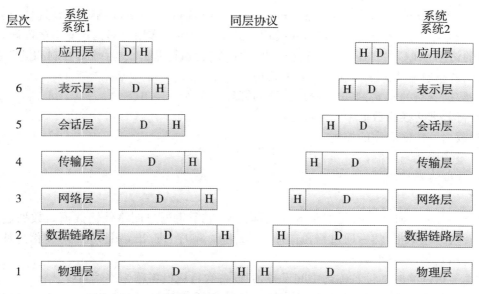

图 6-5 OSI-RM 中的数据流

4. OSI-RM 的七层及其功能

下面将介绍协议的各种功能是如何分配到每一层,以及每一层所完成的具体功能。

1) 物理层

物理层(physical layer)是 OSI-RM 的最低层,也是 OSI-RM 的第一层,它利用物理传输介质为数据链路层提供物理连接。它的主要任务是在通信线路上传输数据比特的电信号。物理层保证数据在目标设备上,以源设备发送时同样的方式进行读取。

此层还规定了建立和保持物理连接的电子、电气与机械特性,以及实现的手段。例如,物理层规定的网络规范包含了电缆电压的量值,信号在发送时如何转换为"0"和"1",以及信号的发送顺序。

物理层完成的主要功能为以下几种:

(1) 传输二进制"位"信号。

(2) 指定传输方式的要求。

(3) 当建立、维护与其他设备的物理连接时,提供需要的电气、机械等特性,并实现数据传输。

2) 数据链路层

数据链路层(data link layer)是 OSI-RM 的第二层,这一层的主要任务是提供可靠的通过物理介质传输数据的方法。这一层将数据分解成帧,然后按顺序传输帧,并负责处理接收端发回的确认帧的信息,即提供可靠的数据传输。

数据链路层用来启动、断开链路,并提供信息流控制、错误控制和同步等功能。它在物理层传送的比特流的基础上,负责建立相邻结点之间的数据链路,提供结点与结点之间的可靠的数据传输。它除了将接收到的数据封装成数据帧或包(这些数据帧或包中包含各种信息,如目的地址、源地址、数据及其他控制信息等)再传送之外,还通过循环冗余校验(cyclic redundancy check,CRC)等方法,捕获和改正检测到的帧中的数据位错误。

通常,该层又分为介质访问控制(medium access control,MAC)和逻辑链路控制(logical link control,LLC)两个子层。MAC主要用于共享型网络中多用户对信道竞争的问题,解决网络介质的访问;LLC主要任务是建立和维护网络连接,执行差错校验、流量控制和链路控制。

数据链路层完成的主要功能为以下几种:

(1) 数据链路的建立、维护与释放链路的管理工作。
(2) 将数据转换为数据帧。
(3) 数据帧传输顺序的控制。
(4) 差错检测与控制。
(5) 数据流量控制。

3) 网络层

网络层(network layer)是OSI-RM的第三层,它负责通过网络传输数据。数据通常在这一层被转换为数据报,然后通过路径选择、分段组合、顺序、进/出路由等控制,将信息从一台网络设备传送到另一台网络设备。

数据通过网络时的设备称为中间设备,源设备和目标设备称为终端系统。

网络层从源主机那里接收报文,同时将报文转换为数据包,并确保这些数据包直接发往目标设备。网络层还负责决定数据包通过网络的最佳路径。另外,当网络中同时存在太多的数据包时,它们就会争抢通路,形成瓶颈,网络层可以控制这样的阻塞。

网络层实际上是通过执行路由算法,为报文分组通过通信子网选择最适当的路径。它是OSI-RM中最复杂的一层。

网络层完成的主要功能为以下几种:

(1) 通过路径选择将信息从最合适的路径由发送端传送到接收端。
(2) 将数据转换成数据包。
(3) 网络连接的建立和管理。

4) 传输层

传输层(transport layer)是OSI-RM的第四层,它提供会话层和网络层之间的传输服务。这种服务从会话层获得数据,并在必要时对数据进行分割。传输层将数据传递到网络层,并确保数据能正确无误地传送到网络层。因此,传输层负责提供两结点之间数据的可靠传送。当两结点已确定建立联系之后,传输层即负责监督。传输层的目的是向用户透明地传送报文,它向高层屏蔽了下层数据通信的细节。

传输层完成的主要功能为以下几种:

(1) 分割和重组数据。
(2) 提供可靠的端到端服务。
(3) 流量控制。
(4) 使用面向连接的数据传输(与网络层不同,传输层的连接被视为是"面向连接的"。通过这一层传送的数据将由目标设备确认,如果在指定的时间内未收到确认信息,那么数据将被重发)。

为了实现上述功能,传输层提供了下面几种连接服务。

(1) 数据段排序:当网络发送大量数据时,有时必须将数据分割成小段。由于网络层路由是采用数据包方式,因此这些数据段到达目的地时很可能处于无序状态。于是,传输层在将数据发送到会话层之前,需要将它们重新排序。

(2) 传送中的差错控制:传输层使用"校验和"之类的方法来校验数据中的错误。差错控制如果没有收到某一段信息,它将请求重新发送这一数据。差错控制正是通过跟踪数据包的序列号来完成这一任务的。

注意　传输层常常被认为是差错控制层,其实它只保证数据被传送,而不保证数据被正确传送。确认某个信息是否必须改正或重发是表示层和会话层负责的。

(3) 流量控制:传输层是通过确认信息的方法来实现流量控制的。发送设备在收到目标设备的上一段数据包的确认信息之前,是不会发送下一段信息的。

5) 会话层

会话层(session layer)是 OSI-RM 的第五层,它是用户应用程序和网络之间的接口。这一层允许用户在设备之间建立一种连接,这就是会话。一旦会话关系已经建立,它还要对会话进行有效的管理。

用户可以按照半双工、单工和全双工的方式建立会话。当建立会话时,用户必须提供他们想要连接的远程地址。而这些地址与 MAC 地址或网络地址不同,它们是为用户专门设计的,更便于用户记忆。例如,域名(domain name,DN)就是一种网络上使用的远程地址。

会话层完成的主要功能为以下几种:

(1) 允许用户在设备之间建立、维持和终止会话,如提供单方向会话或双向同时会话。

(2) 管理对话。

(3) 使用远程地址建立连接。

因此,从逻辑上讲会话层主要负责数据交换的建立、保持和终止,其实际的工作是接收来自传输层的数据,并负责纠正错误。出错控制、会话控制、远程过程调用均是这一层的功能。

注意　此层检查的错误不是通信介质的错误,而是磁盘空间、打印机缺纸等类型的高级错误。

6) 表示层

表示层(presentation layer)是 OSI-RM 的第六层,它的主要功能是协商和建立数据交换的格式,解决各种应用程序之间在数据格式表示上的差异。这一层还负责设备之间所需的字符集或数字转换,它还负责数据压缩,以减少数据传输量,同时也负责数据加密。

表示层完成的主要功能为以下几种:

(1) 建立数据交换的格式。

(2) 处理字符集和数字的转换。

(3) 执行数据压缩与恢复。

(4) 数据的加密和解密。

7) 应用层

应用层(application layer)是 OSI-RM 的最高层,它是用户应用程序和网络之间的接口。这一层允许用户使用网络中的应用程序传输文件、发送电子邮件,以及完成用户希望在网络上完成的其他工作。

因此,这一层的主要功能是负责网络中应用程序与网络操作系统之间的联系,包括建立与结束使用者之间的联系,监督管理相互连接起来的应用系统和所使用的应用资源。这一层还为用户提供各种服务,包括目录服务、文件传送、远程登录、电子邮件、虚拟终端、作业传送和操作,以及网络管理等。然而,这一层并不包含应用程序本身。例如,它包含目录服务,如 Windows 界面的 Program Manager 和文件资源管理器等,但不包含字处理程序、数据库等。

应用层完成的主要功能为以下几种:

(1)作为用户应用程序与网络间的接口。

(2)使用户的应用程序能够与网络进行交互式联系。

在七层模型中,每一层都提供一个特殊的网络功能。

若从功能的角度观察,下面四层(物理层、数据链路层、网络层和传输层)主要提供通信传输功能,以结点到结点之间的通信为主;上面三层(会话层、表示层和应用层)则以提供使用者与应用程序之间的处理功能为主。也就是说,下面四层属于通信功能,上面三层属于处理功能。

从网络产品的角度观察,对局域网来说,下面三层(物理层、数据链路层、网络层)直接做在网卡上,上面四层(传输层、会话层、表示层和应用层)则由网络操作系统来控制。

为了便于记忆,可用表 6-2 中提供的方式记住这七层的代表字母。

表 6-2 OSI-RM 助记表

应用层	A-all
表示层	P-people
会话层	S-seem
传输层	T-to
网络层	N-need
数据链路层	D-data
物理层	P-processing

"All People Seem To Need Data Processing",这样可以帮助我们很容易记住这七层。

5. 建立 OSI-RM 的目的和作用

建立 OSI-RM 的目的,除了创建通信设备之间的物理通道之外,还规划了各层之间的功能,并为标准化组织和生产厂家制定了协议的原则。这些规定使得每一层都具有一定的功能。理论上来说,在任何一层上符合 OSI 标准的产品都可以被其他符合标准的产品所取代。

这种分层的逻辑体系结构使得我们可以深刻地了解什么样的协议解决什么样的问题,以及各个协议在网络体系结构中所占据的位置。由于每一层在功能上与其他层有着明显的区别,使得通信系统可以进行划分,并使通信产品不必面面俱到,因此只需完成某一方面的功能,仅遵循相应的标准即可。此外,它还有助于分析和了解每一种比较复杂的协议。

以后用户可能还会遇到其他有关的协议,如 TCP/IP、X.25 协议等,应进一步理解这些协议的工作原理。

6.3.3 TCP/IP 通信标准

1. 网际协议

IP 对应于 OSI-RM 中的网络层,制定了所有在网络上流通的包标准,提供了跨越多个网络的单一包传送服务。IP 规定了计算机在 Internet 上通信时所必须遵守的一些基本规则,以确保路由的正确选择和报文的正确传输。

2. 传输控制协议

TCP 对应于 OSI-RM 中的传输层，它在 IP 的上面，提供面向连接的可靠数据传输服务，以便确保所有传送到某个系统的数据正确无误地到达该系统。

作为高层协议来说，TCP/IP 协议是世界上应用最广的异种网互联的标准协议，已成为事实上的国际标准。利用它，异种机型和异种操作系统的网络系统就可以方便地构成单一协议的 TCP/IP 互联网络。

6.4　常见的网络设备

本节主要以局域网为例来介绍常见的网络设备，它一般由网络服务器、工作站、网络适配器(网卡)及传输介质等部分组成。

6.4.1　网络服务器

前几年流行的各种微机局域网，它们的访问控制方式大多属于集中控制型的专用服务器结构。网络服务器是网络的控制核心部件，一般由高档微机或由具有大容量硬盘的专用服务器担任。局域网的操作系统就运行在服务器上，所有的工作站都以此服务器为中心，网络工作站之间的数据传输均需要服务器作为媒介，如 Netware V3.X 和 V2.X 等网络。早期的局域网仅有文件服务器的概念，一个网络至少要有一个文件服务器，在它上面一般均安装有网络操作系统及其实用程序，以及可提供共享的硬件资源等。它为网络提供硬盘、文件、数据和打印机共享等功能，工作站需要共享数据时，从文件服务器上获取。文件服务器只负责信息的管理、接收与发送，对工作站需要处理的数据不提供任何帮助。

目前，微机局域网操作系统主要流行的是主从式结构(服务器-客户机)的计算机局域网络。它们的访问控制方式属于集中管理和分散处理型，也是20世纪90年代以来局域网发展的趋势，如 Windows NT 4.X 和 5.X 及 Netware V4.X 和 V5.X 等。本书采用的示例，均为主从式结构的计算机局域网络。

通常，无论采用哪种结构的局域网，在一个局域网内至少需要一个服务器，它的性能直接影响着整个局域网的效率，选择和配置好网络服务器是组建局域网的关键环节。

目前，人们从不同的角度对网络服务器进行了分类。也就是说，网络服务器在充当文件服务器的同时，又可以充当多个角色的服务器。例如，某校园网的文件服务器在作为文件服务器的同时，充当了打印服务器、邮件服务器、Web 服务器、域名服务器(domain name server，DNS)和动态主机配置协议(dynamic host configuration protocol，DHCP)服务器等多种类型的服务器。当这个文件服务器作为打印服务器时，应当有一台或多台打印机与它相连，通过内部打印和排队服务，使所有网络用户都可以共享这些打印机，并且管理各个工作站的打印工作。在这种模式中，网络服务器就作为一个打印服务器进行工作。

因此，从网络服务器的应用角度可以分为文件服务器、应用程序服务器、通信服务器、Web 服务器、打印服务器等；从网络服务器的设计思想角度可以分为专用服务器和通用服务器；从服务器本身的硬件结构角度可以分为单处理机网络服务器和多处理机网络服务器。

6.4.2 工作站

在网络环境中,工作站是网络的前端窗口,用户通过它访问网络的共享资源。工作站实际上就是一台 PC,它至少应当包括键盘、显示器、CPU(包括 RAM)。大多数工作站带有软驱和硬磁盘。在某些高度保密的应用系统中,往往要求所有的数据都驻留在远程文件服务器上,所以此类工作站便属于不带硬磁盘驱动器的"无盘工作站"。

工作站是一种高端的通用微型计算机。这些微机通过插在其中的网卡,经传输介质与网络服务器连接,用户便可以通过工作站向局域网请求服务并访问共享的资源。工作站从服务器中取出程序和数据以后,用自己的 CPU 和 RAM 进行运算处理,然后将结果再存到服务器中去。

工作站可以有自己单独的操作系统,独立工作,但与网络相连时,需要将网络操作系统中的一部分,即工作站的连接软件安装在工作站上,形成一个专门的引导、连接程序,通过软盘或硬盘引导、连接上网,访问服务器。在无盘工作站中,必须在网卡上加插一块专用的启动芯片(远程复位 EPROM)或制作专用的引导软盘,用于从服务器上引导本地系统或连接到服务器。

内存是影响网络工作站性能的关键因素之一。工作站所需要的内存大小取决于操作系统和在工作站上所要运行的应用程序的大小和复杂程度。如上所述,网络操作系统中的工作站连接软件部分需要占用工作站的一部分内存,其余的内存容量将用于存放正在运行的应用程序及相应的数据。因此,工作站的内存不能太小,台式机一般支持 8~16 GB 内存,而入门级工作站支持 16 GB 内存,高阶工作站可以支持 192 GB 内存。

6.4.3 网卡

网卡从功能来说相当于广域网的通信控制处理机,通过它将工作站或服务器连接到网络上,实现网络资源共享和相互通信。网卡有以下基本功能:

(1)网卡实现工作站与局域网传输介质之间的物理连接和电信号匹配,接收和执行工作站与服务器送来的各种控制命令,完成物理层的功能。

(2)网卡实现局域网数据链路层的一部分功能,包括网络存取控制、信息帧的发送与接收、差错校验、串并代码转换等。

(3)网卡实现无盘工作站的复位及引导。

(4)网卡提供数据缓存能力。

(5)网卡还能实现某些接口功能。

正确选用、连接和设置网卡,往往是能否正确连通网络的前提和必要条件。

6.4.4 传输介质

传输介质是网络中连接各个通信处理设备的物理媒体,是网络通信的物质基础之一。传输介质可以是有线的,也可以是无线的。前者称为约束介质,而后者称为自由介质。

传输介质的性能特点对传输速率、成本、抗干扰能力、通信的距离、可连接的网络结点数目和数据传输的可靠性等均有很大的影响。因此,必须根据不同的通信要求,合理地选择传输介质。

选择传输介质时应考虑以下主要因素。

(1) 成本:成本是决定传输介质的一个最重要的因素。

(2) 安装的难易程度:安装的难易程度也是决定使用某种传输介质的一个主要因素。例如,光纤的高额安装费用和需要的高技能安装人员使得许多用户望而生畏。

(3) 容量:容量是指传输介质的信息传输能力,一般与传输介质的带宽和传输速率有关。因此,通常也用带宽和传输速率来表示传输介质的容量。它是描述传输介质的一个重要特性。

① 带宽:传输介质的带宽即传输介质允许使用的频带宽度。

② 传输速率:传输速率是指在传输介质的有效带宽上,单位时间内可靠传输的二进制的位数,一般使用 b/s 为单位。

(4) 衰减及最大网线距离:衰减是指信号在传递过程中被衰减或失真的程度;最大网线距离是指在允许的衰减或失真程度上可用的最大距离。因此,实际网络设计中这也是需要考虑的重要因素。在实际中,所谓"高衰减",是指允许的传输距离短;反之,所谓"低衰减",是指允许的传输距离长。

(5) 抗干扰能力:抗干扰能力是传输介质的另一个主要特性,这里的干扰主要指电磁干扰。

1. 有线(约束)传输介质

目前,在网络中常用的有线传输介质主要有双绞线、同轴电缆和光导纤维三类。

1) 双绞线

双绞线(twisted pair)又称为双扭线,是当前最普通的传输介质,它由两根绝缘的金属导线扭在一起而成,如图 6-6 所示。通常还把若干对双绞线对(2 对或 4 对)捆成一条电缆并以坚韧的护套包裹着,每对双绞线合并作一根通信线使用,以减小各对导线之间的电磁干扰。双绞线分为非屏蔽双绞线(unshielded twisted pair,UTP)和屏蔽双绞线(shielded twisted pair,STP)两种。

图 6-6 双绞线

(1) 非屏蔽双绞线。

UTP 没有金属保护膜,对电磁干扰的敏感性较大,电气特性较差。UTP 的最大优点是价格便宜,易于安装,因此被广泛地应用在传输模拟信号的电话系统和局域网的数据传输中。UTP 的最大缺点是绝缘性能不好,分布电容参数较大,信号衰减比较厉害,因此一般主要应用在传输速率不高,传输距离有限的场合。

UTP 通常具有如下特点:

① 低成本(略高于同轴电缆)。

② 易于安装。

③ 高容量(高速传输能力)。

④ 100 m 以内的低传输距离(高衰减)。

⑤ 抗干扰能力差。

(2) 屏蔽双绞线。

STP 和 UTP 的不同之处是,在双绞线和外层保护套中间增加了一层金属屏蔽保护膜,用以减少信号传送时所产生的电磁干扰。STP 电缆较粗,也很硬,因此安装时需要使用专门的连接器;STP 相对来讲价格较贵。目前,STP 应用不如 UTP 广泛。

STP 通常具有如下特点：
① 中等成本。
② 安装难易程度中等。
③ 比 UTP 具有更高的容量。
④ 100 m 以内的低传输距离（高衰减与 UTP 相同）。
⑤ 抗干扰能力中等。

2）同轴电缆

同轴电缆（coaxial cable）是网络中最常用的传输介质，因其内部包含两条相互平行的导线而得名。一般的同轴电缆共有四层，最内层是中心导体（通常是铜质的，该铜线可以是实心的，也可以是绞合线），在中央导体的外面依次为绝缘层、外部导体和保护套，如图 6-7 所示。绝缘层一般为类似塑料的白色绝缘材料，用于将中心导体和外部导体分隔开；而外部导体为铜质的精细网状物，用来将电磁干扰屏蔽在电缆之外。

图 6-7 同轴电缆

实际使用中，网络的数据通过中心导体进行传输；电磁干扰被外部导体屏蔽。因此，为了消除电磁干扰，同轴电缆的外部导体应当接地。

同轴电缆通常具有如下特点：
① 低成本。
② 易于安装，扩展方便。
③ 最高 10 Mb/s 的容量。
④ 中等传输距离（中等衰减）。
⑤ 抗干扰能力中等。
⑥ 单段电缆的损坏将导致整个网络瘫痪，故障查找不易。

3）光导纤维

光导纤维（optical fiber）简称光纤，使用光而不是电信号来传输数据。随着对数据传输速率要求的不断提高，光纤的使用日益普遍。对计算机网络来说，光纤具有无可比拟的优势，是目前和未来发展的方向。

光纤由纤芯、包层和保护套组成，其中纤芯由玻璃或塑料制成，包层由玻璃制成，保护套由塑料制成，其结构如图 6-8 所示。

图 6-8 光纤

光纤的中心是玻璃束或纤芯，由激光器产生的光通过玻璃束传送到另一台设备。在纤芯的周围是一层反光材料，称为包层。由于包层的存在，因此没有光可以从玻璃束中逃逸。在光纤中，光只能沿一个方向移动，两个设备若要实现双向通信，必须建立两束光纤。每路光纤上的激光器发送光脉冲，并通过该路光纤到达另一台设备上，这些光脉冲在另一端的设备上被转换成"0"和"1"。

光纤有两种，单模式和多模式。单模式光纤仅允许一束光通过，而多模式光纤则允许多路光束通过。单模式光纤比多模式光纤具有更快的传输速率和更长的传输距离，自然费用也就更高。

由于安装光纤的工作需要具有高技能的技术人员进行操作，因此铺设光纤网络的绝大部分费用是安装费。

光纤通信具有如下特点:
① 昂贵。
② 安装十分困难。
③ 极高的容量(传输速度快),单根光纤的传输速率可以达到几 Gbps。
④ 极低的衰减(可以长距离传输),如使用光纤传输时,可以达到在 20 km 距离内不使用中继器的高速率的数据传输。
⑤ 没有电磁干扰。

2. 无线(自由)传输介质

前面讲的三种传输介质都属于"有线传输"。有线传输在实现上往往受到地理特征的限制,存在着地域局限性。当通信距离很远时,铺设电缆既昂贵又费时费力,从而可以考虑使用无线传输介质。使用无线传输介质,是指在两个通信设备之间不使用任何物理的连接器,通常这种传输介质通过空气进行信号传输。常用的三种无线传输介质是无线电波、微波和红外线。

例如,当我们设计一个大型企业网络时,其中的两个办公室之间存在着一条高速公路,而它们之间又必须进行通信,由于不便铺设普通的传输介质,因此应当选择使用无线传输介质。

6.5 Internet 的基本概念

Internet,国内一般译为因特网,是一个由散布在世界各地的计算机相互连接而成的全球性的计算机网络,是世界上规模最大、用户最多、影响最大的计算机互联网络。Internet 以 TCP/IP 协议为基础,通过各种物理线路将世界范围内的计算机连接起来,共同协作,使世界各地的计算机能够利用它来相互传递信息,从而为人类生活提供了一种全新的交流方式。Internet 是一个容量巨大的信息宝库,包含有政治、经济、军事、商业、体育、娱乐、休闲、科学和文化等各种信息,可以说衣食住行、各行各业,无所不包。随着计算机技术与网络技术的发展,Internet 在人们的生活、学习和工作中的位置越来越重要。

6.5.1 Internet 的起源与发展

Internet 的发展历史可追溯到 20 世纪 60 年代。当时的 ARPA 为了实现异构网络之间的互联,大力资助网络互联技术的研究,于 1969 年建立了著名的 ARPANET。ARPANET 的出现标志着网络的发展进入了一个全新的时代。

ARPANET 的成功极大地促进了网络互联技术的发展,在 1979 年基本上完成了 TCP/IP 体系结构和协议规范。1980 年开始在 ARPANET 上全面推广 TCP/IP 协议,1983 年完成并以 ARPANET 为主干网建立了早期的 Internet。

1985 年,美国国家科学基金会(National Science Foundation,NSF)开始涉足 TCP/IP 的研究和开发,利用它分布于全球的六个超级计算中心建立了主干网络 NSFNET,连接全美区域性网络,这些区域性网络向下连接到各大学校园、研究机构、企业网等。NSFNET 逐步取代

ARPANET 成为 Internet 的主干网。从此，Internet 开始从军事、科研机构走向了全社会。

进入 20 世纪 90 年代，Internet 的发展势头更加迅猛。Internet 的主干网 NSFNET 也由最初的中速线路(57.6 kbps)，发展到 1987 年的 T1 线路(1.54 Mbps)及 1991 年的 T3 线路(43.7 Mbps)。

1991 年，NSF 和美国其他政府机构开始认识到，Internet 必将扩大其使用范围，不应仅限于大学和科研机构。世界上许多公司纷纷接入 Internet，使网上的通信量急剧增大，Internet 的容量又不够用了。于是，美国政府决定将 Internet 的主干网交给私人来经营，并开始对接入 Internet 的单位收费。1995 年，NSF 把 NSFNET 的经营权交给美国三家最大的电信公司，即 Sprint、MCI 和 ANS，NSFNET 也分成 SprintNET、MCInet 和 ANSnet，由三家公司分别管理和经营，为客户提供网络服务。

今天，世界上多数国家都相继建设了自己国家级的计算机网络，并且都与 Internet 互联在一起。由于 Internet 具有极为丰富的信息资源，它突破了地理位置的限制，因此将全球化贸易、全球化学术机构变得非常简单。

我国与 Internet 发生联系大约在 1986 年。1994 年 3 月以前，一些用户或单位不同程度地访问和使用着 Internet，其方法各不相同。有的使用国际电话线方式，有的把自己的计算机或局域网通过 X.25 网等方式附属在外国的一台计算机或局域网上，间接地使用 Internet，使用的服务主要是电子邮件。在此期间，Internet 的网络信息中心在统计报告中从未把中国作为一个正式加入 Internet 的国家看待，而是算作一个只能使用电子邮件的国家，这种情况直到 1994 年才结束。从 1994 年至今，国内已有若干个直接连接 Internet 国际通信专线的网络。下面按照它们连入 Internet 的时间顺序进行简要介绍。

1. 中国科学院高能物理研究所计算中心网

1993 年 3 月，中国科学院高能物理研究所因国际合作的需要，建成了与美国斯坦福直线加速中心 64 kbps 的通信专线，这是我国建成的与 Internet 相连的第一条专线。当时，中国科学院高能物理研究所计算中心用一台 VAX785 计算机，经过原邮电部的中国公用分组交换数据网(China Public Packet Switched Data Network，ChinaPAC)首先连到北京电信局，再经微波传送到卫星地面通信站，租用 AT&T 公司的国际卫星信道与 Internet 相连。1993 年 5 月，在国家自然科学基金会的资助下，开始向国内著名的科学家、科学院院士、国家自然科学基金重大项目负责人提供包括电子邮件在内的多项 Internet 服务，首次为国际间的科学技术交流提供了现代化的手段。1994 年 5 月，中国科学院高能物理研究所的计算机作为美国能源科学网(Energy Science Network，ESnet)的结点正式接入 Internet。

目前，中国科学院高能物理研究所计算中心除继续使用 VAX 计算机向用户提供服务外，还配备了一台 SUN 计算机进行用户服务。中国科学院高能物理研究所计算中心可以提供的 Internet 服务有电子邮件(E-mail)、文件传送协议(file transfer protocol，FTP)、远程登录(telnet)、信息查询 Gopher 及 WWW。另外，中国科学院高能物理研究所还建立了中国首家 WWW 服务器，通过与美国硅谷的 China-Window 合作，建立了在美国的镜像服务器结点。中国科学院高能物理研究所计算中心网(GLOBALNET)向入网用户提供全球性的相关商业信息，使国内用户可以很方便读取和借鉴国外的商业信息，而在美国的 China-Window 则成为全球了解中国的窗口。

2. 中国科学院计算机网络信息中心网

1994 年 4 月，由世界银行贷款组织和我国政府配套建设的一个高技术基础设施项目——

中国国家计算机和网络设施(National Computing and Networking Facility of China,NCFC),正式代表我国加入 Internet。"正式加入"意味着 NCFC 网络中心的计算机作为代表中国网络域名的域名服务器,在 Internet 的网络信息中心进行了注册。中国从此有了正式的 Internet 行政代表和技术代表。这意味着中国与 Internet 的网络信息中心建立了直接规范的业务联系,而不必作为别国的附属网而存在,中国的用户从此可以全方位地使用 Internet 上的信息资源。

NCFC 在国内又称为北京中关村地区教育与科研示范网,俗称"中关村网"。NCFC 是一个具有相当规模、主干网用光纤互联的计算机网,最初的实施范围为北京中关村地区的北京大学、清华大学及中国科学院中关村地区的 30 多个研究所。NCFC 采用两级网络结构:3 个独立的院校网(中国科学院网 CASnet、北大校园网 PUnet、清华校园网 TUnet);连接 3 个院校网的 NCFC 主干网。主干网与 Internet 相连,并扩充连接到国内其他网络(ChinaPAC 等)。3 个院校网内部也各有其主干网下连到各个部门的局域网。

目前,NCFC 通过高速光纤网络直接连接着 CASnet,PUnet 和 TUnet。除此之外,NCFC 还以较低的速率通过 ChinaPAC、中国公用数字数据网(China Digital Data Network,ChinaDDN)、中国公用电话交换网(China Public Switched Telephone Network,ChinaPSTN)等连接着北京和全国各地的中国科学院及其他部委的科研院所、大专院校。NCFC 是一个面向科技界的计算机网络。

NCFC 连入 Internet 的方法是经过租用专线到达北京卫星通信地面站,再经太平洋卫星传送到美国旧金山 Sprint 公司的数据交换中心从而进入 Internet 主干网。

NCFC 提供的通用服务功能有电子邮件、文件传送协议、远程登录、网络新闻、信息查询 Gopher 及 WWW、网络管理与公用服务、网络新闻传送协议(network news transfer protocol,NNTP)等。

3. 中国 Internet 主干网

原邮电部的 ChinaPAC 在 1994 年 8 月与美国 Sprint 公司签约,于 1995 年 5 月开始向社会提供中国公用 Internet 服务,又称为 ChinaNET 服务。通过 ChinaNET 的灵活访问方式和遍布全国各城市的访问点,用户可以很方便地访问 Internet,享用 Internet 上的丰富资源,也可以利用 ChinaNET 平台和网上的用户群,经营多媒体服务或组建本系统的应用网络。

骨干网是主要的信息通道,主要负责对全网信息进行转接,为接入网提供接入端口,为全网提供所需的 Internet 资源。国内互联网服务提供方(internet service provider,ISP)也应该在此处申请高速端口。接入网由各省接入层网络构成,接入网负责提供用户入网端口,并提供用户访问管理。全国网络管理中心负责 ChinaNET 骨干网的管理,对网络设备运行情况、业务情况进行实时监控,以保证网络安全、可靠地运行。

ChinaNET 提供的 Internet 服务有电子邮件、文件传输、远程登录、网络新闻、信息查询 Gopher,WAIS,Archie 和 WWW 等。

4. 中国教育和科研计算机网

中国教育和科研计算机网(China Education and Research Network,CERNET)是原国家教委全力建设的面向教育界的全国性计算机网络。建成后的 CERNET 将连通全国所有的大专院校,并进一步延伸到中小学。CERNET 在北京、上海、广州、沈阳、南京、西安、武汉和成都 8 个城市的大学设立 CERNET 的区域性网络中心,各网络中心通过 ChinaDDN 连接起来形成

CERNET 的主干网。CERNET 经由美国与 Internet 连接的专线在 1995 年 6 月正式开通,其通信速率为 128 kbps。到 1996 年底,CERNET 已建立起 10 个区域性网络中心,并实现 100 多所大学联网。这十个区域性网络中心是北京大学、清华大学、北京邮电大学、上海交通大学、西安交通大学、东南大学、华南理工大学、东北大学、华中理工大学和四川大学。CERNET 的国际出口是 TUnet。

CERNET 主要面向全国的大专院校,主要吸收科研院所和大专院校的用户,原则上不吸收公众及商业用户。CERNET 和 NCFC 的 Internet 费用低于 ChinaNET。

CERNET 开通的主要 Internet 服务有电子邮件、文件传送、远程登录、网络新闻、信息查询 Gopher 和 WWW 等。

6.5.2 主机

Internet 是由计算机组成的网络,其中的每一台计算机就称为一台主机(host)。一台计算机如果连接到了 Internet 上,我们称之为拥有 Internet 连接,而这台计算机就称为一台 Internet 上的主机。

一台主机必须是一台拥有自己独立 IP 地址的计算机。有些计算机虽然也可以查看一些 Internet 中的内容,但这些计算机往往只是一台终端,只起着显示和接收输入的功能。在这种情况下,真正的主机是这台计算机所连接的那台有 IP 地址的计算机,而这台计算机即使功能再强大,也只能称为一台 Internet 上主机的终端,却不是一台真正的主机。

6.5.3 IP 地址与域名系统

1. IP 地址

Internet 上有数百万台主机,当我们的计算机希望与其中的一台主机进行联系时,必须要有一种方法来识别这台主机,这样 Internet 才能够明确信息究竟应该从什么地方传到什么地方,才能进行计算机间信息的传递。这时,为 Internet 上的每一台主机编号就显得尤为重要了。IP 地址就是这样一种为计算机编号的方法。Internet 上的每台计算机都至少拥有一个 IP 地址,绝不可能有两台计算机的 IP 地址重复。

IP 地址是使用 32 位二进制数表示的一串数字。为了方便记忆,我们将 IP 地址分成四个部分,每 8 位二进制数为一部分,中间用点号分隔,例如,202.97.0.132 就是 Internet 上某台主机的 IP 地址。

IP 地址由网络号和主机号两部分构成,给出一台主机的地址,马上就可以确定它在哪个网络上。如何将组成 IP 地址的 32 位二进制数的信息合理地分配给网络和主机作为编号具有非常重要的意义,这是因为各部分位数一旦确定,就等于确定了整个 Internet 中所能包含的网络数量及各个网络所能容纳的主机数量。

在 Internet 中,网络数量是一个难以确定的因素,但是每个网络的规模却是比较容易确定的。从局域网到广域网,不同种类的网络规模差别很大,必须加以区分。因此,按照网络规模的大小,可以将 Internet 中的 IP 地址分为 A,B,C,D,E 五种类型,其中 A,B,C 是三种主要类型,还有两种次要类型,一种是专供多目传送用的多目地址 D,另一种是扩展备用地址 E。

2. 域名系统

由于 IP 地址是数字标识,使用时难以记忆和书写,因此在 IP 地址的基础上又发展出一种符号化的地址方案,来代替数字型的 IP 地址。每一个符号化的地址都与特定的 IP 地址对应,这样网络上的资源访问起来就容易得多了。这个与网络上的数字型 IP 地址相对应的字符型地址,就称为域名,如 jju.edu.cn 就是一个域名。

Internet 域名采用层次型结构,反映一定的区域层次隶属关系。域名由若干个英文字母和数字组成,由"."分隔成几个层次,从右到左依次为顶级域、二级域、三级域等。例如,在域名 jju.edu.cn 中,顶级域为 cn,二级域为 edu,三级域为 jju。

顶级域名又分为两类:一是国家和地区顶级域名,目前 200 多个国家和地区都按照 ISO 3166 国家代码分配了顶级域名,如中国是 cn,美国是 us,日本是 jp 等;二是通用顶级域名,如表示工商企业的 com,表示网络提供商的 net,表示非营利组织的 org 等。

二级域名是指顶级域名之下的域名,在通用顶级域名下,它是指域名注册人的网上名称,如 ibm,yahoo,microsoft 等;在国家和地区顶级域名下,它是表示注册企业类别的符号,如 com,edu,gov,net 等。表 6-3 给出了各种域名的含义。

表 6-3 域名的含义

域名	域机构	域名	国家
com	商业机构	au	澳大利亚
edu	教育机构	ca	加拿大
gov	政府机构	cn	中国
mil	军事机构	de	德国
net	主要网络支持中心	jp	日本
org	其他组织	uk	英国
int	国际组织	us	美国

由于 Internet 主要是在美国发展起来的,因此美国机构的顶级域名不是国家和地区代码,而是直接使用机构组织类型。如果某主机的顶级域名由 com,edu 等构成,那么一般可以判断这台主机在美国(也有美国主机顶级域名为 us 的情况)。其他国家、地区的顶级域名一般都是其国家、地区的代码。

6.6 Internet 接 入

Internet 已经成为世界上发展最快、规模最大的网络,全球每天都有数以万计的用户接入 Internet,进入 Internet 已不再是科技人员的专利。那么,一台计算机如何才能成为 Internet 的用户呢?可以通过非对称数字用户线(asymmetric digital subscriber line,ADSL)、同轴电缆调制解调器(cable modem)、专线接入及无线连接等几种方式之一实现与 Internet 的互联。

6.6.1 ADSL

ADSL 技术的关键就是采用高速率、适于传输、抗干扰能力强的调制解调器技术。

用户需要安装的 ASDL 设备包括 ADSL Modem、滤波器,主机需要安装网卡。常规的 56K Modem 是通过串行口连接电脑主机的,ADSL Modem 则通过网卡和网线连接主机,再把 ADSL Modem 连接到现有的电话网中就可以实现宽带上网了。滤波器的作用是使正常的电话通话不受任何影响。

ADSL 有以下优点:

(1)传输速率高。ADSL 为用户提供上、下行非对称的传输速率,上行为低速传输,速率可以达到 1 Mbps;下行为高速传输,速率可以达到 10 Mbps。

(2)由于利用现有的电话线,并不需要对现有的网络进行改造,因此实施所需投入的金额不大。

(3)ADSL 采用了频分多路技术,将电话线分成了三个独立的信道。用户可以边观看点播的网上电视,边发送电子邮件,还可以同时打电话。

每个用户都独享宽带资源,不会出现因为网络用户增加而使得传输速率下降的现象。

6.6.2 同轴电缆调制解调器

同轴电缆调制解调器是利用现有的有线电视网,提供高速数据传输的设备。

同轴电缆调制解调器有以下优点:

(1)传输速率快。其上行速率可达 10 Mbps,下行最高速率可达 40 Mbps 以上。

(2)上网无须拨号,也就是时刻连接在互联网上。

(3)支持宽带多媒体应用,包括视频会议、远程教学、音乐点播等。

同轴电缆调制解调器有以下不足:

(1)由于其网络结构是总线共享结构,因此上网的速度会随着上网人数的增加而下降。

(2)由于目前许多有线电视网是一种单向数据传输网,要实现双向数据传输则必须对现有的线路和设备进行改造,因此资金的投入远远高于 ADSL。

6.6.3 专线接入

专线接入是指通过租用专用通信线路与 Internet 进行直接的、24 小时不间断的连接。这种方式的费用较高,适合于多人使用、数据通信量大的情况。企事业网和校园网一般是以局域网的方式通过专线接入 Internet 的。例如,目前许多大、中专院校是使用光纤线路高速接入教育网的。专线接入方式主要指 X.25 分组交换网、帧中继网、ADSL 专线、DDN 等为局域网用户提供专线接入 Internet 的方式。

6.6.4 无线连接

无线连接是新兴的网络技术,建立在无线应用协议(wireless application protocol,WAP)之上,其主导思想是把无线设备的方便性和移动性与存取 Internet 大量信息的功能结合起来。例如,笔记本计算机可以通过连接移动电话拨号上网,也可以通过中国移动从 2002 年 5 月开始商用的通用分组无线服务(general packet radio service,GPRS)无线上网,GPRS 采用先进的无线分组技术,将无线通信与 Internet 紧密结合起来,可以轻松地实现移动数据无线互联。无线连接的速度和传送距离虽然没有有线连接优秀,但它灵活便捷,深受喜爱。无线连接现在已经广泛地应用在商务区、大学、机场,以及其他各类公共区域,其网络信号覆盖区域正在进一步扩大。

目前主流应用的无线连接分为 GPRS 无线上网和无线局域网两种方式。GPRS 无线上网方式是一种借助移动电话网络接入 Internet 的无线上网方式,只要所在的城市开通了 GPRS 上网业务,我们可以在任何一个角落通过移动电话来上网。无线局域网是以传统局域网为基础,以无线 AP 和无线网卡来构建的无线上网方式。

有了无线连接技术,用户可以通过移动电话小小的屏幕接收来自 Internet 的信息。利用移动电话上网有许多好处:上网不受时间、地点的限制,无论何时何地都可以进入 Internet,接收电子邮件,浏览 Web 页面,查询工作中所需的电子数据,及时进行电子商务交易等。

6.7 Internet 服 务

Internet 是世界上最大的分布式计算机网络的集合。它通过通信线路将来自世界的大大小小的计算机网络连接在一起,按照 TCP/IP 协议互联互通、共享资源,每个计算机网络又相对独立、分散管理。为了使全世界所有用户都能够高效、便捷地使用 Internet 资源,必须利用 Internet 上的各种网络工具,或者说充分地利用 Internet 上提供的各种网络服务。

Internet 的网络服务基本上可以归为两类:一类是提供通信服务的工具,如电子邮件、远程登录等;另一类是提供网络检索服务的工具,如 FTP、Gopher、WAIS、WWW 等。

6.7.1 WWW

WWW 是 World Wide Web 的简称,常见的称呼有"环球网""万维网"等,还有人直接称之为 3W。

WWW 是 Internet 上提供的一种信息查询服务,其地位类似于 Gopher 和 WAIS 等。WWW 与其他信息查询技术相比,有其独特之处。以前的信息查询采用的都是树型查询,操作菜单时,总是从树根(主菜单)开始搜索,一步一步地沿着树枝(子菜单)延伸到叶子(结果)。通常,这种信息搜寻方法能够很好地工作。不过,如果在最终到达的树叶找不到所期望的信息,那么必须一步步返回树根,然后从头开始搜索,这样就会造成搜索效率的降低。

WWW 采用网状型搜索,正如它名字 Web 所表达的那样,WWW 的信息结构像蜘蛛网一样纵横交错,其信息搜索能从一个地方到达网络的任何地方,而不必返回树根。网状型结构能提供比树型结构更紧密、更复杂的连接,因此建立和保持其连接会更困难,但其搜索信息的效率会更高,这就是 Web 的思路。

WWW 由设在瑞士的欧洲核研究中心开发,是目前 Internet 上增长最快的服务,以每年 2 000%(约每两个月翻一番)的速度飞速递增。WWW 的短暂历程开始于 1990 年底,到 1994 年底,WWW 成为访问 Internet 资源的最流行手段。

1. 超文本和超媒体

一个真正的超文本(hypertext)系统应该保证用户自由地搜索和浏览信息,类似人的联想思维方式。超文本的基本思想是按联想跳跃式结构组织、搜索和浏览信息,以提高人们获取知识的效率。在WWW中,超文本是通过将可选菜单项嵌入文本中来实现的,即每份文档都包括文本信息和用以指向其他文档的嵌入式菜单项。这样用户既可以阅读一份完整的文档,也可以随时停下来选择一个可导向其他文档的关键词,进入别的文档。

超媒体(hypermedia)由超文本演变而来,即在超文本中嵌入除了文本外的视频和音频等信息。可以说,超媒体是多媒体的超文本。

2. 超文本标记语言和统一资源定位符

超文本标记语言(hypertext markup Language,HTML)是一门专门用于WWW的编程语言,用于描述超文本各部分的构造,告诉浏览器如何显示文本,怎么生成与别的文本或图像链接的链等。HTML文档由文本、格式化代码和导向其他文档的超链接组成。具体格式这里就不再描述,使用时可参考相应文献。

统一资源定位符(uniform resource locator,URL)是WWW上的一种编址机制,用于对WWW的众多资源进行标识,以便于检索和浏览。每一个文件,不论它以何种方式存储在哪一个服务器上,都有一个URL地址,从这个意义上讲,可以把URL看作一个文件在Internet上的标准通用地址。只要用户正确地给出了某个文件的URL,WWW服务器就能正确无误地找到它,并传给用户。Internet上的其他服务器都可以通过URL地址从WWW中进入。

URL的一般格式如下:

〈通信协议〉://〈主机〉/〈路径〉/〈文件名〉

其中通信协议是指提供该文件的服务器所使用的通信协议;主机指上述服务器所在主机的域名;路径指该文件在上述主机上的路径;文件名指文件的名称。

下面是关于URL的例子:

HTTP://WWW.JJU.EDU.CN/ITC/TRAIN_DEP/homepage.html

其中HTTP是WWW服务器与WWW客户间的通信协议;WWW.JJU.EDU.CN用来标识该文件存在于九江学院的WWW服务器上,/ITC/TRAIN_DEP是文件在服务器上的路径,最后一部分homepage.html是该文件的名称。

3. 客户机和服务器

WWW的客户机(client)是指在Internet上请求WWW文档的用户计算机。WWW的服务器(server)则是指Internet上保存并管理运行WWW信息的较大型计算机,它接收用户在客户机上发出的请求,访问超文本和超媒体,然后将相关信息传回给用户。客户机和服务器之间遵循超文本传送协议(hypertext transfer protocol,HTTP)。

4. 浏览器

客户机上的用户通过客户浏览程序查询WWW信息和浏览超文本,因此客户浏览程序又称为浏览器(browser)。浏览器是目前Internet世界发展最快的工具,又是计算机厂家竞争的焦点。

WWW客户浏览器的分类方法有两种:第一种是按照它提供的使用界面分类,目前浏览器的使用界面可分为基于字符的和基于图形的两种;第二种是按照运行它的软件平台来分类,目前最流行的三种软件平台,即UNIX,Microsoft Windows和Apple

Macintosh 上都有各种 WWW 浏览器可供用户选择。软件平台又称为"系统平台",通常指计算机的操作系统,它提供给用户一个使用 WWW 的方便而友好的环境。每一种浏览器都有其优点和缺点,可以满足众多用户不同层次的需要。同时,各种浏览器在竞争过程中互相学习、完善、更新,使得更多、更好的浏览器不断涌现。

5. 主页

用户使用 WWW 首先看到的页面文本称为主页(home page)。使用 WWW 的每一个用户都可以用 HTML 建立自己的主页,并可以在文本中加入表征用户特点的图形图像,列出一些常见的链接。另外,用户还可以对自己的主页进行更新。

主页是 WWW 服务器上的重要服务界面部分,目前主页主要有以下几个功能:

(1) 针对网上资源的剧增而提供分门别类的各种信息指南和网络地址,协助用户高效、快速地查找 WWW 信息。

(2) 利用主页传递题材广泛的各种专题论坛、学术讨论、知识讲座等。

(3) 利用主页介绍各个公司、机构和个人的一般情况和最新资料。

(4) 利用主页提供电影、电视、商业和娱乐等服务的简要指南。

一个主页通常可以反映出以上所述的一种或几种功能。主页的开发和利用目前已成为 WWW 网上使用者和开发者的共同课题。

6.7.2 E-mail

1. E-mail 概述

电子邮件(electronic mail,E-mail)是用户或用户组之间通过计算机网络收发信息的服务。目前电子邮件已成为网络用户之间快速、简便、可靠且成本低廉的现代通信手段,也是 Internet 上使用最广泛、最受欢迎的服务之一。

电子邮件使网络用户能够发送或接收文字、图像和语音等多种形式的信息。使用 Internet 提供的电子邮件服务,实际上并不一定需要直接与 Internet 联网,只要通过已与 Internet 联网并提供 Internet 邮件服务的机构收发电子邮件即可。

使用电子邮件服务的前提是用户拥有自己的电子邮箱,一般又称为电子邮件地址(E-mail address)。电子邮箱是提供电子邮件服务的机构为用户建立的账号,实际上是该机构在与 Internet 联网的计算机上为用户分配的一个专门用于存放往来邮件的磁盘存储区域,这个区域是由电子邮件系统管理的。

电子邮件系统采用"存储转发"方式为用户传递电子邮件。通过在一些 Internet 的通信结点计算机上运行相应的软件,可以使这些计算机充当"邮局"的角色。用户使用的"电子邮箱"就是建立在这类计算机上的。当用户希望通过 Internet 给某人发送信件时,他先要与为自己提供电子邮件服务的计算机联机,然后将要发送的信件与收件人的电子邮件地址送给电子邮件系统。电子邮件系统会自动将用户的信件通过网络一站一站地送到目的地,整个过程对用户来讲是透明的。

若在传递过程中某个通信站点发现用户给出的收件人电子邮件地址有误而无法继续传递,则系统会将原信件逐站退回并通知不能送达的原因。当信件送到目的地的计算机后,该计算机的电子邮件系统就将它放入收件人的电子邮箱中等候用户自行读取。用户只要随时以计算机联机方式打开自己的电子邮箱,便可以查阅自己的邮件了。

电子邮件的最大特点是快捷、经济。无论用户身在何处,只要连接到 Internet,就可以进行邮件的发送与接收服务。通过 Internet 发送一封电子邮件到国外,速度比国际快件快得多,而费用与邮寄普通国内信函相当。

通过电子邮件还可访问的信息服务有 FTP、Archie、Gopher、WWW、News、WAIS 等。Internet 上的许多信息服务中心就提供了这种机制。当用户想向这些信息中心查询资料时,只需向其指定的电子邮箱发送一封含有一系列查询命令的电子邮件,用户就可以获得相应服务。

2. Outlook 2016

下面以 Outlook 2016 为例,具体介绍电子邮件的使用。

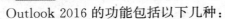

微软公司的 Outlook 2016 是 Office 2016 系列应用软件中用于创建、组织和处理各种信息的软件,其可以处理与工作密切相关的信息,如创建和收发电子邮件、保存通信记录并安排计划任务等。使用 Outlook 2016 能够提高工作效率,方便地实现对各种商务信息的管理。

Outlook 2016 的功能包括以下几种:

(1)能够管理多个邮件和新闻账号,用户可以使用不同 ISP 提供的多个账号。

(2)轻松快捷地浏览邮件。

(3)预览窗口可以使用户在查看邮件列表的同时阅读邮件,可以添加文件夹,设置自动分拣功能,使邮件管理更加方便。

(4)使用通讯簿存储电子邮件地址。

(5)电子邮件地址可以从其他程序导入、直接键入或从所收到的邮件中添加等方式将名称和邮件地址保存到地址簿中。

(6)可以将个人重要的信息加到发送邮件中作为签名文件,也可以为所写的信件挑选不同的信纸图案使邮件更加美观。

(7)发送和接收安全邮件。

(8)可使用数字标识对邮件进行数字签名和加密,数字签名可以使收件人相信邮件确实是你发送的,而加密的邮件则保证唯有收件人能阅读。

(9)可以利用日历安排计划和任务。

下面具体介绍 Outlook 2016 的几个常用的功能。

1)添加电子邮件账户

要使用 Outlook 2016 收发电子邮件,首先要创建电子邮件账户。Outlook 2016 中可以添加多个邮箱账户,如网易邮箱、QQ 邮箱、新浪邮箱等。由于 QQ 邮箱的使用很普遍,因此这里以 QQ 邮箱为例。在添加 QQ 邮箱账户之前,需要在 QQ 邮箱的后台把相关功能打开,具体方法是进入 QQ 邮箱,在账号与安全选项下的安全设置中将"POP3/IMAP/SMTP/Exchange/CardDAV 服务"这一功能开启,开启之后在 Outlook 2016 中登录需要输入一个授权码。QQ 邮箱设置好之后就可以在 Outlook 2016 中创建 QQ 邮箱账户了,具体步骤如下。

(1)启动 Outlook 2016,如果是首次使用 Outlook,那么会打开 Microsoft Outlook 2016 启动向导,单击"下一步"按钮,如图 6-9 所示。

(2)进入"Microsoft Outlook 账户设置"对话框,向导提示是否添加电子邮件账户,选中"是"单选按钮,然后单击"下一步"按钮,如图 6-10 所示。

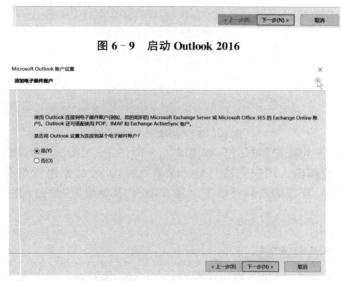

图 6‑9　启动 Outlook 2016

图 6‑10　"Microsoft Outlook 账户设置"对话框

（3）此时，弹出"添加账户"对话框，选中"手动设置或其他服务器类型"单选按钮，然后单击"下一步"按钮，如图 6‑11 所示。

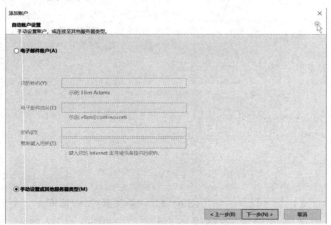

图 6‑11　"添加账户"对话框

(4) 此时,弹出"选择服务"对话框,选中"POP 或 IMAP"单选按钮,然后单击"下一步"按钮,如图 6-12 所示。

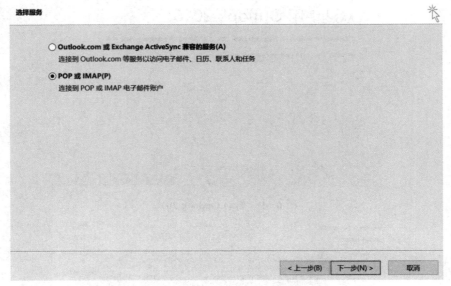

图 6-12 "选择服务"对话框

(5) 此时,弹出"添加账户"对话框,如图 6-13 所示,按照图示输入相关信息。注意,在姓名和电子邮件地址栏都输入用户完整的 QQ 邮箱地址,此处的密码就是在进行 QQ 邮箱账户设置时得到的授权码,直接输入就可以了。接着单击"其他设置"按钮,进行 Internet 电子邮件设置。

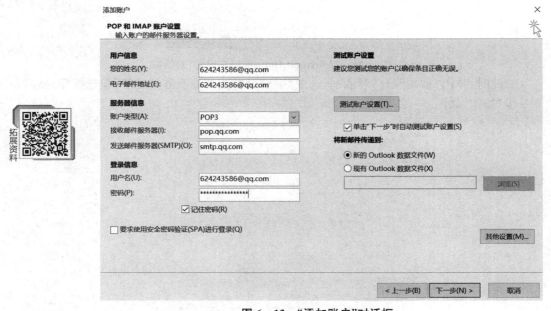

图 6-13 "添加账户"对话框

(6) 在"Internet 电子邮件设置"对话框中,单击"发送服务器"选项卡,勾选"我的发送服务器要求验证"选项,如图 6-14 所示。

图 6-14 "Internet 电子邮件设置"对话框

(7)在"Internet 电子邮件设置"对话框中,单击"高级"选项卡,进行服务器端口设置,如图 6-15 所示。

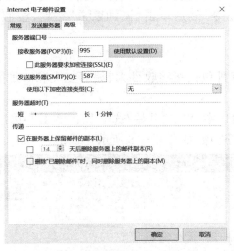

图 6-15 服务器端口设置

(8)以上设置完成后,单击"确定"按钮,返回图 6-13 所示的"添加账户"对话框。单击"测试账户设置"按钮,对账户进行测试,此时会弹出"测试账户设置"对话框,如图 6-16 所示。

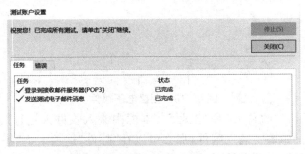

图 6-16 "测试账户设置"对话框

(9)测试成功后,就将 Outlook 与用户的 QQ 邮箱绑定了,如图 6-17 所示,此时用户就可以通过 QQ 邮箱发送电子邮件了。

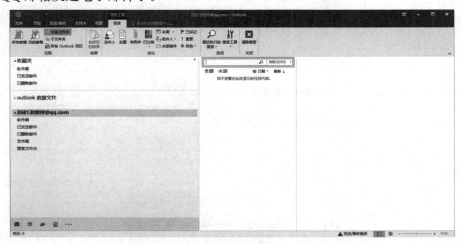

图 6-17　成功添加 QQ 邮箱账户

如果不是首次使用 Outlook 2016,要添加电子邮件账户,可以在 Outlook 2016 中单击"文件"选项卡,再单击"信息"命令,然后单击"添加账户"按钮,按照对话框中的提示进行操作即可。

2)创建和发送邮件

编写一封完整的电子邮件包括指定收件人、编写正文和添加附件等。下面介绍 Outlook 2016 编写邮件的过程。

(1)在 Outlook 2016 窗口中,单击"开始"选项卡下"新建"功能组中的"新建项目"命令,在下拉列表中选择"电子邮件"选项,如图 6-18 所示。

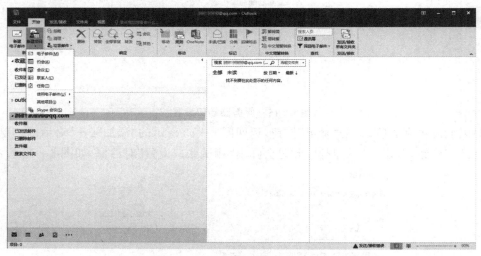

图 6-18　创建电子邮件

(2)打开邮件窗口,在"收件人"和"主题"文本框中输入收件人地址和邮件的主题,然后在编辑区输入邮件正文。如果要插入附件,那么可以在"邮件"选项卡下"添加"功能组中选择"附加文件"命令,选中需要发送的文件,如图 6-19 所示。

图 6-19　输入电子邮件内容

（3）单击"发送"按钮，如果与 Internet 相连，那么即可完成邮件发送。

除了正常的收发邮件之外，还可以利用 Outlook 2016 对邮件进行加密，对联系人进行管理，利用日历功能安排计划和任务等，这里就不详细介绍了。

6.7.3　Telnet

远程登录是 Internet 提供的最基本的信息服务之一，是在网络通信协议 Telnet 的支持下使本地计算机暂时成为远程计算机仿真终端的过程。在远程计算机上登录，必须事先成为该计算机系统的合法用户并拥有相应的账号和口令。登录时要给出远程计算机的域名或 IP 地址，并按照系统提示，输入用户名及口令。登录成功后，用户便可以实时使用该系统对外开放的功能和资源，例如，共享它的软硬件资源和数据库，使用其提供的 Internet 信息服务（如 E-mail，FTP，Archie，Gopher，WWW，WAIS 等）。

Telnet 是一个强有力的资源共享工具。许多大学图书馆都通过 Telnet 对外提供联机检索服务，一些政府部门、研究机构也将它们的数据库对外开放，使用户通过 Telnet 进行查询。

1. Telnet 概要

通过提供大量基于标准协议上的服务，使用户与远程 Internet 主机连接的服务就叫作 Telnet。

使用 Telnet 服务，用户必须在自己的计算机上运行一个特殊的 Telnet 程序。该程序通过 Internet 连接用户指定的计算机。一旦连接成功，Telnet 就作为用户与另一台计算机之间的中介而工作。用户录入的所有内容都将传给另一台计算机，而另一台计算机显示的一切内容也将送到用户的计算机并在屏幕上显示出来。其结果是用户的键盘及屏幕似乎与远程计算机直接连在一起。

在 Telnet 术语中，用户的计算机叫作本地计算机（本地机），而 Telnet 程序所连接的另一台计算机叫作远程计算机（远程机）。无论另一台计算机的实际距离有多远，我们都使用这些术语。因为常把 Internet 计算机称为主机，所以利用 Telnet 术语，我们可以说 Telnet 程序的功能就是将用户的本地机与一台远程 Internet 主机连接。

2. 运行 Telnet 程序的方法

1) 录入命令后加上远程机的地址

当用户进行远程连接时,应使用 Telnet 程序。运行 Telnet 程序,首先要录入命令名及想连接的远程机的地址。例如,假设我们要连接一台叫作"JJUSVR"的计算机,它的全地址为 JJUSVR. EDU. CN,则录入:

telnet JJUSVR. EDU. CN[Enter]

若是与本地网络的一台计算机连接,通常可以只录入该机的名字而不用录入全地址,如 telnet JJUSVR[Enter]。

所有 Internet 主机都有一个正式的 IP 地址,一些系统在处理某些标准地址时会有困难。若遇到此类问题,可换用 IP 地址试一试。例如,以下两个命令都可达到同一目的,即能连上同一台主机。

运行 Telnet 程序后,它将开始连接用户指定的远程机。当 Telnet 等待响应时,屏幕将显示:

Trying …

或类似的信息。

一旦连接确定,将读到此信息:

Connected to JJUSVR. EDU. CN

2) 只录入命令名

例如,Telnet[Enter]后在"[telnet]"提示符后录入一条 open 命令:

open JJUSVR. EDU. CN[Enter]

有两种退出 Telnet 程序的方法。若用户已与远程机连接,用常规方法退出,Telnet 程序自动退出,或者在"[telnet]"提示符下,录入中止命令:quit[Enter]。

6.7.4 FTP

FTP 是在 Internet 上传送文件的规定的基础。我们提到 FTP 时不只是认为它是一套规定,FTP 是一种服务,它可以在 Internet 上使得文件从一台 Internet 主机传送到另一台 Internet 主机上,FTP 把 Internet 中的主机相互联系在一起。

像大多数的 Internet 服务一样,FTP 使用客户机/服务器系统,当使用一个名叫 ftp 的客户机程序时,就和远程主机上的服务程序相连了。理论上讲,这种想法是很简单的。当用户使用客户机程序时,命令就发送出去了,服务器响应用户发送的命令。例如,录入一个命令,让服务器传送一个指定的文件,服务器就会响应命令,并传送这个文件。用户的客户机程序接收这个文件,并把它存入用户的目录中。

当用户从远程计算机上拷贝文件到自己的计算机上时,称为下载文件;当用户从自己的计算机上拷贝文件到远程计算机上时,称为上传文件。

1. 关于 FTP 的一些基本概念

1) FTP 连接

进行 FTP 连接首先要给出目的计算机的名称或地址。当连接到目的计算机后,一般要进行登录,检验用户 ID 和口令后,连接才得以建立。某些系统也允许用户进行匿名登录。对于同一目录或文件,不同的用户持有不同的权限,所以在使用 FTP 的过程中,如果发现不能下载或上传某些文件,那么一般是因为用户权限不够。

2) 匿名 FTP

匿名 FTP 是这样一种工具:作为用户,本来不注册就不能和远程主机联系并下载文件,但是这个管理系统提供了一个指定的用户标识 anonymous(匿名)。在 Internet 上,任何人在任何地方都可以使用它。用户不能在没有提供这种匿名 FTP 服务的 Internet 主机上使用匿名 FTP。匿名 FTP 是 Internet 上应用最为广泛的服务之一。通过这种方式,用户可以得到很多有用的程序和软件。

2. 网络上的 FTP 软件资源

一种资源是完全免费使用的工具。免费软件的质量往往不如商用版本,但由于用户分文不花就可以得到,因此依旧很受欢迎。

再有就是一些软件的试用版本。多数这样的软件带有一些错误,并且有一个时间限制,厂商发送测试版软件的目的在于发现程序中的错误和推销该软件的正式版本。

还有一些是并非完全免费的软件。其中,一部分软件可以下载并试用,但若要保留它们则需要支付相应的费用。还有的软件在下载前就要求先付款,通常在下载这类软件前会要求用户填写一些表格。

3. FTP 文件传输模式

要解决异种机和异种操作系统之间的文件交流问题,需要建立一个统一的文件与协议,这就是所谓的 FTP。基于不同的操作系统,有不同的 FTP 应用程序。而所有这些应用程序都遵守同一种协议,这样用户就可以把自己的文件传送给别人,或者从其他的用户环境中获得文件。

大多数系统只有两种模式:文本模式和二进制模式。文本传输器使用 ASCII 字符,而二进制不用转换或格式化就可传字符。二进制模式比文本模式更快,并且可以传输所有 ASCII 值,所以系统管理员一般将 FTP 设置成二进制模式。

注意 在使用 FTP 传输文件前,必须确保使用正确的传输模式,按文本模式传二进制文件必将导致错误。

4. FTP 的可靠性

FTP 建立在传输层 TCP 之上。TCP 是面向连接的协议,负责保证数据从源计算机到目的计算机的传输。TCP 采用校验、确认接收和超时重传等一系列措施提供可靠的传输。所以在传输过程中 FTP 程序如果没有提示错误,那么无须担心传输有问题。

FPT 与 Telnet 一样,是一种实时联机服务,在传送文件之前首先必须登录到远程主机上。与 Telnet 不同的是,FTP 登录后只能进行与文件搜索和文件传送有关的操作,而 Telnet 登录后可使用远程主机所允许的所有操作。

6.7.5 BBS

公告板系统(bulletin board system,BBS)是 Internet 上的一种电子信息服务系统。它提供一块公共电子白板,每个用户都可以在上面发布信息或提出看法。大部分 BBS 由教育机构、研究机构或商业机构管理。同日常生活中的黑板报一样,电子公告牌按不同的主题分成很多个布告栏,布告栏设立的依据是大多数 BBS 使用者的要求和喜好,使用者可以阅读他人关于某个主题的最新看法,也可以将自己的想法毫无保留地贴到公告栏中。

1. BBS 的历史

1978年,在芝加哥地区的计算机交流会上,克瑞森(Krison)和苏斯(Russ)一见如故,从此两人经常在各方面进行合作。但两人距离很远,而电话只能进行语言的交流,有些问题语言是很难表达清楚的。因此,他们就借助于当时刚上市的 Hayes 调制解调器,将各自的两台 iPhone 2 通过电话线连接在一起,实现了世界上的第一个 BBS,这样他们就可以通过计算机聊天、传送信息了。他们把自己编写的程序命名为计算机公告板系统(computer bulletin board system,CBBS)。这就是第一个 BBS 的开始。当时,有一位软件销售商考尔金斯(Caulkims)看到这一成果,立即意识到它的商业价值,在他的推动下,CBBS 加上调制解调器组成的第一个商用 BBS 软件包于 1981 年上市。

早期的 BBS 都是一些计算机爱好者在自己的家里通过一台计算机、一个调制解调器、一部或两部电话连接起来的,同时只能接收一两个人访问,内容也没有什么严格的规定,以讨论计算机或游戏问题为多,一座单线 BBS 每天最多能够接收 200 人的访问。后来 BBS 逐渐进入 Internet,出现了以 Internet 为基础的 BBS,政府机构、商业公司、计算机公司也逐渐建立自己的 BBS,使 BBS 迅速成为全世界计算机用户交流信息的园地。

2. BBS 的种类

从第一个 BBS 至今已有近四十年的历史。它是随着网络的出现而出现并随着网络的发展而发展的。最初的 BBS 只是利用调制解调器通过电话线拨到某个电话号码上,然后通过一个软件阅读其他人放在公告牌上的信息,发表自己的意见。现在这种形式的 BBS 已经很少见了,唯一的一个例外就是 FidoNet,现在全世界仍然有近百万的忠实用户。这种 BBS 只需一个 RS-232C 串行接口的 PC 计算机、一条电话线和一个 Modem,使用的软件包括一个汉字系统、一个通信软件(如 Terminate、QModem、Telix、ProComm Plus 2.1 for Windows)和一个离线读信器(如 Blue Wave,中文名称为蓝波快信),而不用首先连接到一个 ISP 或通过局域网连接到 Internet 上。

另外一种是以 Internet 为基础的。用户必须首先连接到 Internet 上,然后利用一种 Telnet 软件(如 Telnet、Hyperterminal)登录到一个 BBS 站点上,这种方式使可以同时上站的用户数大大增加,使多人之间的直接讨论成为可能。国内许多大学的 BBS 都是采用这种方式,最著名的可能就是北京大学的"北京大学未名站"、清华大学的"水木清华"、北京邮电大学的"鸿雁传情"、复旦大学的"日月光华"等。这些站点都是通过专线连接到 Internet 上,用户只要连接到 Internet 上,通过 Telnet 就可以进入这些 BBS。每一个站点同时可以有 200 人上线,这是业余 BBS 无法实现的。

现在许多用户更习惯的 BBS 可能是基于 Web 的 BBS。用户只要连接到 Internet 上,直接利用浏览器就可以使用 BBS,阅读其他用户的留言,发表自己的意见。这种 BBS 大多为商业 BBS,以技术服务或专业讨论为主,如四通利方网上中文论坛、和讯股市论坛等,这种方式操作简单、速度快,几乎没有用户限制,是今后 BBS 主要的发展方向,国内许多大学的 BBS 也正在向这个方向发展。

3. BBS 的作用

BBS 之所以受到广大网友的欢迎,与它独特的形式、强大的功能是分不开的,利用 BBS 可以实现许多独特的功能。

BBS 原先为"电子布告栏"的意思,但由于用户的需求不断增加,BBS 已不仅仅是电子布告栏而已,它大致包括信件讨论区、文件交流区、信息布告区和交互讨论区这几部分。

(1)信件讨论区。这是 BBS 最主要的功能之一,包括各类的学术专题讨论区、疑难问题解答区和闲聊区等。在这些信区中,上站的用户留下自己想要与别人交流的信件,如在各种软件硬件的使用、天文、医学、体育、游戏等方面的心得和经验。

(2)文件交流区。这是 BBS 一个令用户们心动的功能。一般的 BBS 站台中,大多设有交流用的文件区,里面依照不同的主题分区存放了为数不少的软件,有的 BBS 站还设有 CD-ROM 光碟区,使得计算机玩家们对这个眼前的宝库都趋之若鹜。众多的共享软件和免费软件都可以通过 BBS 获取得到,不仅使用户得到合适的软件,也使软件的开发者的心血由于公众的使用而得到肯定。BBS 对国内共享软件(shareware)的发展将起到不可替代的推动作用。国内 BBS 提供的文件交流区主要有 BBS 建站、通信程序、网络工具、Internet 程序、加解密工具、多媒体程序、计算机游戏、病毒防治、图像、创作发表和用户上传等。

(3)信息布告区。这是 BBS 最基本的功能。一些有心的站长会在自己的站台上摆出为数众多的信息,如怎样使用 BBS、国内 BBS 台站介绍、某些热门软件的介绍、BBS 用户统计资料等;用户在生日时甚至会收到站长一封热情洋溢的"贺电",令用户感受到 BBS 大家庭的温暖;BBS 上还提供在线游戏功能,用户闲聊时可以玩玩游戏。

(4)交互讨论区。多线的 BBS 可以与其他同时上站的用户做到即时的联机交谈。这种功能也有许多变化,如 QQ,Chat,Netmeeting 等。有的只能进行文字交谈,有的甚至可以直接进行视频对话。

6.7.6 其他服务

1. 搜索引擎

搜索引擎(search engine)是指根据一定的策略、运用特定的计算机程序从互联网上搜集信息,在对信息进行组织和处理后,为用户提供检索服务,将用户检索相关的信息展示给用户的系统。

从使用者的角度看,搜索引擎提供一个包含搜索框的页面,在搜索框输入词语,通过浏览器提交给搜索引擎后,搜索引擎就会返回与用户输入的内容相关的信息列表。互联网发展早期,以雅虎为代表的网站分类目录查询非常流行。网站分类目录由人工整理维护,精选互联网上的优秀网站,并简要描述,分类放置到不同目录下。用户查询时,通过一层层的点击来查找自己想要的网站。也有人把这种基于目录的检索服务网站称为搜索引擎,但从严格意义上讲,它并不是搜索引擎。

著名的搜索引擎网址有以下几种:

(1)百度　　http://www.baidu.com
(2)360 搜索　　http://www.360.cn
(3)谷歌　　http://www.google.cn
(4)搜狗　　http://www.sogou.com
(5)新浪　　http://www.sina.com.cn
(6)中国知网　　http://www.cnki.net

2. 博客

博客(blog)是一种简易的个人信息发布方式。任何人都可以注册,完成个人网页的创建、发布和更新。博客充分利用网络互动、更新及时的特点,让用户最快获取最有价值的信息与资源。用户可以发展无限的表达力,及时记录和发布个人的生活故事、闪现的灵感等,更可以以文会友,结识和会聚朋友,进行深度交流沟通。

blog 其实就是一个网页,它通常是由简短且经常更新的发帖(post)所构成,这些张贴的文章都按照年份和日期倒序排列。blog 的内容和目的有很大的不同,可以有对其他网站的超链接和评论,或有关公司、个人的新闻,再或是日记、照片、诗歌、散文,甚至科幻小说的发表或张贴都有。许多 blog 记录着个人所见、所闻、所想,还有一些 blog 则是一群人基于某个特定主题或共同利益领域的集体创作。撰写这些 weblog 或 blog 的人就叫作 blogger 或 blog writer。

按照 blog 存在的方式可以分为三种类型:一是托管 blog,无须自己注册域名、租用空间和编制网页,只要去免费注册申请即可拥有自己的 blog 空间,是最"多快好省"的方式;二是自建独立网站的 blog,有自己的域名、空间和页面风格,需要一定的条件;三是附属 blog,将自己的 blog 作为某一个网站的一部分(如一个栏目、一个频道或一个地址)。这三类 blog 之间可以互相演变,甚至可以兼得,一个人可以拥有多种博客网站。

本 章 小 结

本章主要介绍了计算机网络及 Internet 的基本知识,简单介绍了与邮件相关 Outlook 2016 的使用。

计算机网络是计算机技术和通信技术结合的产物,其基本功能是实现资源共享。按照分布距离的长短,可以将计算机网络分为 LAN、MAN、WAN、Internet,常见的基本拓扑结构有总线型、星型、环型、树型、网状型等结构。ISO 将网络体系结构化分为七层,DARPA 成功地开发出著名的 TCP/IP 协议。常见的网络设备一般由网络服务器、工作站、网络适配器(网卡)及传输介质等部分组成。

Internet 是全球性的计算机网络。我国目前已有多个直接连接到 Internet 的主干网,主要有 GLOBALNET、NCFC、ChinaNET、CERNET 等。一般用户可以通过 ADSL、Cable Modem、专线接入及无线连接等几种方式之一实现与 Internet 的互联。Internet 上的资源丰富多彩,为了使大家能够快速高效地使用这些资源,Internet 为用户提供了多种服务软件,这些服务软件基本上可以分为两类:一类提供通信服务,如 FTP、Telnet、E-mail 等;另一类提供信息查询服务,如 WAIS、Gopher、WWW 等。其中,E-mail 和 WWW 是目前 Internet 上使用频率最高的服务。

第7章 信息素养

信息素养(information literacy)的本质是全球信息化需要人们具备的一种基本能力。信息素养概念的酝酿始于美国图书检索技能的演变。1974年,美国信息产业协会主席泽可斯基(Zurkowski)率先提出了信息素养这一全新概念,并解释为:利用大量的信息工具及主要信息源,使问题得到解决的技术和技能。

信息素养是一种综合能力。信息素养涉及各方面的知识,是一个特殊的、涵盖面很宽的能力,它包含人文的、技术的、经济的、法律的诸多因素,和许多学科有着紧密的联系。信息技术支持信息素养,通晓信息技术强调对技术的理解、认识和使用技能。而信息素养的重点是内容、传播、分析,包括信息检索及评价,涉及更宽的方面,它是一种了解、搜集、评估和利用信息的知识结构,既需要通过熟练的信息技术,又需要完善的调查方法、通过鉴别和推理来完成。信息素养是一种信息能力,信息技术是它的一种工具。

7.1 信息素养的内容和特征

7.1.1 信息素养的内容

信息素养是人的整体素质的一部分,是未来信息社会生活必备的基本能力之一。信息素养包括关于信息和信息技术的基本知识和基本技能,运用信息技术进行学习、合作、交流和解决问题的能力,以及信息的意识和社会伦理道德问题。具体而言,信息素养应包含以下几个方面的内容。

1. 信息意识

信息意识是信息素养的前提,是人对信息的敏感程度,是人对信息敏锐的感受力、持久的注意力和对信息价值的洞察力、判断力等。它决定人们捕捉、判断和利用信息的自觉程度。信息意识包括主体意识、信息获取意识、信息传播意识、信息更新意识、信息安全意识等。

2. 信息知识

信息知识是信息素养的基础,是有关信息的特点与类型、信息交流和传播的基本规律与方式、信息的功用及效应、信息检索等方面的知识。信息知识不但可以使人的知识结构改变,而且能够激活原有的学科专业知识,使文化知识和专业知识发挥更大的作用。

3. 信息能力

信息能力是信息素养的保证,是信息素养最重要的一个方面。它包括人获取、处理、交流、应用、创造信息的能力等。信息能力教育是要培养和训练人们熟练应用信息技术,在大量无序的信息中辨别出自己所需的信息,并能根据所掌握的信息知识、信息技能和信息检索工具,迅速有效地获取、利用信息,并创造出新信息的能力。

4. 信息道德

信息道德是信息素养的准则,良好的信息道德是信息素养中不可缺少的一部分。信息道德是指在组织和利用信息时,要树立正确的法制观念,增强信息安全意识,提高对信息的判断和评价能力,准确合理地使用信息资源。

以上四个方面的内容构成了信息素养的四大要素。信息素养的四大要素是一个不可分割的统一整体,其中信息意识是前提、信息知识是基础、信息能力是保证、信息道德是准则。

7.1.2 信息素养的特征

在信息社会中,物质世界正在隐退到信息世界的背后,各类信息组成人类的基本生存环境,影响着芸芸众生的日常生活方式,因而构成了人们日常经验的重要组成部分。虽然信息素养在不同层次的人们身上体现的侧重面不一样,但是概括起来主要具有以下五大特征:

(1) 捕捉信息的敏锐性。

(2) 筛选信息的果断性。

(3) 评估信息的准确性。

(4) 交流信息的自如性。

(5) 应用信息的独创性。

一个具有信息素养的人,能够认识到精确的和完整的信息是做出合理决策的基础,确定对信息的需求,形成基于信息需求的问题;能够确定潜在的信息源,制定成功的检索方案;能够从包括基于计算机和其他信息源获取信息、评价信息、组织信息于实际的应用,将新信息与原有的知识体系进行融合及在批判性思考和问题解决的过程中使用信息。

基于上述特点,要求我们具备以下具体能力。

(1) 信息获取的能力:利用搜索引擎快速、准确地检索到所需信息的能力;具备较强的信息筛选、鉴别和评估能力;了解信息获取的途径和渠道,如图书馆、学术数据库、专业社区等。

(2) 信息分析的能力:通过分析大量信息,发现其中的规律和价值;可以对信息进行比对、筛选和整理,去除信息中的冗余和无用部分;了解数据可视化的方式,快速找到数据中的关键点。

(3) 信息共享的能力:了解各类社交媒体、博客、微博等信息共享平台的特点和使用技巧,以便更好地与他人分享自己获取的信息;学会如何制作信息页面、视频、动态图等多种形式,提高自己分享信息的效率和吸引力。

(4) 信息保护的能力:了解互联网安全知识,避免遭受信息泄露、身份盗用、欺诈等情况;学会如何加密文件、网络文件传输、电子邮件等方式,提高自己的信息安全保障;具备网络安全的基本知识,学会防治病毒。

(5)信息创新的能力:学会利用信息和科技手段,解决具有挑战性和复杂性的问题;对新技术、新应用具有敏锐的发现和创造能力;学会利用信息,通过创新和变革的方法,实现技术创新、工作创新和思维方式等方面的创新。

(6)信息伦理的认识:具备尊重知识产权和遵守网络道德的素养,了解计算机道德和伦理,正确处理个人信息和他人的信息;学会如何遵守法律法规和规范,建立正确的网络世界观、价值观和行为规范。

这些能力的培养和提高不是一朝一夕可以完成的,需要循序渐进。只有通过不断学习,掌握信息技术和信息管理,才能真正地提高信息素养水平。

7.2　网络信息资源检索

7.2.1　网络信息资源的定义和特点

1. 网络信息资源的定义

作为知识经济时代的产物,网络信息资源也称为虚拟信息资源,是指借助于网络环境可以利用的各种信息资源的总和。它是以数字化形式记录的,以多媒体形式表达的,存储在网络计算机磁介质、光介质及各类通信介质上的,并通过计算机网络通信方式进行传递信息内容的集合。简言之,网络信息资源就是通过计算机网络可以利用的各种信息资源的总和。

根据信息源的信息内容,网络信息资源可以分为以下几种类型:在线数据库、在线图书馆目录、电子图书、电子期刊、电子报纸、软件和娱乐游戏、教育培训、动态信息等。

2. 网络信息资源的特点

与传统的信息资源相比,网络信息资源具有以下鲜明的特点:

(1)数量庞大,增长迅速;

(2)内容丰富,覆盖面广;

(3)传播速度快;

(4)共享程度高;

(5)使用成本低;

(6)变化频繁,难以预测;

(7)质量良莠不齐。

正因为这些特点,如何快速地获取有效的网络资源就显得十分重要。

7.2.2　网络信息资源检索的方法和步骤

1. 网络信息资源检索的方法

网络信息资源检索的方法主要有以下四种:漫游法、直接查找法、搜索引擎检索法、网络资源指南检索法。

1)漫游法

漫游法具体分为以下两种：

(1)"偶然发现"。这是在 Internet 上发现、检索信息的原始方法，即在日常的网络阅读、漫游过程中，意外发现一些有用信息。这种方法的目的性不是很强，具有不可预见性和偶然性。

(2)"顺链而行"。这是指用户在阅读超文本文档时，利用文档中的链接从一个网页转向另一个相关网页。此方法类似于传统手工检索中的"追溯检索"，即根据文献后所附的参考文献追溯查找相关的文献，从而不断扩大检索范围。这种方法可能在较短的时间内检索出大量相关信息，也可能偏离检索目标而一无所获。

2)直接查找法

直接查找法是已经知道要查找的信息可能存在的地址，直接在浏览器的地址栏中输入其网址进行浏览查找的方法。此方法适合于经常上网漫游的用户，其优点是节省时间、目的性强、节省费用，缺点是信息量少。

3)搜索引擎检索法

此方法是最为常规、普遍的网络信息检索方法。搜索引擎是提供给用户进行关键词、词组或自然语言检索的工具。用户提出检索要求，搜索引擎代替用户在数据库中进行检索，并将检索结果提供给用户。它一般支持布尔检索、词组检索、截词检索、字段检索等功能。利用搜索引擎进行检索的优点是省时省力，简单方便，检索速度快、范围广，能及时获取新增信息；缺点是由于采用计算机软件自动进行信息的加工、处理，且检索软件的智能性不是很高，因此造成检索的准确性不是很理想，与人们的检索需求及对检索效率的期望有一定差距。

4)网络资源指南检索法

此方法是利用网络资源指南进行查找相关信息的方法。网络资源指南类似于传统的文献检索工具——书目之书目(bibliography of bibliographies)或专题书目，国外有人称之为 web of webs,webliographies,其目的是可实现对网络信息资源的智能性查找。它们通常由专业人员在对网络信息资源进行鉴别、选择、评价、组织的基础上编制而成，对于有目的的网络信息检索具有重要的指导作用。其局限性在于由于管理、维护跟不上网络信息的增长速度，使得收录范围不够全面，新颖性、及时性不够强，且用户还要受标引者分类思想的限制。

2. 网络信息资源检索的步骤

网络信息资源检索的具体步骤如下。

(1)分析信息资源，明确检索要求。明确需要检索的信息资源的主题内容、研究要点、学科范围、语种范围、时间范围、文献类型等。

(2)选择信息检索系统，确定检索途径。在信息检索系统齐全的情况下，使用信息检索工具指南来指导选择。在没有信息检索工具指南的情况下，可以采用浏览图书馆、信息所的信息检索工具室所陈列的信息检索工具的方式进行选择，或者从所熟悉的信息检索工具中选择，也可以通过网络在线帮助选择。

选择信息检索系统的时候，要遵循以下原则：

①收录的文献信息需要涵盖检索课题的主题内容；

②就近原则，方便查阅；

③尽可能选择质量较高、收录文献信息量大、报道及时、索引齐全、使用方便的文献；

④记录来源，文献类型，文种尽量满足检索课题的要求；

⑤数据库是否有对应的印刷型版本；
⑥根据经济条件选择信息检索系统；
⑦根据对检索信息熟悉的程度选择；
⑧选择查出的信息相关度高的网络搜索引擎。

(3) 选择检索词。确定检索词的时候，要选择规范化的检索词，使用各学科在国际上通用的、国内外文献中出现过的术语作为检索词。可以找出课题涉及的隐性主题概念作检索词，选择课题核心概念作检索词。注意检索词的缩写词、词形变化及英美的不同表示法。

(4) 制定检索策略，查阅检索工具。制定检索策略的前提条件是要了解信息检索系统的基本性能，基础是要明确检索课题的内容要求和检索目的，关键是要正确选择检索词和合理使用逻辑组配，避免产生误检和漏检。

(5) 处理检索结果。将所获得的检索结果加以系统整理，筛选出符合要求的相关文献信息，选择检索结果的著录格式，辨认文献类型、文种、著者、篇名、内容、出处等项记录内容，输出检索结果。

7.2.3 搜索引擎

网络信息资源的检索，离不开搜索引擎的使用。下面对搜索引擎做一个简单介绍。

1. 搜索引擎的相关概念

从构成上看，搜索引擎实际上是 Internet 上的一种专用服务器（网站），它的主要任务是在 Internet 上主动搜索 Web 服务器信息并将其自动索引，将其索引内容存储于可供查询的大型数据库中。

搜索引擎依托于多种技术，如网络爬虫技术、检索排序技术、网页处理技术、大数据处理技术、自然语言处理技术等，为信息检索用户提供快速、高相关性的信息服务。搜索引擎技术的核心模块一般包括爬虫、索引、检索和排序等，同时可以添加其他一系列辅助模块，以便为用户创造更好的网络使用环境。其特点是拥有规模庞大的信息数据库，可以帮助用户快速查找到所需信息。

2. 搜索引擎的发展

搜索引擎是伴随互联网的发展而产生和发展的，搜索引擎的发展大致经历了四个阶段。

1) 第一代搜索引擎

1994 年第一代真正基于互联网的搜索引擎 Lycos 诞生，它以人工分类目录为主，代表厂商是 Yahoo。其特点是人工分类存放网站的各种目录，用户通过多种方式寻找网站，现在还有这种分类搜索方式存在。

2) 第二代搜索引擎

随着网络应用技术的发展，用户开始希望对内容进行查找，于是出现了第二代搜索引擎，也就是利用关键字来查询。其最具代表性的是 Google，它建立在网页链接分析技术的基础上，使用关键字对网页搜索，能够覆盖互联网的大量网页内容。该技术可以分析网页的重要性，将重要的结果呈现给用户。

3) 第三代搜索引擎

随着网络信息的迅速膨胀，用户希望能快速并且准确地查找到自己所要的信息，因此出现了第三代搜索引擎。相比前两代而言，第三代搜索引擎更加注重个性化、专业化、智能化，其使用自动聚类、分类等人工智能技术,采用区域智能识别及内容分析技术,利用人工介入,将技术和人工完美结合,增强了搜索引擎的查询能力。第三代搜索引擎的代表是 Google 搜索,它以宽广的信息覆盖率和优秀的搜索性能为发展搜索引擎的技术开创了崭新的局面。

4) 第四代搜索引擎

随着信息多元化的快速发展,通用搜索引擎在目前的硬件条件下要得到互联网上比较全面的信息是不太可能的,这时用户就需要数据全面、更新及时、分类细致的面向主题搜索引擎。这种搜索引擎采用特征提取和文本智能化等策略,相比前三代搜索引擎更准确有效,称为第四代搜索引擎。

3. 搜索引擎的分类

按照搜索引擎搜索信息的方式可以将搜索引擎大致分为五种:全文搜索引擎、元搜索引擎、垂直搜索引擎、目录搜索引擎和智能搜索引擎,它们各有特点并适用于不同的搜索环境。

灵活选用搜索方式是提高搜索引擎性能的重要途径。全文搜索引擎是利用爬虫程序抓取互联网上所有相关文章予以索引的搜索方式;元搜索引擎是基于多个搜索引擎结果并对它们整合处理的二次搜索方式;垂直搜索引擎是对某一特定行业内数据进行快速检索的一种专业搜索方式;目录搜索引擎是依赖人工收集处理数据并置于分类目录链接下的搜索方式;智能搜索引擎是结合了人工智能技术的新一代搜索引擎。

1) 全文搜索引擎

全文搜索引擎是利用爬虫程序抓取互联网上所有相关文章予以索引的搜索方式。它是基于多个搜索引擎结果并对它们整合处理的二次搜索方式,其从互联网上提取各个网站的信息(以网页文字为主),建立数据库,检索与用户查询条件匹配的相关记录,然后按一定的排列顺序将结果返回给用户,如国外的 Google 搜索(见图 7-1)、国内的百度搜索(见图 7-2)等。

图 7-1　Google 搜索

图 7-2　百度搜索

Google 搜索引擎是 Google 的主要产品,也是世界上最大的搜索引擎之一,由两名斯坦福大学的理学博士生拉里(Larry)和谢尔盖(Sergey)在 1998 年建立。Google 搜索引擎拥有网站、图像、新闻组和目录服务四个功能模块,提供常规搜索和高级搜索两种功能。

百度搜索是全球领先的中文搜索引擎,2000 年 1 月由李彦宏、徐勇两人创立于北京中关村,致力于向人们提供"简单,可依赖"的信息获取方式。

"百度"二字源于中国宋朝词人辛弃疾的《青玉案》诗句"众里寻他千百度",象征着百度对中文信息检索技术的执着追求。

一般网络用户适用于全文搜索引擎。这种搜索方式方便、简捷,并容易获得所有相关信息,但搜索到的信息过于庞杂,因此用户需要逐一浏览并甄别出所需信息。尤其在用户没有明确检索意图的情况下,这种搜索方式非常有效。

2) 元搜索引擎

元搜索引擎适用于广泛、准确地收集信息。不同的全文搜索引擎由于其性能和信息反馈能力差异,导致各有利弊。元搜索引擎的出现解决了这个问题,有利于各基本搜索引擎间的优势互补。元搜索引擎有利于对基本搜索方式进行全局控制,引导全文搜索引擎的持续改善。

元搜索引擎在接受用户查询请求时,同时在其他多个引擎上进行搜索,并将结果返回给用户,著名的元搜索引擎有 360 搜索(见图 7-3)。

图 7-3　360 搜索

3) 垂直搜索引擎

垂直搜索引擎也常常称为专业搜索引擎、专题搜索引擎,是通过对专业特定的领域或行业的内容进行专业和深入的分析挖掘、过滤筛选,信息定位为更精准的专业搜索。垂直搜索引擎实际上是搜索引擎的细分和延伸。

垂直搜索引擎适用于在有明确搜索意图的情况下进行检索。例如,用户订购机票、火车票、汽车票时,或者想要浏览网络视频资源时,都可以直接选用行业内专用搜索引擎,以准确、迅速获得相关信息,如我们常用中国铁路 12306 订票(见图 7-4),在这个网站上可以一目了然查询到车票信息。

图 7-4　中国铁路 12306 订票

4) 目录搜索引擎

目录搜索引擎也称为目录索引,其严格意义上算不上是真正的搜索引擎,仅仅是按目录分类的网站链接列表而已。用户完全可以不用进行关键词查询,仅靠分类目录也可找到需要的信息。目录搜索引擎中最具代表性的为 Yahoo,国内的搜狐、新浪也都属于这一类。

目录搜索引擎是网站内部常用的检索方式,该搜索方式在对网站内信息整合处理并分目录呈现给用户,其缺点在于用户需要预先了解本网站的内容,并熟悉其主要模块构成。总体而言,目录搜索引擎的适应范围非常有限,且需要较高的人工成本来支持维护。

5) 智能搜索引擎

智能搜索引擎是结合了人工智能技术的新一代搜索引擎。他除了能提供传统的快速检索、相关度排序等功能外,还能提供用户角色登记、用户兴趣自动识别、内容的语义理解、智能信息化过滤和推送等功能。

智能搜索引擎具有信息服务的智能化、人性化特征,允许用户采用自然语言进行信息的检索,为用户提供更方便、更确切的搜索服务。智能搜索引擎的国内代表有搜狗搜索(见图 7-5)、百度搜索、搜搜、必应等;国外代表有 WolframAlpha、Ask Jeeves、Powerset、Google 搜索、维基百科等。

图 7-5 搜狗搜索

7.2.4 网络学术资源

1. 网络学术资源的定义

网络学术资源是指与学术研究有关的 Internet 中的资源。

在学术研究中,文献资源是最重要的一类资源。文献资源包括各种形式的文献,如期刊论文、学位论文、报告、书籍、报纸文章、科技论文等。这些文献记录了前人的研究成果,也为研究者提供了参考和启示。因此,研究者需要掌握丰富的文献资源,以便更好地开展研究工作。

数据也是学术研究中不可或缺的一类资源。数据包括各种形式的数据,如调查数据、实验数据、统计数据、地理信息数据等。这些数据对研究者来说,是研究结果的重要支撑和证明。因此,研究者需要重视数据的收集、处理和分析,确保数据的真实性和可靠性。

网络学术资源的分布主要在以下几个方面。

(1) 政府信息:国际组织、各国政府及其相关部门所发布的信息。

(2) 科研信息:专业学术机构(学会、协会、研究所等)所设立的网站及其相关信息。

(3) 教育信息:各个高校所设立的网站及相关信息。

(4) 文化信息:各类信息媒体的网站、世界各地图书馆的数字化馆藏。

2. 网络学术资源的类型

网络学术资源主要有以下几种类型。

(1) 数据库资源。数据库资源包括图书馆提供的联机公共检索目录(online public access catalog,OPAC)、光盘数据库、网络数据库等。

(2) 学术网站资源。学术网站资源主要指提供各类科学信息的学科性网站。这些网站集中了诸如研究动态、专家学者、专业论坛、重要文献、组织机构、学术期刊、统计数据、法律法规、学术会议、专业基本知识等各类信息,如中国经济信息网、中国法院网、中国新闻网等大型学科综合网站。

(3)学科专业网站。学科专业网站是指提供学科某一专业领域的信息的网站,如中国期货业协会、国家人类遗传资源共享服务平台、道教文化中心资料库、中国作家网等;或者仅提供学科某一方面信息,如人物信息、数据信息、文献信息等。

(4)电子出版物资源。电子出版物资源包括电子图书、电子期刊、电子报纸、参考工具书等。

(5)组织机构资源。组织机构资源指各个组织机构提供的资源,如在政府机构的主页上可以获得政府新闻信息、政府白皮书等资源;在教育及研究机构的主页上可以获得学科最新研究信息及学术动态信息;在各个学会协会等团体机构的主页上可以获得非正式出版物等资源。

(6)学术研究相关资源。学术研究相关资源主要包括学科专业论坛和专家个人主页。学科专业论坛提供交互式学术讨论园地,供专家学者进行学术交流,如青年经济论坛、专利论坛、公共财政论坛等。专家个人主页是专家的个人学术频道,用于探讨专业理论研究,交流学习和研究成果。

3. 常用电子资源

1)中文电子期刊数据库

常用的中文电子期刊数据库包括中国知网、万方数据知识服务平台、维普数据库等。

(1)中国知网(China national knowledge infrastructure,CNKI)。

中国知网全称为中国知识基础设施工程,始建于1999年,是由清华大学和清华同方共同搭建的学术平台。国家知识基础设施的概念是由世界银行于1998年首先提出的。图7-6所示为中国知网的首页。

图7-6 中国知网

CNKI工程是以实现全社会知识资源传播共享与增值利用为目标的信息化建设项目,CNKI工程经过多年努力,采用自主开发并具有国际领先水平的数字图书馆技术,建成了世界上全文信息量规模最大的"CNKI数字图书馆",并正式启动建设《中国知识资源总库》及

CNKI 网格资源共享平台。中国知网是集期刊、博士论文、硕士论文、会议论文、报纸、工具书、年鉴、专利、标准、国学、海外文献资源为一体的、具有国际领先水平的网络出版平台。

(2)万方数据知识服务平台。

"数字化期刊群"是国家"九五"重点科技攻关项目,由国家科技部组织实施,原中国科技信息研究所万方数据网络中心编辑制作,现中国科技信息研究所绝对控股的万方数据股份有限公司开发运作。

"数字化期刊群"是万方数据知识服务平台的重要信息服务栏目之一,中国核心期刊(遴选)数据库的重要基地,是以 Internet 为载体的集成化、网络化、数字化的全文期刊文献服务系统。《数字化期刊全文数据库》以中国数字化期刊群为基础,整合了中国科技论文、引文数据库及其他相关数据库中的期刊条目部分内容,基本包括了我国文献计量单位中自然科学类统计源期刊和社会科学类核心源期刊。它不仅是我国首家网上期刊的出版联盟,而且是核心期刊测评和论文统计分析的数据源基础。图 7-7 所示为万方数据知识服务平台首页。

图 7-7 万方数据知识服务平台

(3)维普数据库。

维普数据库是为了推动中国学术产业健康发展,响应国家新闻出版署关于学术期刊要向集团化、产业化、电子化方向发展,进一步净化学术空气、浓厚学术氛围而搭建的广大学术工作者有效的学术交流平台。维普电子期刊是一系列的学术期刊,均是经国家新闻出版署批准,由科技部西南信息中心主管,重庆维普资讯有限公司主办的国家级电子学术期刊,按学科分为教育科学、医药卫生、经济管理、自然科学、图书情报、社会科学、农业科学、工程技术等 8 大类。

维普数据库收录的期刊一般较齐全,几乎包括了所有公开出版的期刊,而不是精选重点或核心期刊,满足了用户检索要求齐、全、广的特点。

2)外文电子期刊数据库

常用的外文电子期刊数据库包括 *Science* 杂志、*Nature* 期刊、美国计算机协会等。

(1)*Science* 杂志。

Science 杂志(见图 7-8)于 1880 年由爱迪生(Edison)创办,于 1894 年成为美国科学促进会(American Association for the Advancement of Science,AAAS)的官方刊物。全年共出版51 期,为周刊,全球发行量超过 150 万份。

图 7-8　Science

"发展科学，服务社会"是 Science 的宗旨。该杂志属于综合性科学杂志，它的科学新闻报道、综述、分析、书评等部分都是权威的科普资料，该杂志也适合一般读者阅读。

(2) Nature 期刊。

Nature 期刊(见图 7-9)是世界上历史悠久的、最有名望的科学杂志之一，首版于 1869 年。与当今大多数科学论文杂志专一于一个特殊的领域不同，Nature 是少数依然发表来自很多科学领域的一手研究论文的杂志。在许多科学研究领域中，很多最重要、最前沿的研究结果都是以短讯的形式发表在 Nature 上。

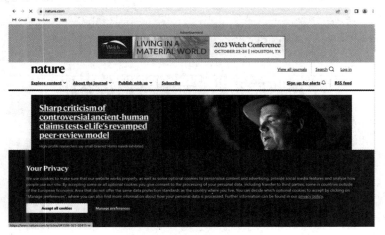

图 7-9　Nature

Nature 刊载科学技术各个领域中具有独创性、重要性，以及跨学科的研究，同时也提供快速、权威、有见地的新闻，还有科学界和大众对于科技发展趋势的见解的专题。

Nature 的主要读者是从事研究工作的科学家，但杂志前部的文章概括使得一般读者也能理解杂志内最重要的文章。Nature 开始部分的社论、新闻、专题文章报道科学家一般关心的事物，包括最新消息、研究资助、商业情况、科学道德和研究突破等栏目。Nature 也介绍与科学研究有关的书籍和艺术，其余部分主要是研究论文，这些论文往往非常新颖，有很高的科技价值。

(3) 美国计算机协会(Association for Computing Machinery,ACM)。

美国计算机协会成立于1947年,是一个国际性的科技教育组织,是世界上第一个科学性及教育性计算机学会,总部设在美国纽约。

ACM致力于提高信息技术在科学、艺术等各行各业的应用水平,从成立之初就开始为会员的信息、思想和发现提供交流平台。

ACM每年都出版大量计算机科学的专门期刊,并就每项专业设有兴趣小组。兴趣小组每年会在全世界举办世界性讲座及会谈,以供各会员分享他们的研究成果。近年来,ACM积极开拓网上学习的渠道,以供会员在工作之余提升自己的专业技能。

除了上述介绍的几种常用的外文电子期刊数据库以外,还有美国工业与应用数学学会、Wiley InterScience电子期刊,Springer电子刊电子图书、IEL数字图书馆、国际光学工程学会、英国皇家物理学会、美国化学学会等,涵盖了生命、数学、化学、物理学、天文学、计算机、工程学、环境科学、地球科学、经济等各个学科,这里就不一一介绍了。

3) 中文电子图书数据库

常用的中文电子图书数据库有中国共产党思想理论资源数据库、超星电子图书、方正阿帕比电子图书、书生之家电子图书等。

(1) 中国共产党思想理论资源数据库。

中国共产党思想理论资源数据库(见图7-10)是在中宣部、新闻出版广电总局的有力指导下,由人民出版社开发建成,被党政干部和专家学者称为"用科学技术传播中国化马克思主义的重大创新工程"。目前收入的图书分为14个子库,包含13 000多册、7 000多万个知识点。

图7-10 中国共产党思想理论资源数据库

中国共产党思想理论资源数据库内容系统,实现了"五个全覆盖"。完整系统地收入了党的思想理论主要著作文献,内容覆盖我国出版的所有马列经典著作;覆盖党和国家主要领导人所有著作;覆盖公开发表的所有中央文件文献;覆盖国家所有法律法规;覆盖党的思想理论领域所有知识点。还有代表性地收入了大量研究性著作、党史和国际共运史著作、重要人物资料,以及革命战争年代出版的部分重要图书等。

输入网址https://data.lilun.cn,即可访问中国共产党思想理论资源数据库。

(2) 超星电子图书。

超星电子图书是目前我国最大的中文电子图书数据库之一,为用户提供了大量的电子书全文在线阅读使用方式,现共有电子图书约 135 万种,涵盖中国图书馆分类法中的文化、经济、政治、法律、哲学、军事等 22 个大类,每年的更新量超过十几万种。同时,它还拥有来自全国 1 000 多家专业图书馆的大量珍本、善本及民国时期等稀缺文献资源。

输入网址 https://www.sslibrary.com,用学习通/移动图书馆账号密码登录,也可以用机构账号密码登录,从而可以访问超星汇雅电子书(见图 7-11)。

图 7-11 超星汇雅电子书

超星汇雅电子书首页由检索、分类导航、好书精选、最新动态、畅读书单、特色专题、好社好书、院士题词等模块组成。首页通过内容运营展现电子书的优质资源,同时通过最新动态、院士题词模块,让用户了解电子书最新的签约、上架信息和悠久历史。

(3) 方正阿帕比电子图书。

方正阿帕比电子图书由北京方正阿帕比技术有限公司制作。北京方正阿帕比公司自 2001 年开始电子书的应用开发后,一直致力于数字出版技术的研究与推广,其自主研发的世界领先的数字权利管理(digital rights management,DRM)技术,有效地保护了数字出版产业发展中作者、出版机构等的版权利益,使得用户不再需要担心版权纠纷。在继承和发展方正传统出版技术优势的基础上,以世界领先地位的 DRM 技术、CEB 处理技术为资源数字化、网络出版、数字图书馆、电子文件传输等领域的信息传播提供了全面的解决方案,促进了我国数字信息生产和传播的发展。

自 2011 年初方正阿帕比正式推出云出版服务平台之后,电子书质量、数量和种类都有了快速增长,给图书馆客户带来了更新鲜的资源服务。截至目前,方正阿帕比已与超过 500 家的出版社建立全面合作关系,每年新出版电子书超过 12 万种,电子书库有 220 余万册可供阅读的电子图书,包括各种特色资源,主要有企鹅外文电子书库、《国学要览》古籍库、《文渊阁四库全书》数据库、《北京周刊——中国英文新闻周刊》50 年回溯资料库、教参全文数据库及中国中小学学·教精品电子书库等。

(4) 书生之家数字图书馆。

书生之家数字图书馆是以书生全息数字化技术为核心技术，建立在中国信息资源平台基础之上的综合性数字图书馆，是由北京书生数字技术有限公司开发、制作、推出的数字图书馆系统平台。书生之家数字图书馆集成了图书、期刊、报纸、论文等各种出版（在版）物的书（篇）目信息、内容提要、精彩章节、全部内容。目前，书生之家电子图书共有 100 多万册，主要包括文学艺术、经济金融与工商管理、计算机技术、社会科学、历史地理、科普知识、知识信息传媒、自然科学和电子、电信与自动化等 31 个大类。

由于书生之家的电子图书采用专有格式制作，因此读者在阅读全文前必须下载安装书生数字信息阅读器。

此外，常用的电子图书数据库还有读秀知识库、科学文库、中国科学院院士文库等，这里不再赘述了。

4）外文电子图书数据库

常用的外文电子图书数据库有 Elsevier 电子图书，Springer eBooks，Springer Protocols 及 Wiley 在线图书馆等。

(1) Elsevier 电子图书。

Elsevier 是荷兰一家全球著名的学术期刊出版商，每年出版大量的学术图书和期刊，大部分期刊被 SCI，SSCI，EI 收录，是世界上公认的高品位学术期刊。近几年该公司将其出版的期刊和图书全部数字化，即 ScienceDirect 全文数据库（见图 7-12），并通过网络提供服务。该数据库涉及的学科包括计算机科学、工程技术、能源科学、环境科学、材料科学、数学、物理、化学、天文学、医学、生命科学、商业、经济管理和社会科学等，为成千上万的研究人员、科学家、工程师、专业人士和学生提供必不可缺的信息资源。该数据库拥有全球超过四分之一的科学、技术、医学和社会科学全文，以及同行评审文章。通过它用户可以找到超过 2 500 种同行评审期刊，过刊扩展包（回溯至第一卷第一期），以及 35 000 多册的权威书籍，包括参考工具书、手册、专著、系列丛书和教材等进行交叉检索。

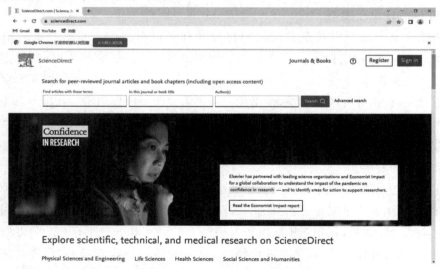

图 7-12 ScienceDirect 全文数据库

输入网址 http://www.sciencedirect.com，即可访问 ScienceDirect 全文数据库。

(2) Springer eBooks。

Springer eBooks 是 Springer 出版集团推出的电子书项目,涵盖科学、技术、医学、人文和社会科学领域经同行评审的必备学术图书,包括 Springer、Palgrave Macmillan、Apress 等不同图书品牌。

2022 年开始,图书馆引进开通数学与统计学、物理和天文学、计算机科学、化学和材料科学四大学科方向的 2004 年及以前电子图书。作为世界上最大的学术图书出版机构之一,Springer Nature 拥有 29 万余种电子图书,每年新出版 12 000 多种图书,包括学术专著、会议论文集、简报、参考工具书、教科书和系列丛书等。

Springer eBooks 可以通过 SpringerLink 平台获取(见图 7-13)。

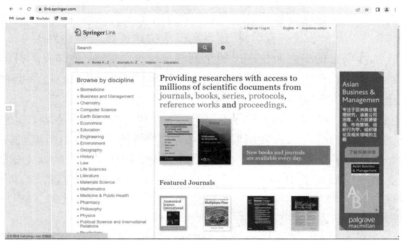

图 7-13 SpringerLink 平台

(3) Springer Protocols。

Springer Protocols 是全球实验指南和方法的核心内容之一,涵盖 Springer Nature 旗下出版的所有生命科学、生物医学及临床医学领域的实验指南和方法。Springer Protocols 的内容很多来自由 Springer Nature 出版,在分子生物学、药理学、毒理学、微生物学等领域最为权威的丛书和连续出版物,所含书目包括《分子生物学方法》《药理学和毒理学方法》《生物技术方法》《分子医学方法》和《神经方法》等。Springer Protocols 的具体内容不仅包括分步指导开展科学实验的方法,还涉及实验背景、仪器设备、综述文章、参考文献等,以辅助项目规划或论文撰写,部分实验指南还涉及有关最新先进方法的原创研究论文。

(4) Wiley 在线图书馆。

Wiley 在线图书馆(Wiley Online Library,简称 WOL)是全球重要科研信息资源平台之一,涵盖了几乎全部学科领域。搭载在该平台上的 Wiley 在线图书,收录了包含化学、计算机科学、工程学、地球与环境科学、生命科学、材料科学、数学与统计学、物理学等重要学科领域的共计 23 500 多部专著、手册、辞典、指南及里程碑式的系列丛书。

此外,比较著名的外文电子图书数据库还有 EBSCO eBooks、ProQuest Ebook Central、Synthesis 数据库、Safari 电子图书等。

5) 学位论文数据库

学位论文数据库是指由高等教育机构和研究机构所建立的用于存放学位论文的在线数据库平台。在这些平台上,用户可以检索和获取有关各个学科领域的硕士和博士研究生学位论文。学位论文数据库是学术研究不可或缺的工具之一,通过对多个数据库进行检索,可以快速获取大量的研究成果和资料,也是学术研究人员必须掌握的技能之一。

国内知名的学位论文数据库有中国知网博硕士学位论文库、中国学位论文全文数据库、维普资讯网、中国学术期刊(光盘版)等。这些数据库涵盖了各个学科领域的博士、硕士研究生论文,涵盖面广泛、资源丰富。国外的学位论文数据库有 ProQuest Dissertations & Theses Global,EBSCO Open Dissertations,DART-Europe E-theses Portal 等。这些国外学位论文数据库与国内学位论文数据库相比,主要涵盖了国外学位论文资源,具有国际视野,为学者提供了更多的信息来源。

(1)中国知网博硕士学位论文库。

中国知网博硕士学位论文库包括《中国博士学位论文全文数据库》和《中国优秀硕士学位论文全文数据库》,"一流大学""一流学科"建设高校学位论文覆盖率达到 100%。完整收录了承担国家重大连续性项目的培养单位产出的系列学位论文,如国家各部委的科学基金、国家科技攻关计划等项目。中国知网博硕士学位论文库是目前国内资源完备、质量上乘、连续动态更新的中国博硕士学位论文全文数据库。

《中国博士学位论文全文数据库》收录 530 余家博士培养单位(涉及国家保密的单位除外)的博士学位论文共计 57 余万篇,占我国博士学位培养单位的 99%。《中国优秀硕士学位论文全文数据库》收录 800 余家硕士培养单位(涉及国家保密的单位除外)的硕士学位论文 594 余万篇。这些论文最早可回溯至 1984 年,覆盖基础科学、工程技术、农业、医学、哲学、人文、社会科学等各个领域。

(2)中国学位论文全文数据库。

中国学位论文全文数据库是万方数据知识服务平台的重要组成部分,其与国内 900 余所高校(国家 985、211 高校全面覆盖)、科研院所等学位授予单位合作,精选全国重点学位授予单位的硕士、博士学位论文及博士后报告。内容涵盖理学、工业技术、人文科学、社会科学、医药卫生、农业科学、交通运输、航空航天和环境科学等各学科领域,是我国收录数量最多的学位论文全文数据库。

(3)ProQuest 全球博硕士论文全文数据库。

ProQuest 全球博硕士论文全文数据库(ProQuest Dissertations & Theses Global,PQDT Global)是世界上最全面的博硕士论文数据库,广泛收录了全球超过 3 100 余所高校、科研机构逾 498 万篇博硕士论文信息,其中博硕士学位论文全文文献逾 260 万篇及 490 多万篇学位论文文摘索引记录。全文论文内容涵盖了从 1861 年至今,论文文摘索引收录从 1637 年至今。PQDT Global 覆盖科学、工程技术、农学、生物学、医学、心理学、哲学、人文、社会科学等各个领域,年增 20 余万篇论文,该库是学术研究中十分重要的参考信息源。

4. 学术搜索引擎

学术搜索引擎是专门搜索学术资源的搜索引擎,具有信息涵盖广、重复率低、相关性好、学术性强等特点。常用的学术搜索引擎有中国知网学术搜索、百度学术搜索、Google 学术搜索、Bing 学术搜索、BASE 搜索等。

(1)中国知网学术搜索。中国知网学术搜索是专门开发的文献搜索引擎,它是基于 KBase 独有的包括文献排序技术、分组技术及用户搜索意图智能分析技术在内的搜索引擎技术所建立的平台。以中国知网总库资源为基础,共涵盖了中国学术期刊、博硕士论文、会议论文、报纸文献、年鉴、专利、标准、科技成果等近 4 000 万篇专业学术文献。此外,还陆续推出了学术定义、统计数据、翻译助手、表格数据、学术图片等一系列搜索服务。

(2) 百度学术搜索。百度学术搜索引擎是免费的中英文文献检索的学术资源搜索平台,主要提供学术搜索和学术服务。百度学术收录了包括知网、维普、万方、Elsevier、Springer、Wiley、NCBI 等的 120 多万个国内外学术站点,索引了超过 12 亿学术资源页面,建设了包括学术期刊、会议论文、学位论文、专利、图书等类型在内的 4 亿多篇学术文献,构建了包含 400 多万个中国学者主页的学者库和包含 1 万多中外文期刊主页的期刊库。

(3) Google 学术搜索。使用 Google 学术搜索每一条搜索结果都代表一组学术研究成果,提供了文章标题、作者及出版信息等编目信息,并可查看引用者、相关文章、图书馆链接和同组文章等信息。Google 学术搜索过滤了普通搜索结果中大量的垃圾信息,排列出文章的不同版本及被其他文章引用的次数。略显不足的是,它搜索出来的结果没有按照权威度(如影响因子、引用次数)依次排列。

(4) Bing 学术搜索。Bing 学术搜索是微软推出的学术搜索引擎,致力于提供来自全球的多语种文献检索服务。Bing 学术搜索的独特之处是提供了很多定制化的选项。值得一提的是,搜狗学术搜索采用的也是 Bing 提供的学术搜索引擎服务。

(5) BASE 搜索。BASE 是德国比勒费尔德大学图书馆开发的一个多学科的学术搜索引擎,提供对全球异构学术资源的集成检索服务。它整合了比勒费尔德大学图书馆的图书馆目录,提供来自 8 000 多家内容提供商的超过 2.4 亿份文档。

7.3 信 息 安 全

7.3.1 信息安全的定义和内容

1. 信息安全的定义

对于信息安全,ISO 的定义是:为数据处理系统建立和采取的技术、管理提供的安全保护,保护计算机硬件、软件和数据不因偶然的或恶意的原因而遭到破坏、更改和泄露。

定义包含了几个层面的概念,其中计算机硬件可以看作物理层面,软件可以看作运行层面,再就是数据层面。定义中又包含了属性的概念,其中破坏涉及可用性,更改涉及完整性,泄露涉及机密性。

2. 信息安全的内容

信息安全的具体内容包括硬件安全、软件安全、运行服务安全和数据安全。

(1) 硬件安全。硬件安全也称为物理安全,即网络硬件和存储媒体的安全。要保护这些硬件设施不受损害,能够正常工作。

(2) 软件安全。软件安全是计算机及其网络中各种软件不被篡改或破坏,不被非法操作或误操作,功能不会失效,不被非法复制。

(3) 运行服务安全。运行服务安全指网络中的各个信息系统能够正常运行并能正常地通过网络交流信息。通过对网络系统中的各种设备运行状况的监测,发现不安全因素能及时报警并采取措施改变不安全状态,保障网络系统正常运行。

(4) 数据安全。数据安全即网络中存在及流通数据的安全。要保护网络中的数据不被篡改、非法增删、复制、解密、显示、使用等。它是保障网络安全最根本的目的。

3. 信息安全的基本属性

信息安全包括信息保密性、信息完整性和信息可用性三大基本属性。

1) 信息保密性

信息保密性又称为信息机密性,是指信息不泄漏给非授权的个人和实体,或供其使用的特性。

信息保密性针对信息被允许访问对象的多少而不同。所有人员都可以访问的信息为公用信息,需要限制访问的信息一般为敏感信息或秘密。秘密可以根据信息的重要性或保密要求分为不同的等级,如国家根据秘密泄露对国家经济、安全利益产生的影响不同,将国家秘密分为A(秘密级)、B(机密级)和C(绝密级)三个等级。

由于系统无法确认是否有未经授权的用户截取网络上的数据,因此需要使用一种手段对数据进行保密处理。数据加密就是用来实现这一目标的,加密后的数据能够保证在传输、使用和转换过程中不被第三方非法获取。数据经过加密变换后,将明文变成密文,只有经过授权的合法用户使用自己的密钥,通过解密算法才能将密文还原成明文。数据保密可以说是许多安全措施的基本保证,它包括网络传输保密和数据存储保密两个方面。

2) 信息完整性

信息完整性是指信息在存储、传输和提取的过程中保持不被修改延迟、不乱序和不丢失的特性。一般通过访问控制阻止篡改行为,通过信息摘要算法来检验信息是否被篡改。

数据的完整性是数据未经授权不能进行改变的特征,即只有得到允许的人才能修改数据,并且能够判断出数据是否已被修改。存储器中的数据或经网络传输后的数据,必须与其最后一次修改或传输前的内容形式一模一样,其目的就是保证信息系统上的数据处于一种完整和未受损的状态,使数据不会因为存储和传输的过程而被有意或无意的事件所改变、破坏和丢失。系统需要一种方法来确认数据在此过程中没有改变,这种改变可能来源于自然灾害、人的有意或无意行为。显然,保证数据的完整性仅用一种方法是不够的,应在应用数据加密技术的基础上,综合运用故障应急方案和多种预防性技术,如归档、备份、校验、崩溃转储和故障前兆分析等手段实现这一目标。

3) 信息可用性

信息可用性指的是信息可被合法用户访问并能按要求顺序使用的特性,即在需要时就可取用所需的信息。信息可用性是信息资源服务功能和性能可靠性的度量,是对信息总体可靠性的要求。目前要保证系统和网络能提供正常的服务,除了备份和冗余配置之外,没有特别有效的方法。

7.3.2 信息安全风险分析

信息安全风险主要存在以下几个方面。

1. 计算机病毒的威胁

随着Internet技术的发展、企业网络环境的日趋成熟和企业网络应用的增多,计算机病毒感染、传播的能力和途径也由原来的单一、简单变得复杂、隐蔽,尤其是Internet环境和企业网络环境为计算机病毒传播、生存提供了环境。

2. 黑客攻击

黑客攻击已经成为近年来经常出现的问题。黑客利用计算机系统、网络协议及数据库等方面的漏洞和缺陷，采用后门程序、信息炸弹、拒绝服务、网络监听、密码破解等手段侵入计算机系统，盗窃系统保密信息，进行信息破坏或占用系统资源。

3. 信息传递的安全风险

很多企业与外部单位及国外有关公司有着广泛的工作联系，许多日常信息、数据都需要通过互联网来传输。网络中传输的这些信息面临着各种安全风险，如被非法用户截取从而泄露企业机密；被非法篡改，造成数据混乱、信息错误从而造成工作失误；非法用户假冒合法身份，发送虚假信息，给正常的生产经营秩序带来混乱，造成破坏和损失等。

因此，信息传递的安全性日益成为企业信息安全中重要的一环。

4. 身份认证和访问控制存在的问题

一般而言，企业的信息系统只供特定范围的用户使用，信息系统中包含的信息和数据也只对一定范围的用户开放，没有得到授权的用户不能访问。为此，各个信息系统中都设计了用户管理功能，在系统中建立用户、设置权限、管理和控制用户对信息系统的访问。这些措施在一定程度上能够加强系统的安全性，但在实际应用中仍然存在一些问题，如部分应用系统的用户权限管理功能过于简单，不能灵活实现更详细的权限控制；各应用系统没有一个统一的用户管理，使用起来非常不方便，不能确保账号的有效管理和使用安全等。

7.3.3 信息安全对策

为了规避风险，保障信息安全，需要在保障安全技术和做好安全管理两个方面做好工作。

1. 安全技术

为了保障信息的保密性、完整性和可用性，必须采用相关的技术手段。这些技术手段是信息安全体系中直观的部分，任何一方面薄弱都会产生巨大的危险。因此，应该合理部署、互相联动，使其成为一个有机的整体。具体的技术介绍如下。

(1) 加解密技术。信息数据在传输过程或存储过程中进行加解密，典型的加密体制可采用对称加密和非对称加密。

(2) VPN 技术。VPN 即虚拟专用网，通过一个公用网络（通常是 Internet）建立一个临时的、安全的连接。VPN 通常是对企业内部网的扩展，可以帮助远程用户、公司分支机构、商业伙伴及供应商同公司的内部网建立可信的安全连接，并保证数据的安全传输。

(3) 防火墙技术。防火墙在某种意义上可以说是一种访问控制产品，它在内部网络与不安全的外部网络之间设置障碍，防止外界对内部资源的非法访问，以及内部对外部的不安全访问。

(4) 入侵检测技术。入侵检测技术是防火墙的合理补充，帮助系统防御网络攻击，扩展了系统管理员的安全管理能力，提高了信息安全基础结构的完整性。入侵检测技术从计算机网络系统中的若干关键点收集信息，并进行分析，检查网络中是否有违反安全策略的行为和遭到袭击的迹象。

(5) 安全审计技术。安全审计技术包含日志审计和行为审计。日志审计协助管理员在受到攻击后察看网络日志，从而评估网络配置的合理性和安全策略的有效性，追溯、分析安全攻击轨迹,并为实时防御提供手段。通过对员工或用户的网络行为审计,可以确认行为的规范性,确保管理的安全。

2. 安全管理

只有建立完善的安全管理制度,将信息安全管理自始至终贯彻落实于信息系统管理的方方面面,企业信息安全才能真正得以实现。安全管理要做好以下几个方面的工作。

(1)开展信息安全教育,提高安全意识。用户信息安全意识的高低是一个企业信息安全体系是否能够最终成功实施的决定性因素。据不完全统计,信息安全的威胁除了外部(约占20%),主要还是来自企业内部(约占80%)。在企业中,可以采用多种形式对员工开展信息安全教育,如可以通过培训、宣传等形式,采用适当的奖惩措施,强化技术人员对信息安全的重视,提升使用人员的安全观念;可以有针对性地开展安全意识宣传教育,同时对在安全方面存在问题的用户进行提醒并督促改进,逐渐提高用户的安全意识。

(2)建立完善的组织管理体系。一个完整的企业信息系统安全管理体系首先要建立完善的组织体系,即建立由行政领导、IT(信息技术)主管、信息安全主管、系统用户代表和安全顾问等组成的安全决策机构,完成制定并发布信息安全管理规范和建立信息安全管理组织等工作,从管理层面和执行层面上统一协调项目实施进程,克服实施过程中人为因素的干扰,保障信息安全措施的落实及信息安全体系自身的不断完善。

(3)及时备份重要数据。在实际的运行环境中,数据备份与恢复是十分重要的。即使从预防、防护、加密、检测等方面加强了安全措施,也无法保证系统不会出现安全故障。因此,应该对重要数据进行备份,以保障数据的完整性。企业应采用统一的备份系统和备份软件,将所有需备份的数据按照备份策略进行增量和完全备份,需要专人负责和专人检查,保障数据备份的严格进行及可靠、完整性,并定期安排数据恢复测试,检验其可用性,及时调整数据备份和恢复策略。目前,虚拟存储技术已日趋成熟,可在异地安装一套存储设备进行异地备份,不具备该条件的,则必须保证备份介质异地存放,所有的备份介质必须有专人保管。

7.3.4 计算机病毒

1. 计算机病毒的定义

计算机病毒在《中华人民共和国计算机信息系统安全保护条例》中被明确定义,计算机病毒是指"编制或者在计算机程序中插入的破坏计算机功能或者毁坏数据,影响计算机使用,并能自我复制的一组计算机指令或者程序代码"。在一般教科书及通用资料中计算机病毒被定义为:利用计算机软件与硬件的缺陷,由被感染机内部发出的破坏计算机数据并影响计算机正常工作的一组指令集或程序代码。

2. 计算机病毒的产生及特点

计算机病毒不是来源于突发或偶然的原因。一次突发的停电和偶然的错误,会在计算机的磁盘和内存中产生一些乱码和随机指令,但这些代码是无序和混乱的。计算机病毒则是一种比较完美的,精巧严谨的代码,其按照严格的秩序组织起来,与所在的系统网络环境相适应和配合。计算机病毒不会通过偶然形成,需要有一定的长度,这个基本的长度从概率上来讲是不可能通过随机代码产生的。现在流行的计算机病毒是由人为故意编写的,多数计算机病毒可以找到作者和产地信息。从大量的统计分析来看,计算机病毒作者的主要情况和目的:一些天才的程序员为了表现自己和证明自己的能力、为了宣泄个人情感等目的编写的;因政治、军事、宗教、民族、专利等方面的需求而专门编写的,其中也包括一些计算机病毒研究机构和黑客的测试计算机病毒。

计算机病毒的特点主要表现在以下几个方面。

(1)寄生性。计算机病毒寄生在其他程序之中,当执行这个程序时,病毒就起破坏作用,而在未启动这个程序之前,它是不易被人发觉的。

(2)破坏性。计算机病毒的主要目的是破坏计算机系统,使系统的资源和数据文件遭到干扰甚至被摧毁。根据其破坏程度的不同,可以分为良性病毒和恶性病毒。前者侵占计算机系统资源,使计算机运行速度减慢,带来无谓的消耗;后者破坏系统文件,造成死机,使系统无法启动。

(3)传染性。计算机病毒不但本身具有破坏性,而且具有传染性,一旦计算机病毒被复制或产生变种,其传染速度之快令人难以预防。计算机病毒是一段人为编制的计算机程序代码,这段程序代码一旦进入计算机并得以执行,它就会搜寻其他符合其传染条件的程序或存储介质,确定目标后再将自身代码插入其中,达到自我繁殖的目的。只要一台计算机染上计算机病毒,如不及时处理,那么计算机病毒就会在这台计算机上迅速扩散,其中的大量文件(一般是可执行文件)会被感染,而被感染的文件又成了新的传染源,再与其他计算机进行数据交换或通过网络接触,计算机病毒会继续进行传染。计算机病毒可通过各种可能的渠道,如软盘、计算机网络去传染其他的计算机。

(4)潜伏性。有些计算机病毒像定时炸弹一样,让它什么时间发作是预先设计好的。例如,黑色星期五病毒不到预定时间一点都觉察不出来,等到条件具备的时候一下子就爆炸开来,对系统进行破坏。一个编制精巧的计算机病毒程序,进入系统之后一般不会马上发作,可以在几周或几个月内甚至几年内隐藏在合法文件中,对其他系统进行传染,而不被人发现,潜伏性越好,其在系统中的存在时间就会越长,病毒的传染范围就会越大。潜伏性的第一种表现是指计算机病毒程序不用专用检测程序是检查不出来的,因此计算机病毒可以静静地躲在磁盘或磁带里待上几天,甚至几年,一旦时机成熟,得到运行机会,就会四处繁殖、扩散,继续为害。潜伏性的第二种表现是指计算机病毒的内部往往有一种触发机制,不满足触发条件时,计算机病毒除了传染外不做任何破坏,触发条件一旦得到满足,有的在屏幕上显示信息、图形或特殊标识,有的则执行破坏系统的操作,如格式化磁盘、删除磁盘文件、对数据文件做加密、封锁键盘及使系统锁死等。

(5)隐蔽性。计算机病毒具有很强的隐蔽性,有的可以通过计算机杀毒软件检查出来,有的根本就查不出来,有的时隐时现、变化无常,这类计算机病毒处理起来通常很困难。

(6)可触发性。计算机病毒因某个事件或数值的出现,诱使计算机病毒实施感染或进行攻击的特性称为可触发性。为了隐蔽自己,计算机病毒必须潜伏,少做动作。如果完全不动,一直潜伏的话,计算机病毒既不能感染也不能进行破坏,便失去了杀伤力。计算机病毒既要隐蔽又要维持杀伤力,它必须具有可触发性。计算机病毒的触发机制就是用来控制感染和破坏动作的。计算机病毒具有预定的触发条件,这些条件可能是时间、日期、文件类型或某些特定数据等。计算机病毒运行时,触发机制检查预定条件是否满足,如果满足,启动感染或破坏动作,使计算机病毒进行感染或攻击;如果不满足,使计算机病毒继续潜伏。

3. 计算机病毒的分类

按照计算机病毒属性的方法进行分类,计算机病毒可以根据下面的属性进行分类。

1)按计算机病毒存在的媒体

根据计算机病毒存在的媒体不同,计算机病毒可分为网络病毒、文件病毒和引导型病毒。

(1)网络病毒通过计算机网络传播感染网络中的可执行文件。

(2)文件病毒感染计算机中的文件(如 COM,EXE,DOC 等)。

(3)引导型病毒感染启动扇区和硬盘的系统引导扇区。

还有这三种类型病毒的混合型,如多型病毒(文件和引导型)感染文件和引导扇区两种目标,这样的计算机病毒通常都具有复杂的算法,它们使用非常规的办法入侵系统,同时使用了加密和变形算法。

2)按计算机病毒传染的方法

根据计算机病毒传染的方法不同,计算机病毒可分为驻留型病毒和非驻留型病毒。

(1)驻留型病毒感染计算机后,把自身的内存驻留部分放在内存中,这一部分程序挂接系统调用并合并到操作系统中去,处于激活状态,一直到关机或重新启动。

(2)非驻留型病毒在得到机会激活时并不感染计算机内存。一些计算机病毒在内存中留有小部分,但是并不通过这一部分进行传染,这类计算机病毒也划分为非驻留型病毒。

3)按计算机病毒的破坏能力

根据计算机病毒的破坏能力不同,计算机病毒可分为无害型病毒、无危险型病毒、危险型病毒和非常危险型病毒。

(1)无害型病毒:这类计算机病毒除了传染时减少磁盘的可用空间外,对系统没有其他影响。

(2)无危险型病毒:这类计算机病毒仅仅是减少内存、显示图像、发出声音及同类音响。

(3)危险型病毒:这类计算机病毒在计算机系统操作中造成严重的错误。

(4)非常危险型病毒:这类计算机病毒删除程序、破坏数据、清除系统内存区和操作系统中重要的信息。这类计算机病毒对系统造成的危害,并不是本身的算法中存在危险的调用,而是当它们传染时会引起无法预料的和灾难性的破坏。

4)按计算机病毒的算法

根据计算机病毒特有的算法,计算机病毒可分为伴随型病毒、"蠕虫"型病毒和寄生型病毒。

(1)伴随型病毒:这类计算机病毒并不改变文件本身,它们根据算法产生文件的伴随体,具有同样的名字和不同的扩展名。例如,XCOPY.EXE 的伴随体是 XCOPY.COM,计算机病毒把自身写入 COM 文件并不改变 EXE 文件,当 DOS 加载文件时,伴随体优先被执行,再由伴随体加载执行原来的 EXE 文件。

(2)"蠕虫"型病毒:这类计算机病毒通过计算机网络传播,不改变文件和资料信息,利用网络从一台计算机的内存传播到其他计算机的内存,计算网络地址,将自身的计算机病毒通过网络发送,有时它们在系统中存在,一般除了内存不占用其他资源。

(3)寄生型病毒:除了伴随型和"蠕虫"型病毒,其他计算机病毒均可称为寄生型病毒,它们依附在系统的引导扇区或文件中,通过系统的功能进行传播。按其算法不同还可细分为练习型病毒、诡秘型病毒和变形病毒。

①练习型病毒自身包含错误,不能很好地传播,如一些处在调试阶段的计算机病毒。

②诡秘型病毒一般不直接修改 DOS 中断和扇区数据,而是通过设备技术和文件缓冲区等

DOS 内部修改,不易看到资源,使用比较高级的技术,利用 DOS 空闲的数据区进行工作。

③变形病毒又称为幽灵病毒,这类计算机病毒使用一个复杂的算法,使自己每传播一份都具有不同的内容和长度。它们一般是由一段混有无关指令的解码算法和被变化过的病毒体组成。

4. 常见的计算机病毒及其危害

目前常见的计算机病毒有以下四类。

1) 宏病毒

由于 Microsoft Office 系列办公软件和 Windows 操作系统占了绝大多数的 PC 软件市场,加上 Windows 和 Microsoft Office 提供了宏病毒编制和运行所必需的库(以 VB 库为主)支持和传播的机会,因此宏病毒是最容易编制和流传的病毒之一,很有代表性。

宏病毒的发作方式是在 Word 打开病毒文档时,宏会接管计算机,然后将自己感染到其他文档,或者直接删除文件等。Word 将宏和其他样式储存在模板中,因此计算机病毒总是把文档转换成模板再储存它们的宏,这样的结果是某些 Word 版本会强迫将感染的文档储存在模板中。

宏病毒一般在发作的时候没有特别的迹象,通常会伪装成其他的对话框让用户确认。在感染了宏病毒的计算机上,会出现不能打印文件、Microsoft Office 文档无法保存或另存为等情况。

宏病毒带来的危害包括删除硬盘上的文件;将私人文件复制到公开场合;从硬盘上发送文件到指定的 E-mail、FTP 地址等。

对宏病毒的防范措施是平时最好不要几个人共用一个 Microsoft Office 程序,要加载实时的病毒防护功能。病毒的变种可以附带在邮件的附件里,在用户打开邮件或预览邮件的时候执行,因此在打开邮件时要特别留意。一般的杀毒软件都可以清除宏病毒。

2) CIH 病毒

CIH 病毒是 21 世纪最著名和最有破坏力的病毒之一,它是第一个能破坏硬件的病毒。

CIH 病毒主要是通过篡改主板 BIOS 里的数据,造成电脑开机就黑屏,从而让用户无法进行任何数据抢救和杀毒的操作。CIH 病毒的变种能在网络上通过捆绑其他程序或通过邮件附件传播,并且常常删除硬盘上的文件及破坏硬盘的分区表,因此 CIH 病毒发作以后,即使换了主板或其他电脑引导系统,如果没有正确地分区表备份,染病毒的硬盘上的数据挽回的机会很少。

目前已经有很多 CIH 病毒免疫程序诞生了,包括病毒制作者本人写的免疫程序,一般运行了免疫程序就可以不怕 CIH 病毒了。如果已经中毒,但尚未发作,可以先备份硬盘分区表和引导区数据再进行查杀,以免杀毒失败造成硬盘无法自举。

3) 蠕虫病毒

蠕虫病毒以尽量多复制自身(像虫子一样大量繁殖)而得名,大多以感染电脑和占用系统、网络资源,造成 PC 和服务器负荷过重而死机,并以使系统内数据混乱为主要的破坏方式。蠕虫病毒不一定马上删除用户的数据,有较强的隐蔽性,如著名的爱虫病毒和尼姆达病毒。

蠕虫病毒的传播途径很广,可以利用操作系统和程序的漏洞主动发起攻击,每种蠕虫都有一个能够扫描到计算机当中的漏洞的模块,一旦发现后立即传播出去。由于蠕虫病毒的这一特点,它的危害性也更大,因此可以在感染了一台计算机后通过网络感染这个网络内的所有计算机。被感染后,蠕虫病毒会发送大量数据包,所以被感染的网络速度就会变慢,也会因为 CPU、内存占用过高而产生或濒临死机状态。

4) 木马病毒

木马病毒源自古希腊特洛伊战争中著名的"木马计"而得名,顾名思义就是一种伪装潜伏的网络病毒,等待时机成熟就出来危害计算机。

木马病毒的传染方式是通过电子邮件附件发出或捆绑在其他的程序中,它会修改注册表、驻留内存、在系统中安装后门程序、开机加载附带的木马病毒。

木马病毒会在用户的计算机里运行客户端程序,一旦发作,就可设置后门,定时地发送该用户的隐私到木马程序指定的地址,一般同时内置可进入该用户计算机的端口,并可任意控制此计算机,进行文件删除、拷贝、改密码等非法操作。木马病毒是一种后门程序,它会潜伏在操作系统中,窃取用户资料如 QQ、网上银行、游戏账号密码等。

木马病毒是最常见的一种病毒,如近期流行的机器狗病毒、磁碟机病毒、网游窃贼病毒等都属于木马病毒。

特别值得一提的是,2014 年国家计算机病毒应急处理中心通过对互联网的监测,发现了一种恶意后门程序变种 Backdoor_Agent.ADG。该变种运行后,会自我复制到受感染操作系统指定文件夹下,重命名为可执行文件。随后,该变种会释放操作系统中的输入法文件,获得输入法名称。与此同时,该变种可以获取受感染操作系统的特殊进程权限,创建线程文件,执行特定命令代码,最终停止运行并删除系统中的指定认证服务进程文件。此外,该变种会迫使受感染操作系统主动访问指定的恶意 Web 网址。最终变种可以获取受感染操作系统的本机信息如计算机名、操作系统版本、处理器类型、内存大小等,随即发送到恶意攻击者指定的 Web 服务器上,致使受感染操作系统接受远程恶意代码指令。

5. 计算机病毒的防治

计算机资源的损失和破坏,不但会造成资源和财富的巨大浪费,而且有可能造成社会性的灾难。1988 年 11 月 2 日下午 5 时,美国康奈尔大学的计算机系研究生莫里斯(Morris)将其编写的蠕虫程序输入计算机网络,致使这个拥有数万台计算机的网络被堵塞。这件事就像是计算机界的一次大地震,引起了巨大反响,震惊全世界,引起了人们对计算机病毒的恐慌,也使更多的计算机专家重视和致力于计算机病毒研究。1988 年下半年,我国在统计局系统首次发现了"小球"病毒,它对统计系统影响极大。此后由计算机病毒发作而引起的"病毒事件"接连不断,给社会造成了很大损失。随着信息化社会和 Internet 的发展,计算机病毒的威胁日益严重,反计算机病毒的任务也更加艰巨了。

1) 计算机病毒常见的传播途径

计算机病毒的传播途径非常多,常见的传播途径包括网络传播、移动存储介质传播、邮件传播等。下面将从这几个方面来分别介绍计算机病毒的传播途径。

(1) 网络传播。计算机病毒最常见的传播途径之一就是网络传播。网络传播是指通过计算机网络将计算机病毒传播到其他计算机上去的一种方式。网络传播的途径主要有以下几种。

① 通过文件共享软件传播:许多人使用文件共享软件来共享电影、音乐等文化娱乐资源,如 BT、电驴等。黑客会将计算机病毒通过这些共享软件添加到一些常规软件中,一旦用户下

载安装这些共享软件,计算机病毒就会在用户的计算机上自动运行。因此,在使用文件共享软件时,用户要注意下载安装的软件来源,不要轻信广告以免中毒。

②通过邮件、社交媒体、QQ 等传播:黑客常常将计算机病毒添加到电子邮件附件、图片、视频等文件中,一旦这些文件被用户打开,计算机病毒就会自动运行,感染用户的计算机。另外,黑客也会将计算机病毒上传到社交媒体或 QQ 上,通过链接引导用户下载安装计算机病毒,感染计算机。

③通过网站攻击传播:黑客常常将计算机病毒添加到一些经常访问的网站中,通过诱导用户点击链接访问这些网站,感染用户的计算机。这种方式称为"钓鱼攻击"。

(2) 移动存储介质传播。计算机病毒还可以通过移动存储介质传播,这是指将计算机病毒传播到 U 盘、移动硬盘、SD 卡、光盘等移动存储介质上,再通过这些移动存储介质来感染其他计算机。移动存储介质传播主要有两种方式。

①直接感染:当用户使用一个感染了计算机病毒的移动存储介质插入计算机后,计算机病毒就会自动运行感染计算机。这种方式需要用户手动插入移动存储介质,因此使用移动存储介质时要非常小心。

②种子感染:计算机病毒会在用户的计算机上种下一个计算机病毒种子,当用户插入感染了计算机病毒的移动存储介质时,计算机病毒会利用种子在感染计算机的同时也在移动存储介质上留下一个计算机病毒种子,使得其他用户在使用感染了计算机病毒种子的移动存储介质时也会被感染。

(3) 邮件传播。邮件传播指黑客利用电子邮件将计算机病毒传送给其他用户的一种方式。这种方式常常利用欺骗或伪装来达到欺骗用户的目的,具体途径如下。

①欺骗用户:黑客利用欺骗伎俩,模拟各种正规的消息和传输方式,把计算机病毒程序隐藏在其中,就像是银行、警察、航空公司、合法企业等,引导用户下载安装病毒程序。这种方式称为"钓鱼邮件"。

②利用邮件附件或互联网链接:黑客将计算机病毒程序附加在邮件的附件中,或者提供互联网链接下载计算机病毒程序,当用户点击邮件附件或下载链接时,计算机病毒程序就开始自动运行。

除了以上几种常见的传播途径外,计算机病毒还可以利用系统漏洞进行传播。由于操作系统固有的一些设计缺陷,因此被恶意用户通过畸形的方式利用后,可执行任意代码,这就是系统漏洞。计算机病毒往往利用系统漏洞进入系统,达到传播的目的。

总之,计算机病毒的传播途径多种多样,用户应该提高警觉,加强计算机安全意识,随时保持计算机的安全状态。要谨慎下载安装软件,及时更新杀毒软件和计算机操作系统,不要轻易打开邮件附件或下载不明链接,以免遭受计算机病毒攻击。

2) 计算机病毒的预防

因为计算机病毒的传染是通过上述途径来实现的,所以采取一定方法,堵塞这些传染途径是阻止计算机病毒入侵的最好方法。

对于计算机病毒应以预防为主,杜绝计算机病毒的传染途径,主要有以下方法:

①不要轻易地打开一些来历不明的电子邮件。

②不使用盗版光盘和程序,特别是一些杀毒软件。
③安装正版杀毒软件,并经常全面杀毒和升级。
④保证系统管理员有最高的管理权限,避免过多的超级用户出现。
⑤定期对计算机中的重要文件进行拷贝,以预防计算机中毒后重要文件的丢失。
⑥计算机使用者要提高防毒意识,不要轻易进入来源不明的网站。
⑦从互联网上下载各种软件、文档后,不要先行打开,应该先进行病毒扫描,确保安全后再打开。

3) 计算机病毒的清除

一旦发现系统感染了计算机病毒,就应及时清除。处理之前先检测和诊断计算机病毒,确定计算机病毒的类型,然后清除计算机病毒。清除计算机病毒一般有以下三种方式。

(1) 人工检测和杀毒。人工检测和杀毒是利用计算机提供的检测病毒工具软件(如 Norton、金山毒霸和瑞星等)的特有功能进行检测和杀毒。这种方法适用计算机病毒侵入范围较小的情况,而且要求用户有较高的计算机硬件和软件技术。

(2) 软件检测和杀毒。软件检测和杀毒是使用一些专用病毒检测和杀毒软件,这种方法适用计算机病毒传播范围较大的情况。目前推广使用的有腾讯电脑管家、360 安全卫士、卡巴斯基、金山毒霸、木马克星等。软件检测和杀毒的方法操作简单,使用方便,适合于普通计算机用户。

(3) 病毒防火墙技术。病毒防火墙技术可以对病毒进行实时检测和过滤。所谓病毒防火墙技术是随着网络的安全技术引入的,它能够保护网络的安全,保护计算机系统不受来自本地或远程计算机病毒的危害,也能防止本地系统内的计算机病毒向网络其他介质扩散。病毒防火墙本身是一个安全的系统,它能够抵御计算机病毒对其进行的攻击。当计算机的文件、程序或邮件进行各种操作如打开、关闭、保存、执行和发送时,病毒防火墙会先自动清除文件中的计算机病毒后再进行操作,以达到防患于未然。

7.4 计算机职业道德

7.4.1 职业道德的概念和特点

1. 职业道德的概念

所谓职业道德,就是同人们的职业活动紧密联系的符合职业特点所要求的道德准则、道德情操与道德品质的总和。

每一位从业人员,不论是从事哪种职业,在职业活动中都要遵守职业道德,如教师要遵守教书育人、为人师表的职业道德,医生要遵守救死扶伤的职业道德等。

职业道德不仅是从业人员在职业活动中的行为标准和要求,而且是本行业对社会所承担的道德责任和义务。职业道德是社会道德在职业活动中的具体化。

2. 职业道德的特点

职业道德作为一种特殊的道德规范,它有以下四个主要特点:

(1)在内容方面,职业道德总是要鲜明地表达职业义务、职业责任及职业行为上的道德准则。

(2)在表现形式方面,职业道德往往比较具体、灵活、多样。它总是从本职业的交流活动的实际出发,采用制度、守则、公约、承诺、誓言及标语口号这类的形式。

(3)从调节范围来看,职业道德一方面是用来调节从业人员内部关系,加强职业、行业内部人员的凝聚力;另一方面它也是用来调节从业人员及其服务对象之间的关系,用来塑造本职业从业人员的形象。

(4)从产生效果来看,职业道德既能使一定的社会或阶级的道德原则和规范"职业化",又能使个人道德品质"成熟化"。

7.4.2 计算机职业道德规范

1. 基本道德规范

计算机职业作为一种特定职业,有较强的专业性和特殊性,从事计算机职业的工作人员在职业道德方面有许多特殊的要求,但作为一名合格的职业计算机工作人员,在遵守特定的计算机职业道德的同时首先要遵守一些最基本的通用职业道德规范,即社会主义职业道德的基本规范,这些规范是计算机职业道德的基础组成部分。它们包括以下几种。

(1)爱岗敬业。所谓爱岗,就是热爱自己的工作岗位,热爱本职工作。所谓敬业,是指用一种严肃的态度对待自己的工作,勤勤恳恳,兢兢业业,忠于职守,尽职尽责。爱岗与敬业总的精神是相通的,是相互联系在一起的,爱岗是敬业的基础,敬业是爱岗的表现。爱岗敬业是任何行业职业道德中都具有的一条基础规范。

(2)诚实守信。诚实守信是指忠诚老实信守承诺。诚实守信是为人处事的一种美德,诚实守信不仅是做人的准则也是做事的原则,诚实守信是每一个行业树立形象的根本。

(3)办事公道。办事公道是在爱岗敬业,诚实守信的基础上提出的更高一个层次的职业道德的基本要求。所谓办事公道,是指从业人员办事情处理问题时,要站在公正的立场上,按照同一标准和同一原则办事的职业道德规范。

(4)服务群众。服务群众是为人民服务精神更集中的表现,服务群众就是为人民群众服务,这一规范要求从业人员要树立服务群众的观念,做到真心对待群众,做每件事都要方便群众。

(5)奉献社会。所谓奉献社会,就是不期望等价的回报和酬劳,而愿意为他人、为社会或为真理、为正义献出自己的力量。所谓奉献社会,就是全心全意地为社会做贡献,是为人民服务精神的更高体现。

2. 计算机职业的行为准则

所谓行为准则,就是一定人群从事一定事务时其行为所应当遵循的一定规则,一个行业的行为准则就是一个行业从业人员日常工作的行为规范。目前国内权威部门和国际行业组织都没有发布过一个统一的计算机职业从业人员行为准则,鉴于计算机从业人员属于科技工作者之列,参照《中国科学院科技工作者科学行为准则》的部分内容对计算机职业从业人员的行为准则暂列如下。

(1) 爱岗敬业。面向专业工作,面向专业人员,积极主动配合,甘当无名英雄。
(2) 严谨求实。工作一丝不苟,态度严肃认真,数据准确无误,信息真实快捷。
(3) 严格操作。严守工作制度,严格操作规程,精心维护设施,确保财产安全。
(4) 优质高效。瞄准国际前沿,掌握最新技术,勤于发明创造,满足科研需求。
(5) 公正服务。坚持一视同仁,公平公正服务,尊重他人劳动,维护知识产权。

7.4.3　计算机职业从业人员职业道德的基本要求

法律是道德的底线,计算机职业从业人员职业道德的最基本要求就是国家关于计算机管理方面的法律法规。我国的计算机信息法规制定较晚,目前还没有一部统一的计算机信息法,但是全国人大、国务院和国务院的各部委等具有立法权的政府机关还是制定了一批管理计算机行业的法律法规,下面简单介绍几个相关法律法规。

1.《计算机软件保护条例》

《计算机软件保护条例》是我国保障计算机软件知识产权的法律法规,要求计算机专业人员在软件开发、使用、销售等过程中必须遵守相关法律法规。

2.《中华人民共和国网络安全法》

《中华人民共和国网络安全法》是我国保护网络安全的法律,要求计算机专业人员必须保障网络安全,禁止利用计算机实施侵犯网络安全的行为。

3.《中华人民共和国计算机信息系统安全保护条例》

《中华人民共和国计算机信息系统安全保护条例》要求计算机专业人员在设计、开发、维护、使用计算机系统,以及处置涉及计算机信息系统安全的事宜时,应遵循相关的安全规定。

4.《中华人民共和国著作权法》

《中华人民共和国著作权法》是我国保护知识产权的法律,要求计算机专业人员在从事技术创新与研究时,必须严格遵守著作权法的相关规定,不得侵犯他人的知识产权。

此外,相关的法律法规还有《全国人民代表大会常务委员会关于维护互联网安全的决定》《互联网信息服务管理办法》《互联网电子公告服务管理规定》等,这些法律法规应当被每一位计算机职业从业人员所牢记,严格遵守这些法律法规正是计算机专业人员职业道德的最基本要求。

本 章 小 结

本章主要介绍了信息素养的基本内容、网络信息资源检索的方法和工具、信息安全及计算机职业道德与相关法律法规等基本内容。

信息素养是一种综合能力,包括关于信息和信息技术的基本知识和基本技能。信息素养的四大要素是信息意识、信息知识、信息能力和信息道德。

要具备良好的信息素养,必须具备有较强的信息获取能力,掌握网络信息资源尤其是学术资源的检索方法,熟悉资源检索的流程,合理利用各种检索工具。搜索引擎是最常用的检索工具,常用的搜索引擎有百度搜索、360 搜索、搜狗搜索、Google 搜索等。

随着全球信息化程度的不断提高,信息安全已经成为一个非常重要的研究领域,尤其是计算机信息系统安全更不容忽视。破坏计算机安全的方法和手段很多,计算机病毒就是其中之一。计算机病毒的破坏性很强,做好计算机病毒的防治工作就显得非常重要。

计算机职业有较强的专业性和特殊性,从事计算机职业的工作人员必须遵守计算机职业道德规范和相关法律法规。在计算机专业职业道德和法律法规的指引下,计算机专业人员才能够更好地发挥自身的作用,并维护法律的尊严和保障社会的稳定。

通过本章的学习,应掌握信息素养的基本内容,学会网络资源检索的方法,掌握几种常用搜索引擎的特点和使用方法,并对信息安全和计算机职业道德与相关法律有所了解,初步掌握计算机病毒的防治方法。

参 考 文 献

[1] 郝卫东,王志良,刘宏岚,等.云计算及其实践教程[M].2版.西安:西安电子科技大学出版社,2017.
[2] 刘甫迎,杨明广.云计算原理与技术[M].北京:北京理工大学出版社,2021.
[3] 夏志杰.工业互联网:体系与技术[M].北京:机械工业出版社,2018.
[4] 闫邦帅.浅析中国物联网的发展现状及对策[J].中国新通信,2018,20(10):36-37.
[5] 柴冬冬.信息产业革命:中国物联网发展简史[J].互联网经济,2017(12):90-97.
[6] 周新丽.物联网概论[M].北京:北京邮电大学出版社,2016.
[7] 周立新,刘琨.智能物流运输系统[J].同济大学学报(自然科学版),2002,30(7):829-832.
[8] 夏志杰.工业互联网的体系框架与关键技术:解读《工业互联网:体系与技术》[J].中国机械工程,2018,29(10):1248-1259.
[9] 王万良.人工智能导论[M].5版.北京:高等教育出版社,2020.
[10] 蔡自兴,蒙祖强,陈白帆.人工智能基础[M].4版.北京:高等教育出版社,2021.
[11] 吴飞.人工智能导论:模型与算法[M].北京:高等教育出版社,2020.
[12] 朱扬勇,熊赟.大数据是数据、技术,还是应用[J].大数据,2015,1(1):78-88.
[13] 金小桃,王光宇,黄安鹏."全息数字人":健康医疗大数据应用的新模式[J].大数据,2019,5(1):3-11.
[14] 杨现民,唐斯斯,李冀红.发展教育大数据:内涵、价值和挑战[J].现代远程教育研究,2016(1):50-61.
[15] 黄国兴,丁岳伟,张瑜.计算机导论[M].4版.北京:清华大学出版社,2019.
[16] 杨焱林,邓安远.大学计算机基础[M].2版.北京:北京大学出版社,2018.
[17] 马晓敏.大学计算机基础[M].5版.北京:中国铁道出版社有限公司,2022.
[18] 教育部考试中心.全国计算机等级考试二级教程:WPS Office 高级应用与设计:2021年版[M].北京:高等教育出版社,2021.

图书在版编目(CIP)数据

大学计算机基础/邓安远,杨焱林主编. -- 3 版.
北京:北京大学出版社,2024.9. -- ISBN 978-7-301
-35382-0

Ⅰ.TP3

中国国家版本馆 CIP 数据核字第 2024JZ2522 号

书　　　名	大学计算机基础(第 3 版)
	DAXUE JISUANJI JICHU (DI-SAN BAN)
著作责任者	邓安远　杨焱林　主编
责 任 编 辑	张　敏
标 准 书 号	ISBN 978-7-301-35382-0
出 版 发 行	北京大学出版社
地　　　址	北京市海淀区成府路 205 号　100871
网　　　址	http://www.pup.cn
电 子 邮 箱	zpup@pup.cn
新 浪 微 博	@北京大学出版社
电　　　话	邮购部 010-62752015　发行部 010-62750672　编辑部 010-62765014
印 刷 者	湖南省众鑫印务有限公司
经 销 者	新华书店
	787 毫米×1092 毫米　16 开本　16.25 印张　413 千字
	2018 年 7 月第 1 版　2021 年 8 月第 2 版
	2024 年 9 月第 3 版　2024 年 9 月第 1 次印刷
定　　　价	59.00 元

未经许可,不得以任何方式复制或抄袭本书之部分或全部内容。
版权所有,侵权必究
举报电话:010-62752024　电子邮箱:fd@pup.cn
图书如有印装质量问题,请与出版部联系,电话:010-62756370